이해하기 쉬운

영양교육과 상담

이론과 실제

NUTRITION EDUCATION & COUNSELING

머리말

오늘날 식생활은 가족과 사회의 환경 변화 및 식품 공급, 식품산업의 발달 등 다양하고 역동적인 식생활 환경 변화가 일어나고 있다. 그리고 인터넷과 대중매체의 발달로 건강과 영양에 대한 정보가 다양하게 제공되고 있다. 또한 최근 우리나라는 저출산, 고령화의 사회문제뿐만 아니라 비만, 당뇨, 심혈관계질환, 암, 골다공증 등 만성질환의 발생이 계속 증가하고 있으며, 이에 대한 예방과 건강증진을 위하여 지역사회는 물론 단체, 개인을 위한 영양교육의 중요성이 더욱 증대되고 있다.

영양교육은 영양상태 개선을 위하여 지식, 태도 및 식행동을 변화시키고자 하는 일련의 계획된 교육과정이라고 할 수 있다. 영양교육에는 상담이 포함되며, 식생활 전체를 사회·경제·심리·생활환경 차원에서 종합적으로 문제를 파악하여 구체적으로 식행동을 변화시키는 식생활 실천을 목적으로 한다. 영양교육과 상담을 할 때, 대상 집단의 특성에 맞고 영양과 건강증진을 위한 내용·방법 등의 기술을 적용하며 적절한 매체를 이용한다면 교육의 효과를 더욱 높일 수 있으므로 이를 위한 좋은 교재가 필요하다.

『이해하기 쉬운 영양교육과 상담-이론과 실제』는 영양교육의 목적을 달성하기 위하여 영양교육의 이론, 영양교육의 실제, 두 부분으로 나누어 집필하였다.

제1부 영양교육과 상담의 이론 부분에서는

첫째, 영양교육과 상담의 개요와 이론 및 영양교육의 실시과정을 다루었다. 영양교육의 개요에서는 영양교육의 의의, 식생활 환경과 영양정책 변화에 따른 영양교육·활동분야를 살펴보았다. 식행동 변화를 이룩하기 위한 영양교육의 이론 등을 소개하였고, 영양교육의 실시과정에서는 영양교육을 위한 진단, 계획, 실시, 평가과정의 요소를 제시하였다.

둘째, 영양교육을 하기 위해서 필요한 교육방법, 도구, 매체와 영양판정법을 소개하고 매체의 권리와 장단점 및 실제 매체의 예를 제시하여 선택하고 만들 수 있는 내용을 포함하였다.

셋째, 영양교육의 교육과정과 수업설계, 영양상담의 기초 및 실제 내용을 소개하였다. 영양교육의 수업설계에서 고려할 요소, 작성방법을 제시하여 영양교육의 교과과정에 맞는 수업설계와 지도안을 작성할 수 있게 하였고 영양상담의 종류와 방법, 기술 등을 제시하였다.

제2부 영양교육 실제부분에서는

첫째, 생애주기와 집단별 영양교육 내용, 법과 실례를 제시하였다. 이는 각각의 보육시설과 초·중등학교, 산업체와 영양문제별로 교육프로그램이 다르게 전개되어야 효과를 거둘 수 있기 때문에 각각의 프로그램의 예도 제시하였다.

둘째, 보건소와 병원에서 실시하는 생애주기에 따른 임신·수유부 및 영유아, 성인, 노인의 영양교육 내용과 방법 기술, 실제 프로그램을 제시하였다.

셋째, 소비자 영양교육의 법과 내용을 제시하고 실례를 보여주었다.

넷째, 대중매체와 인터넷이 우리의 식생활에 미치는 영향이 크므로 이를 통한 영양교육의 내용과 이들로부터 얻는 정보를 모니터링하고 평가하는 내용을 포함하며 실제 예를 제시하였다.

이 교재는 영양교육을 대학에서 실제 가르치고 지역사회와 연계하여 영양교육 프로그램을 계획하고 수행해 온 교수들이 모여 다년간 교육경험을 바탕으로 영양교육과 상담의 이론과 실제 프로그램을 제시하기 위해 노력한 결과물이다. 또한 이 책을 통해 새로운 통계자료와 정부 관련자료 및 실제 영양교육과 상담이 수행되고 있는 프로그램 등을 소개하고자 노력하였다. 이 책이 영양학 전공 학생과 영양교육 전문인과 실제 영양교육과 관련해 일하는 사람들에게 유용한 교재가 되기를 바라며, 영양교육의 발전에 도움이 되기를 바란다. 그리고 이 책의 출간을 위해서 애쓰신 모든 분들과 출판사 관계자분께도 감사를 드린다.

대표 저자

차례

PART 1 영양교육의 이론

CHAPTER 1 영양교육의 개요

CHAPTER 2 영양교육의 이론

CHAPTER 4
영양교육의 방법

CHAPTER 5
영양교육의 도구

CHAPTER 8
영양교육의 교육과정과 수업설계

CHAPTER 9
영양상담

PART 2 영양교육의 실제

CHAPTER 10 영유아 보육시설의 영양교육

CHAPTER 11 초등·중등 학교의 영양교육

CHAPTER 12
성인 · 직장의 영양교육

CHAPTER 13
보건소 · 병원의 영양교육

CHAPTER 14 소비자 영양교육

CHAPTER 15 미디어와 영양교육

CHAPTER 16 인터넷과 영양교육

PART 1

영양교육의 이론

CHAPTER 1 영양교육의 개요

CHAPTER 2 영양교육의 이론

CHAPTER 3 영양교육의 실시과정

CHAPTER 4 영양교육의 방법

CHAPTER 5 영양교육의 도구

CHAPTER 6 영양교육의 매체

CHAPTER 7 영양판정

CHAPTER 8 영양교육의 교육과정과 수업설계

CHAPTER 9 영양상담

CHAPTER

1

영양교육의 개요

I. 영양교육과 상담의 정의와 의의

II. 식생활 환경의 변화와 영양교육

III. 영양교육 활동분야의 전망

학습 목표

1. 영양교육과 상담의 정의와 목적을 설명할 수 있다.
2. 생활양식, 식품산업, 대중매체와 인터넷 발달에 따른 영양교육의 방향을 설명할 수 있다.
3. 저출산 · 고령화와 질병구조 변화에 따른 영양교육의 방향을 설명할 수 있다.
4. 우리나라 영양정책의 변화에 따른 영양교육의 방향을 파악할 수 있다.
5. 앞으로의 영양교육 활동분야를 설명하고 준비할 수 있다.

I 영양교육과 상담의 정의와 의의

1. 영양교육과 상담의 정의

영양교육은 영양상태의 개선과 건강증진을 위하여 영양 관련 지식knowledge과 태도 attiude를 변화시키고 궁극적으로 식행동dietary behavior의 변화를 유도하는 일련의 계획된 교육과정이라고 정의한다. 개인이나 집단이 올바른 식생활을 영위하여 신체적·정신적으로 건강을 유지하고 타고난 건강권리를 찾을 수 있도록 도와주는 일련의 과정이다. 다시 말하면 교육대상자의 지식, 인식, 태도, 식행동 및 환경 변화를 통하여 식품과 영양에 대한 이해도를 높이고, 과학적이며 건전한 식생활을 영위하도록 도와주는 과정이다. 따라서 영양지식을 제공하고 올바른 식생활에 대한 긍정적인 태도를 갖도록 하며, 이를 실천하는 데 장애요소가 없도록 관련된 모든 요인을 중재하는 종합적인 활동이라고 할 수 있다. 그러므로 영양교육은 개인, 가족, 지역사회 건강증진에 영향을 주는 의사결정 능력 향상을 위한 지적·심리적·사회적 차원의 과정으로서 과학적 원리, 개인의 행동변화에 근거해야 한다.

영양상담은 상담자가 전문적 입장에서 언어적·비언어적 의사소통을 통하여 내담자의 영양문제를 해결할 수 있도록 돕는 과정으로 정의한다. 따라서 영양상담은 영양교육의 일환으로, 영양위험을 가진 개인이나 집단의 영양문제를 파악하고 식행동 변화를 위한 장애물을 제거하여 건강한 식생활을 유지할 수 있도록 상담자가 돕는 과정이다. 영양상담은 상담자와 내담자와의 쌍방향 의사소통 과정이 아주 중요하다.

영양교육은 인간의 행동과학 원리, 그리고 각종 영양과 건강 정보 및 내용을 교육과정에 적용하여 대상자의 교육목표, 발달단계와 능력에 맞게 적절하게 학습경험을 제공하는 것이다그림 1-1.

이러한 영양교육과 상담의 내용은 획일적인 것이 아니라 교육대상자의 성별, 나이, 교육정도, 식습관, 기호도, 경제수준 등에 따라 달라져야 한다. 영양교육과 상담은 장기간에 걸쳐 이루어지므로 영양교육과 영양상담의 효과를 가시적으로 제시하기 어렵고 예산과 인력이 많이 소요된다는 점에서 여러 어려움이 있다. 그러므로 영양교육 내용과 방법

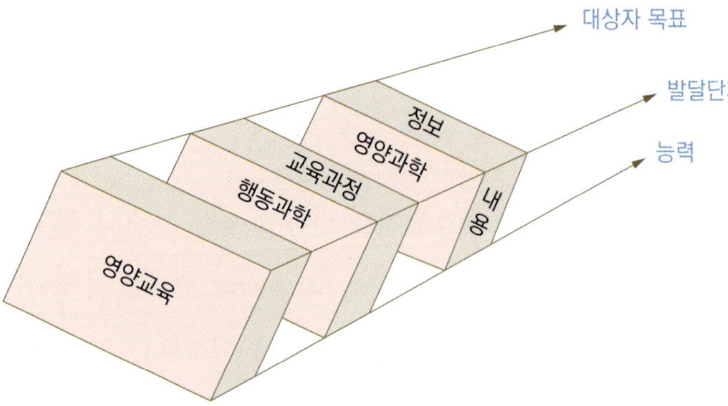

그림 1-1 영양교육의 요소

의 선정에 각별한 주의가 필요하며, 비록 여러 어려움이 있더라도 영양교육과 상담의 필요성을 인식시켜야 한다.

영양교육과 상담은 병원이나 학교, 노인대학, 복지시설 등 어느 곳에서든지 다양한 형태로 실시되고 있다. 저소득층의 구매력을 향상시키거나 보충식품을 지급하는 등의 직접적이고 적극적인 형태의 영양서비스와 교육도 병행되고 있다. 식생활이 풍요로워진 현대사회에서 식사계획을 포함한 직접적인 영양교육과 상담의 비중이 더욱 커지고 있다.

2. 영양교육과 상담의 의의

영양교육과 상담은 영양과 건강에 대한 지식을 증진시키고 질병예방과 치료에 기여하며, 국민건강을 위한 의료비 절감, 직업의욕 촉진, 생활의 질 향상, 국가 경제의 안정도모 등, 영양상태의 개선과 건강증진의 측면에서 중요하다.

영양교육은 개인의 건강과 독립성에 광범위한 영향을 미칠수 있다. 허시Hersey는 영양교육의 광범위한 효과를 그림 1-2와 같이 제시하였다. 영양교육은 개인의 식품구입과 실천, 자원관리를 통해 식품의 안전과 식품의 질을 확보하여 건강하게 신체적 활동을 해나가게 한다. 또한 영양교육은 조직·환경의 변화나 정책의 변화를 유도하는데, 이는 개인뿐만 아니라 식품 안전에 영향을 준다. 영양교육은 다양하게 서로 상호작용을 하며 식사의

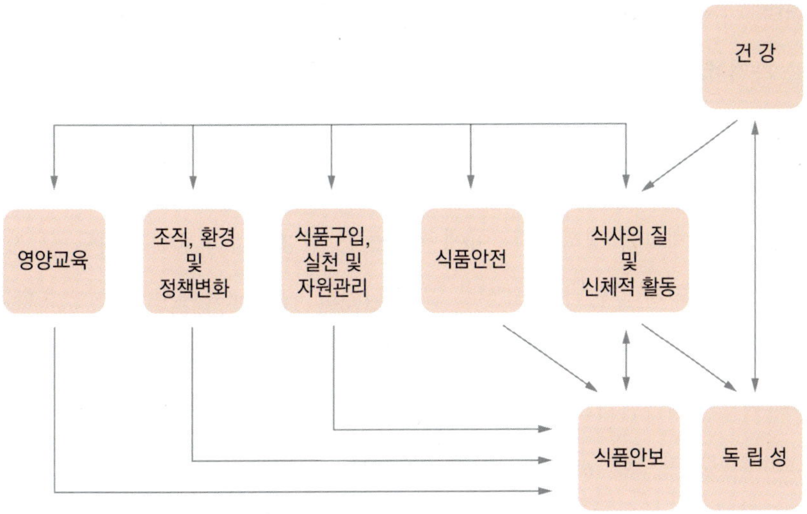

그림 1-2 영양교육의 광범위한 효과

질을 향상시켜서 활동력과 건강과 식품안보를 이뤄내며 독립성을 확보하게 해준다.

영양교육과 상담의 목적

- 영양과 건강, 질병에 관한 지식을 증가시킨다.
- 건강한 행동을 실천하고자 하는 동기를 유발한다.
- 건강에 좋은 행동과 생활양식을 받아들이고 실천 · 유지하는 데 필요한 기술을 배양한다.
- 건강한 행동을 증진시키는 환경을 조성하도록 환경 변화를 유도한다.
- 개인과 국민의 질병 발생과 유병을 낮추고 건강증진에 기여한다.

3. 영양교육의 개념 변화

과거 식량이 절대적으로 부족하던 시대에 영양관련 사업의 주된 내용은 국가나 지역사회의 식량증산, 식품의 사회 안전망 확보이었으며, 영양교육의 개념은 식품의 분배에 중점을 두었다. 그후 역사적으로 농업혁명과 산업혁명을 거치면서 식품의 대량생산과 가공·보존기술이 발달하였고, 그 결과 일부 저개발국가를 제외하고는 식품과 식생활이 어느 정도

해결되었다. 이에 따라 영양교육의 개념은 영양지식의 보급으로 전환되었다. 즉 올바른 영양지식을 가져야 건강한 삶을 영위할 수 있음을 학자들은 인식하기 시작한 것이다.

한편 세계의 경제발전에 따른 풍요로운 식생활은 영양과잉이나 영양불균형 등과 같은 문제를 초래하기에 이르렀다. 더불어 생활습관의 변화와 함께 만성퇴행성질환이 증가하는 심각한 건강문제가 발생하였다. 이에 학자들은 영양지식이 충분하여도 그 지식이 바로 행동으로 변화되지 않는다는 사실을 알게 되었고, 영양교육에서 더욱 중요한 것은 개인과 집단의 행동을 변화시키고 그 변화된 행동을 유지하도록 돕는 과정이라고 주장하기에 이르렀다. 그 결과 현대 영양교육의 개념은 영양상태의 개선을 위하여 지식knowledge과 태도attitude뿐 아니라 궁극적으로 행동behavior이 변화되도록 유도하는 것으로 전환되었다.

최근 영양교육은 영양상태 판정자료에 따른 영양문제와 그 원인을 종합적으로 판단하여 계획하고 시행하는 것까지 그 범위를 넓혔다. 영양교육과 상담을 위해서는 영양상태 판정자료가 되는 주거환경·교통·교육 등을 포함한 사회적인 진단이나 보건형태, 질병양상 등을 이해해야 한다. 즉 역학적인 진단, 건강과 질병 관련 식생활조사법 등을 이용하여 영양행동을 유발하는 행동 및 환경적 요인을 파악해야 한다. 또한 대상자의 영양지식이나 태도뿐만 아니라 자원·수단·기술적 내용도 이해함이 필요하다. 더 나아가 사회적인 후원 등을 포함하는 교육행정조직 및 정책 등 또한 진단을 해야 한다. 이처럼 총체적인 관점에서 영양교육과 상담계획을 수립하고 수행해야 한다.

II 식생활 환경의 변화와 영양교육

현대인의 식생활은 나날이 복잡해지고 있으며 식품산업과 외식산업, 매체가 발달하면서 자신의 건강에 필요한 식품을 선택하는 것이 난제가 되었다. 생애주기의 변화에 따라 생리적인 변화가 일어나고, 국가의 식량공급 환경과 선택 가능한 식품환경이 달라지는 등 다양하고 역동적으로 식생활 환경이 변화하고 있다. 또한 최근 우리나라에서도 저출산과 고령화 등이 심각한 사회문제로 제기되고 있으며, 비만·당뇨·심혈관계질환·암·골다공증 등과 같은 만성질환의 유병률과 사망률이 높게 나타나고 있다. 따라서 만성질환을 예방하고 건강을 증진시키기 위해서는, 개인과 집단, 지역사회를 위한 영양교육이 지속적으로 이루어져야 한다. 또한 이러한 새로운 식생활 환경의 변화를 종합적으로 파악하여 소득, 장소, 문화·사회·경제적인 여건, 교육 정도와 관계없이 모든 사람에게 지속적으로 영양교육이 전개되어야 할 필요가 있다. 식생활 환경 변화와 영양교육의 관계는 그림 1-3과 같다.

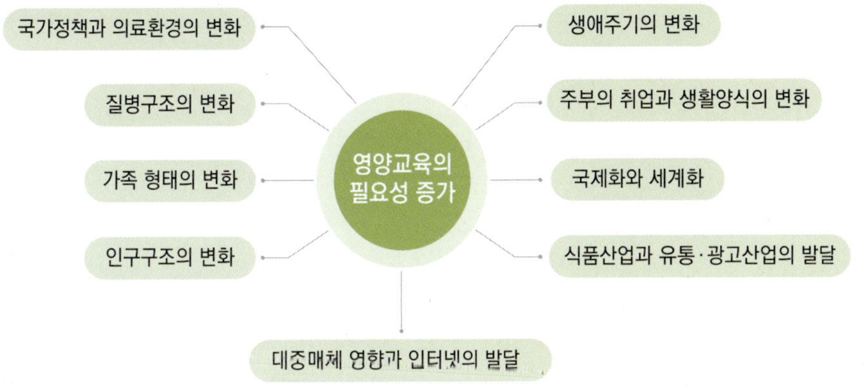

그림 1-3 식생활 환경 변화와 영양교육

1. 생애주기와 식생활 변화

1) 생애주기와 생활양식의 변화

나이가 들어감에 따라 신체적·생리적 여건이 변화하면서 필요한 영양소의 양과 종류가 달라진다. 생애주기에 따라 영양과 건강문제가 다르므로 생애주기에 맞는 적절한 식생활과 건강증진을 위한 영양교육이 필요하다.

경제적인 풍요로움과 가치관의 변화로, 식사는 주부가 만들어 가족이 함께 해야 한다는 기존의 가치관이 해체되고 있다. 또한 주부의 취업이 증가하고 가정의 경제력이 향상되면서, 외식이 증가하고 즉석식품·편의식품 등의 소비가 증가하고 있다. 또한 가정의

회갑, 생일, 결혼, 제사 등과 같은 가정행사나 손님 초대 시에도 외식을 하는 형태로 변하고 있으며, 여가생활이 늘어나면서 이에 따른 식생활 형태도 달라지고 있다. 이러한 변화 속에서 효과적인 선택을 할 수 있도록 영양교육이 필요하다.

2) 국제화와 세계화

국제화·세계화의 물결 속에서 외국식품의 수입과 외국음식점이 증가하고 외국 여행의 기회가 폭발적으로 증가하고 있어서, 다양한 식품과 외국음식을 접하게 되는 기회가 많아지고 있다. 이에 따라 각국 음식에 대한 영양가와 음식문화를 포함한 광범위한 영양교육이 요구된다.

2. 산업과 매체의 발달

1) 식품산업과 유통·광고의 발달

식품산업의 발달로 가공식품과 외식산업이 크게 확대되면서 가계의 외식비 지출과 가공식품의 이용률이 크게 증가하고 있다. 최근 기능성 식품의 과장된 광고와 남용으로 건강한 식생활이 저해되는 부작용을 낳고 있다. 식품제조와 유통산업 및 광고산업에서 소비자들이 올바른 식품을 선택할 수 있도록 정확한 정보를 제공하고 교육하는 것이 필요하다.

2) 대중매체 및 컴퓨터와 인터넷의 발달

TV·신문·인터넷방송 등을 통하여 건강과 영양, 식생활에 관한 정보가 대중에게 제공되고 있고 이 정보들이 미치는 영향은 매우 크다. 따라서 올바른 영양정보가 유통되도록 제작자를 교육할 뿐 아니라 대중이 정보의 진위를 판단할 수 있도록 교육할 필요가 있다.

최근에는 홈쇼핑과 인터넷을 통한 식품구매, 식사주문과 건강기능성식품 판매가 크게 증가하고 있어서 소비자에게 올바른 교육을 할 필요가 증대되고 있다.

컴퓨터와 인터넷의 발달은 영양교육과 상담에서 획기적 변화를 초래하였다. 특히 인터넷과 모바일 이용인구가 급증하여 인터넷과 모바일을 활용한 영양교육과 상담 콘텐츠와 교육기술 등이 매우 중요하게 대두되고 있다.

3. 인구·질병 구조의 변화

1) 인구분포와 가족형태의 변화

(1) 인구분포 변화 : 저출산과 고령화

의학의 발달로 인해 평균수명이 연장되었으며, 결혼연령이 늦어지고 미혼비율이 높아지고 있다. 출산율은 1980년에 2.82명이던 것이 2000년 1.47명, 2015년 1.24명, 2022년 0.78명으로 크게 낮아졌다. 이러한 출산율은 OECD 국가 중 최하위이다.

우리나라는 2020년을 정점으로 인구가 줄면서 생산인구도 크게 줄 전망이다. 반면에 65세 이상 노인인구는 1980년에 145만 명(3.8%)이었으나, 2000년에 339만 명(7.2%), 2020년에는 808만 명(15.7%), 2025년에는 1,000만 명을 넘을 전망이다. 이는 평균 수명 증가에 따른 것이다.

저출산과 노인인구의 증가는 인구구조를 변화시켜서, 그림 1-4와 같이 정상적 형태인 탑 모양에서 생산인구는 감소하고 노인인구는 증가한 종 모양으로 변화되고 있다.

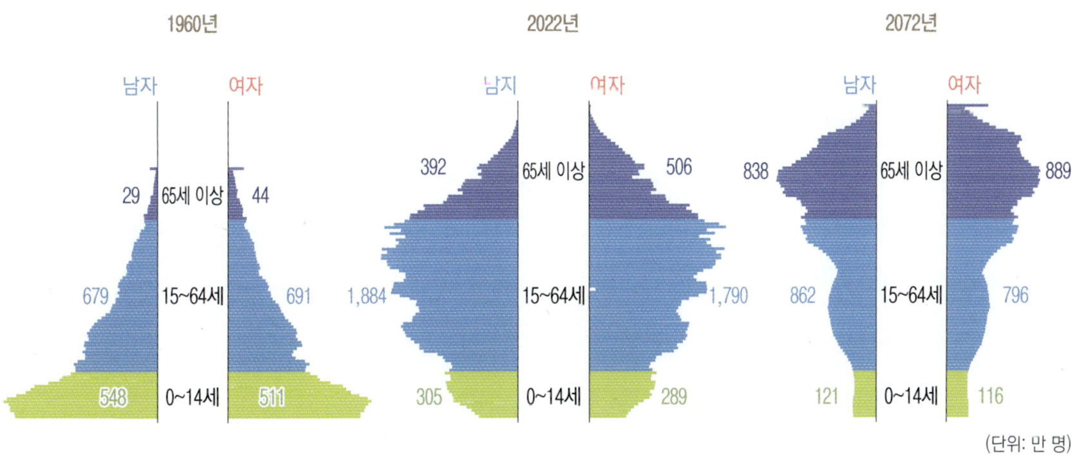

그림 1-4 인구구조의 변화

자료 : 통계청, 2023

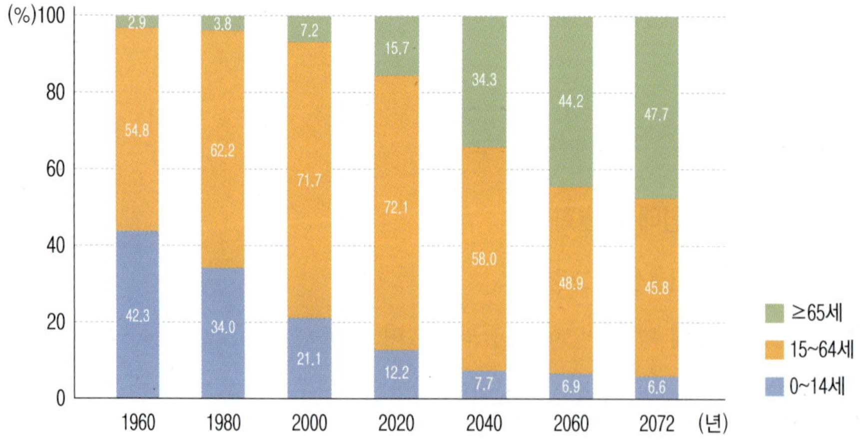

그림 1-5 인구 구성비의 변화

자료 : 통계청, 2023

2022년 15~64세 생산연령인구는 전체 인구의 71.1%(3,674만 명), 65세 이상 고령인구는 17.4%(898만 명), 0~14세 유소년인구는 11.5%(595만 명)를 차지하였고, 2040년에는 노령인구가 34.3%, 유소년인구가 7.7%로 나타날 전망이다.

노인인구가 증가하면서 만성질환 이환율이 증가하고 장애인구 또한 증가하여 사회적 문제가 되고 있으며, 그에 따른 식생활 문제도 대두되고 있다. 따라서 출산장려와 건강한 임신과 출산 그리고 노년기의 영양관리에 대한 영양교육의 중요성이 증대되고 있다.

(2) 가족형태의 변화

사회학적인 가족개념이 확대되어 있다. 한 부모 가구, 맞벌이 부부, 독신가구 등이 증가하면서 전통적 가족개념이 바뀌고, 그림 1-6과 그림 1-7을 보면 성인 남녀의 독신가구와 노인가구가 증가하고 있다. 20대부터 50대까지 남자의 1인 가구 비율이 20% 내외로 오히려 여성보다 높으며, 60대 이후에는 여성의 비율이 더 높게 나타나고 있다. 이들을 위한 식생활 교육과 지원이 절실히 필요한 시점이다.

2) 질병구조의 변화와 의료비 증가

우리나라의 질병은 연령별로 약간의 차이가 있지만 대체로 순환기계질환, 대사성질환,

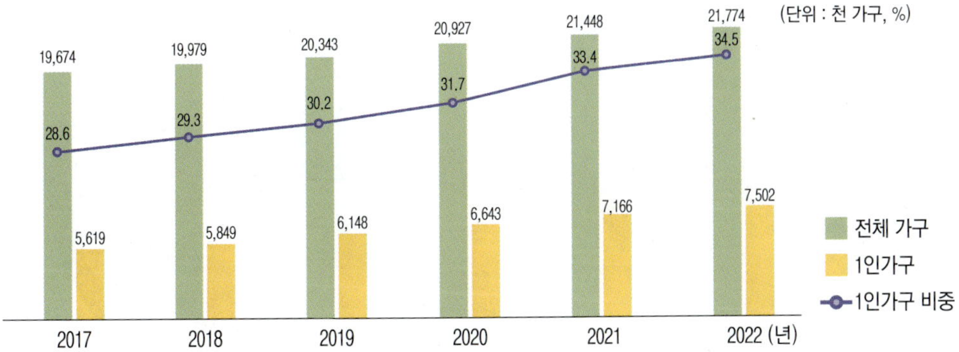

그림 1-6 1인가구 증가 추이

자료 : 통계청, 2023

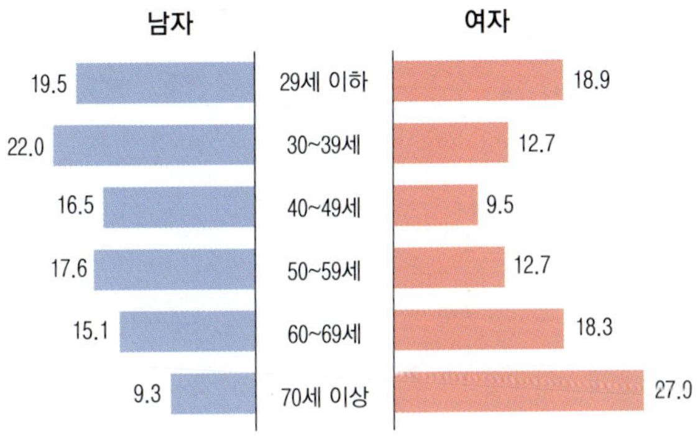

그림 1-7 성별·연령별 1인가구(%)

자료 : 통계청, 2023

악성 신생물 등의 만성퇴행성질환의 발병률이 크게 증가하는 추세이며, 이 질환들은 주요 사망원인으로 작용하고 있다그림 1-8, 그림 1-9. 이들 질환들의 대부분은 그 원인과 영양관리가 식생활과 밀접한 관련을 맺고 있다.

만성질환 및 비만으로 인한 경제적 손실이 급증하고 있으며, 평균수명이 길어짐에 따라 노인인구 증가로 의료요양 수요와 진료비가 급증하고 있다. 특히 노인의료비는 건강보험이나 복지에 큰 부담으로 작용하고 있어서 노인뿐만 아니라 전국민에 대한 질병예방과 영양관리를 위한 식생활 교육이 매우 중요하게 대두되고 있다.

주요 사망원인
1. 암
2. 심장질환
3. 뇌혈관질환
4. 폐렴
5. 자살
6. 당뇨병

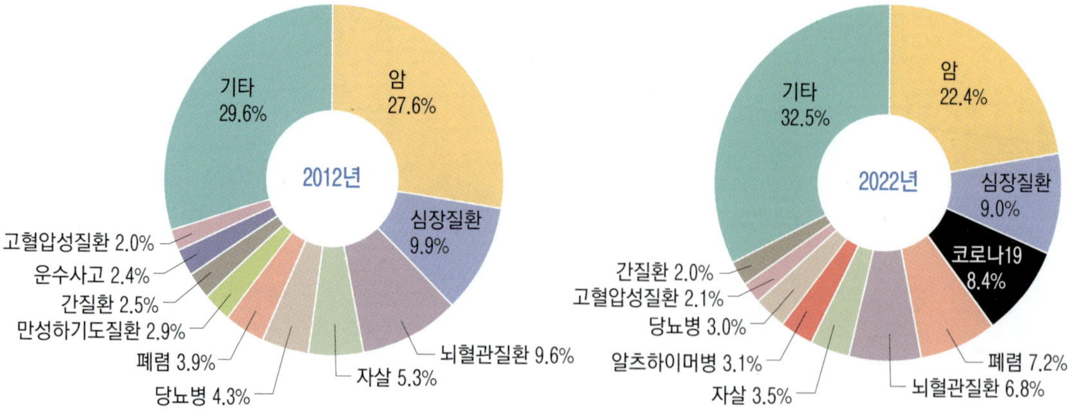

그림 1-8 한국인의 주요 사망원인

자료 : 통계청, 2023

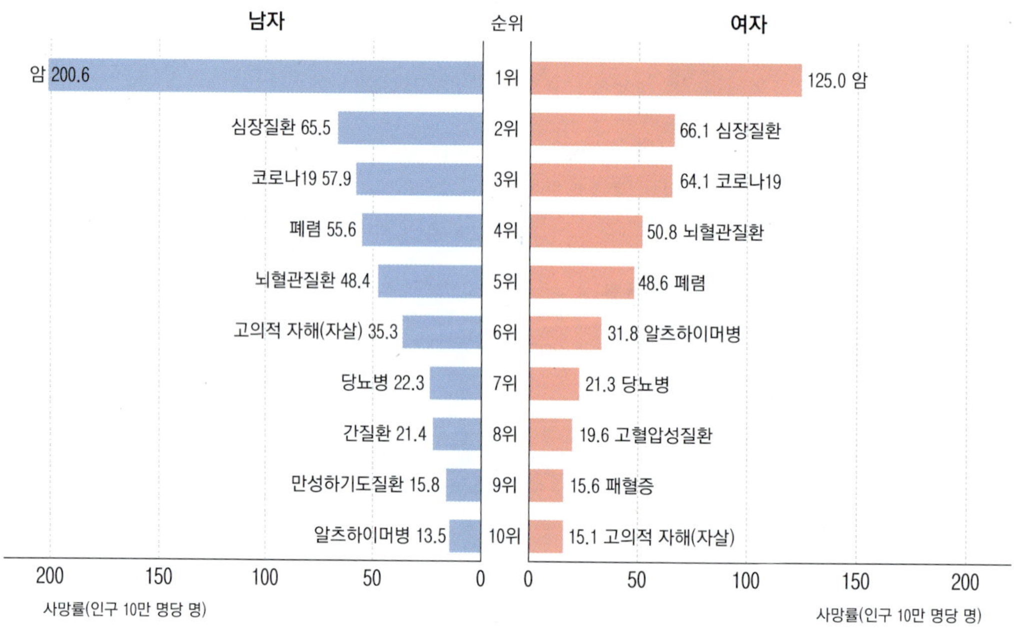

그림 1-9 한국인 10대 사망원인

자료 : 통계청, 2023

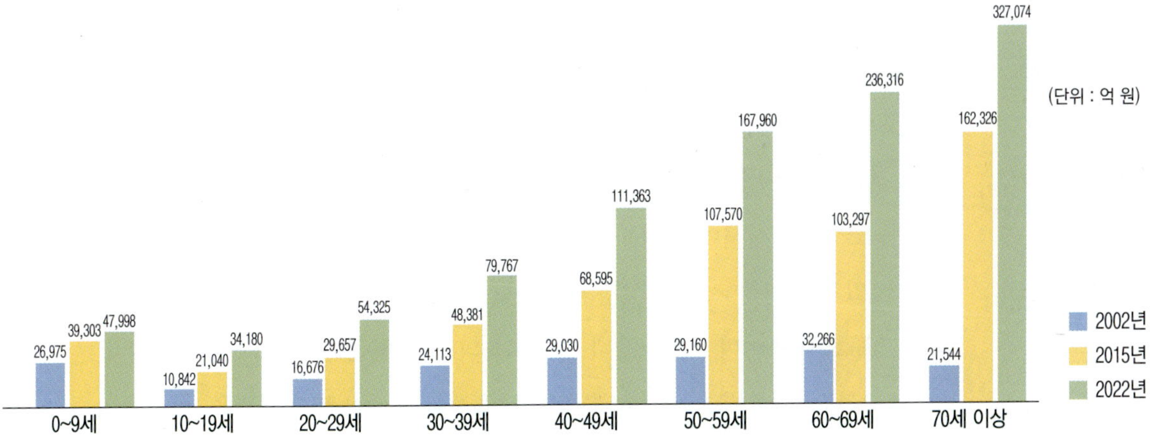

그림 1-10 2002년 대비 2022년 연령별 진료비 비교

자료 : 건강보험심사평가원, 진료비통계지표, 2015; 2022

4. 국가의 보건정책과 영양교육 환경

영양섭취 과잉이 문제시되는 한편 함께 일부 저소득층에서는 절대적인 식품 부족과 영양결핍이 일어나고 있다. 저소득 계층의 적절한 영양섭취를 위하여 경제적인 식품을 선택할 수 있도록 영양교육이 필요하다.

국가정책과 의료환경의 변화로 누구나 건강보험의 혜택을 누리게 되었으며, 정부도 국민건강을 위한 서비스 제공에 주력하기 위해 관련법을 제정하고 예산을 배정하는 추세다. 이러한 서비스에는 영양교육이 함께 이루어져야 더욱 효과적이다. 더 나아가 세계 식량문제, 스트레스, 정서불안, 자아정체감 상실 등의 정신적 문제와 관련하여 영양교육이 필요하다.

1) 국민건강증진법 제정과 영양교육 강화

국민건강증진법의 제정으로 국민건강생활 실천을 확산시키는 것이 중요한 사업과제로 대두되었으며, 국민건강증진 종합계획 2030(Health plan 2030, HP 2030)을 통하여 영양 관련 사업과 목표를 제시하고 있다. HP 2030에서는 건강수명 연장과 건강형평성 제고를 최종목표로 하고 건강생활실천, 비감염성질환 예방관리, 인구집단별 건강관리 등 6

개 영역에서 28개 중점과제별 총 400개의 성과지표와 이 중 대표지표 64개를 설정하였다. 영양 중점과제의 대표 성과지표는 식품안정성 확보 가구분율(2030년 97.0%)이며 이 외에 포화지방산, 나트륨, 과일·채소, 칼슘, 비타민 A의 적정 섭취, 가공식품의 영양표시 이용, 건강식생활 실천, 영양섭취부족 노인 인구 비율, 가임기 여성의 빈혈 유병률 등에 관한 목표치가 제시되어 있다표 1-1. 성과지표에 대해 성별, 소득, 지역별 격차를 모니터링할 수 있게 형평성 지표가 설정되어 있다. 건강생활실천사업은 금연·절주·운동과 영양이 그 주요 내용이며 보건교육과 영양교육의 강화가 큰 비중을 차지하고 있다.

생애주기별·질환별 영영교육과 함께 보육시설과 유아원 영양교육, 비만관리 등 다양한 사업을 통하여 영양교육이 활성화되고 있다. 보건복지부는 영양소 섭취기준을 주기적으로 개정하고, 식생활지침을 제정 및 보급하는 한편, 영양표시제도를 확립하고 대국민 영양교육을 위한 자료개발 사업을 하는 등 국민건강을 증진하기 위해 다양한 노력을 하고 있다. 더욱이 한국의 임산부 및 영유아 보충영양관리사업을 수행하면서 보충식품 공급과 함께 영양교육과 상담이 필수요소로 시행되고 있다.

2) 영양교사와 단체급식시설의 영양교육

2003년에 개정된 초·중등교육법 시행령에 따라 학교급식법 제15조 규정에 의거, 영양교사 1인을 배치하도록 하였고, 2007년에 영양교사제도가 시행되었다. 어린이와 청소년의 영양교육이 학교에서부터 이루어져, 건강한 식습관이 형성되어 성인기까지 유지될 수 있는 영양교육을 강조하고 있다.

2003년 보건복지부는 전문지식과 경험이 풍부한 전문인력이 만성질환에 대하여 교육과 상담을 실시하는 경우, 교육과 상담료를 비급여로 인정하도록 관련법을 개정하였다. 이는 임상영양사를 의료인력으로 받아들여, 식이조절에 의한 치료 및 치료 개선효과를 의학적으로 인정한 것이다.

산업체 영양사는 단체급식관리 외에 전반적인 건강증진을 위해서 직장 내 영양교육과 상담을 담당하고 있다. 한편 영유아 보육시설에는 영유아보육법에 의해서 영양사의 고용이 많지 않다. 하지만 이러한 시설들이 영유아 식생활의 1/3 내지 1/2을 담당하고 있기

표 1-1 국민건강증진 종합계획(2030)의 건강 및 영양 목표: 성과지표와 형평성지표

	기준치 (2018년)	목표치 (2030년)
A. 비감염성질환 예방관리		
1. 고혈압 유병률	28.3%	27.3%
2. 성인 남성 고혈압 유병률(연령표준화)	33.2%	32.2%
3. 소득 1-5분위 성인 남성 고혈압 유병률 격차(연령표준화)	5.4%p	4.4%p
4. 성인 여성 고혈압 유병률(연령 표준화)	23.1%	22.1%
5. 소득 1-5분위 성인 여성 고혈압 유병률 격차(연령표준화)	8.5%p	7.5%p
6. 당뇨병 유병률	11.6%	10.6%
7. 성인 남성 당뇨병 유병률(연령표준화)	14.2%	13.2%
8. 소득 1-5분위 성인 남성 당뇨병 유병률 격차(연령표준화)	4.4%p	3.4%p
9. 성인 여성 당뇨병 유병률(연령표준화)	9.1%	8.1%
10. 소득 1-5분위 성인 여성 당뇨병 유병률 격차(연령표준화)	5.0%p	4.0%p
11. 성인 남성 비만 유병률(연령표준화)	42.8%	≤42.8%
12. 소득 1-5분위 성인 남성 비만 유병률 격차(연령표준화)	1.1%p	0.0%p
13.성인 여성 비만 유병률(연령표준화)	25.5%	≤25.5%
14. 소득 1-5분위 성인 여성 비만 유병률 격차(연령표준화)	15.6%p	4.6%p
B. 영양 성과지표		
1. 식품안정성 확보 가구분율	96.9%	97.0%
2. 소득 1-5분위 식품안정성 확보 가구분율 격차	11.4%p	7.0%p
3. 포화지방산을 적정수준으로 섭취하는 인구비율(만3세 이상)	49.7%	74.0%
4. 소득 1-5분위 포화지방산 적정수준 섭취 인구 비율 격차(만3세 이상)	5.9%p	0.0%p
5. 나트륨을 적정수준으로 섭취하는 인구 비율	32.4%	42.0%
6. 소득 1-5분위 나트륨 적정수준 섭취 인구 비율 격차	9.7%p	0.2%p
7. 과일/채소를 1일 500g 이상 섭취하는 인구 비율(만 6세 이상)	26.2%	41.0%
8. 소득 1-5분위 과일/채소를 1일 500g 이상 섭취 인구 비율 격차(만 6세 이상)	11.5%p	6.0%p
9. 가공식품의 영양표시 이용률(초등학생 이상)	28.5%	31.7%
10. 소득 1-5분위 가공식품 영양표시 이용률 격차(초등학생 이상)	4.7%p	4.0%p
11. 건강 식생활 실천율(초등학생 이상)	42.0%	50.6%
12. 소득 1-5분위 건강 식생활 실천율 격차(초등학생 이상)	5.2%p	4.4%p
13. 칼슘 적정수준 섭취하는 인구 비율(만 1세 이상)	16.8%	21.0%
14. 소득 1-5분위 칼슘 적정수준 섭취율 격차(만 1세 이상)	4.6%p	2.0%p
15. 비타민 A 적정수준 섭취하는 인구 비율(만 1세 이상)	11.8%	24.0%
16. 소득 1-5분위 비타민 A 적정수준 섭취 분율 격차(만 1세 이상)	0.4%p	0.0%p
17. 영양섭취부족 노인 인구 비율(만 75세 이상)	18.5%	12.0%
18. 소득 1-5분위 영양섭취부족 노인 인구 분율 격차(만 75세 이상)	5.4%p	0.0%p
19. 가임기 여성의 빈혈 유병률	13.1%	11.0%
20. 소득 1-5분위 가임기 여성의 빈혈 유병률 격차	2.8%p	0.0%p

자료: 보건복지부, 한국건강증진개발원, 2022

때문에 식생활 관리 및 지도가 중요시되고 있다.

3) 소비자교육 확대 : 영양표시제와 식품위해요소 규제

현대인은 식생활과 건강 관련 정보를 끊임없이 제공받고 있기 때문에 그 가운데 올바른 정보를 식별해 내기는 어려운 실정이다. 텔레비전, 인터넷, 신문 등 대중매체를 통한 정보들도 영리 목적하에 검증되지 않은 과다 정보를 제공하는 경우가 많아서 소비자들이 피해를 입는 경우가 빈번하다.

최근 식품의약품안전처·보건복지부·농림부 등 각 정부기관에서 소비자, 생산업체, 일반인을 위하여 식품위해요소와 영양표시에 대한 정보를 제공하는 등 소비자 교육을 위해 노력하고 있다.

영양전문가들은 영양교육을 통하여 다양한 소비자의 정보공개 요구에 부응하고 올바른 영양정보가 보급될 수 있도록 해야 하며, 이처럼 올바른 건강과 영양정보를 제공하는 영양교육이 필요하다

III 영양교육 활동분야의 전망

사회가 발전할수록 영양교육에 대한 사회적인 요구는 증대될 것이다. 따라서 앞으로는 다양한 영양교육 분야에서 전공자들이 활동할 전망이며 이에 대비한 실질적 교육도 함께 이루어져야 할 것이다. 영양교육 활동분야를 구체적으로 살펴보면 다음과 같다그림 1-11.

① 생애주기별 건강한 식생활을 위한 영양교육 및 상담

어린이집, 학교, 청소년시설, 노인시설, 급식이 제공되는 일반 직장, 보건소, 병원 등 다양한 장소에서 대상에 따라 건강한 식생활에 대한 영양교육과 상담이 필요하며, 특히 건강진단 결과와 연계하여 영양교육을 제공할 수 있다.

② 질환과 관련된 영양교육 및 상담

질환을 가진 일반인이나 병원환자를 대상으로 질환별 식사요법을 중심으로 한 식생활

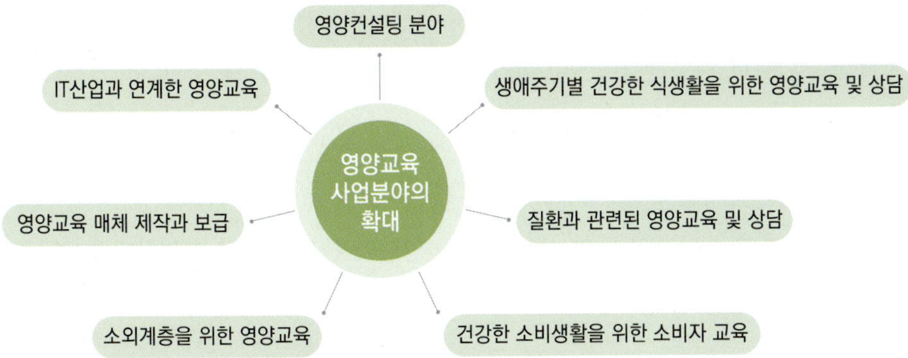

그림 1-11 영양교육 사업분야

관리와 영양치료에 대한 영양교육 서비스가 제공되면 큰 효과를 거둘 수 있을 것이다.

③ 건강한 소비생활을 위한 소비자 교육

식품산업이 발달함에 따라 다양한 식품이 개발되고 보급되므로 자신의 건강여건에 맞는 식품을 선택할 수 있도록 돕는 영양교육이 필요하다. 특히 영양표시제도의 활용 및 보급 관련 소비자 영양교육이 요구되고 있다.

④ 소외계층을 위한 영양교육

경제적·사회적 소외계층은 영양취약성을 갖는 우선순위계층으로 분류된다. 이에 복지사업과 연계된 영양교육이 필요하며, 보육원, 양로원, 장애인, 정신질환자 시설 등에서 영양교육 서비스를 할 수 있다.

⑤ 영양교육 매체 제작과 보급

다양한 대상과 장소에서 영양교육 서비스가 펼쳐지려면 교육매체도 대상별로 피교육자의 수준에 따라 개발되어야 하며, 이 분야 역시 새로운 영양교육의 사업 분야로 각광받고 있다.

⑥ IT산업과 연계한 영양교육

IT산업과 연계한 영양교육은 시간적·공간적 제약을 획기적으로 해결할 수 있는 방안으로 떠오르고 있다. 인터넷과 무선통신산업의 발전에 따라 필요한 정보를 홈페이지에 제공하거나 실시간으로 상담에 응할 수도 있고 게임기능과 연결할 수도 있다. 인터넷이나 모바일을 이용한 영양관리나 주문식단, 식품유통에도 진출할 수 있다.

⑦ 영양컨설팅 분야

변호사나 세무사처럼 영양사도 영양상태 개선을 원하는 소비자들을 대상으로 상담과 컨설팅을 제공하거나 양로원 등의 시설에 대한 영양적 관리나 새로운 영양교육사업을 대행하는 등의 컨설팅을 주 업무로 하는 새로운 영양교육 분야가 창출되고 있다.

이처럼 다양한 분야에서 영양교육이 전개되어야만 국민의 건강을 증진하고 삶의 질을 향상시키는 데 크게 기여할 수 있다. 따라서 발전하는 영양교육분야에 맞추어 영양사를 양성하는 대학의 교육과정 또한 영양교육 전문분야에 맞게 다양하게 개설되어 실제 능력을 향상시킬 수 있어야 할 것이다.

연구과제

1. 거주하고 있는 지역의 보건소, 단체급식시설, 체육센터 등에서 실시하고 있는 영양교육에 대하여 조사해 보자.
   - 영양교육의 대상, 영양교육의 목적, 프로그램, 구체적인 교육내용, 경비, 인력 등을 파악해 보자.

2. 장래에 자신이 진출하고 싶은 영양교육 분야의 실태를 조사해 보고, 그 진출분야를 위한 구체적인 준비내용을 점검해 보자.

CHAPTER

2

영양교육의 이론

I. 영양교육 이론의 개요

II. 건강신념모델

III. 합리적 행동이론과 계획적 행동이론

IV. 범이론적 모델

V. 사회인지이론

VI. 사회적 지지

VII. 사회마케팅

학습 목표

1. 각 영양교육 이론의 개념을 설명할 수 있다.
2. 영양교육 이론을 적용하여 영양교육을 계획할 수 있다.

I 영양교육 이론의 개요

이론theory은 논리적으로 상호 연관된 현상을 체계적으로 설명하기 위한 것이며, 사람의 행동을 설명하거나 예측하는 개념concept이 서로 어떻게 연관되어 있는지 제시한다. 영양교육에 적용되는 이론은 주로 사회과학, 행동과학에서 유래된 것으로 보건교육에 적용되는 것을 영양교육에도 활용하고 있다. 이러한 이론들은 사람들이 왜 권장하는 건강행동이나 식행동을 하는지 또는 하지 않는지 설명하여 특정 행동과 관련된 요인을 파악하게 하며, 건강행동 및 식행동 수정을 위해 보건교육과 영양교육에서 무엇을, 어떻게 해야 할지 제시한다. 모델model도 특정 행동이나 문제를 이해하기 위해 만들어진 것이며, PRECEDE-PROCEED 모델의 경우 프로그램의 요구진단, 계획과 평가를 어떻게 할지 제시하며 실제로 보건교육 및 영양교육의 요구진단과 계획, 평가에 활용되고 있다.

보건교육이나 영양교육에 적용되는 이론은 행동 수준에 따라 개인, 개인간, 집단·지역사회의 이론으로 구분할 수 있으며 이에 해당되는 이론은 표 2-1과 같다. 본 장에서는 이 중 영양교육의 요구진단이나 계획에 많이 활용되는 이론과 모델에 관해 다룬다.

표 2-1 영양교육에 적용되는 이론과 모델

수준	이론과 모델
개인	건강신념모델, 합리적 행동이론과 계획적 행동이론, 범이론적 모델
개인간	사회인지이론, 사회적 지지
집단·지역사회	혁신의 확산, 생태학적 모형
교육 기획 및 평가	PRECEDE-PROCEED 모델

II 건강신념모델The Health Belief Model

1. 건강신념모델의 개념

건강신념모델은 보건교육에서 가장 널리 사용되고 있는 사회·심리적 모델이다. 건강신념모델은 결핵검진이나 예방접종과 같은 예방적 건강행동을 설명하고 행동변화를 유도하기 위해 개발된 이론이다. 이는 점점 확대되어 최근에는 질병예방 행동, 식행동변화 등을 설명하는 데 이용되고 있다. 건강신념모델의 주요 개념과 그 적용방법을 표 2-2에 제시하였다.

건강신념모델은 그림 2-1에서 보는 바와 같이 어떤 개인이 건강에 바람직한 행동을 받아들일 가능성은 건강상의 위협 정도(인지된 위협성perceived threat)와 건강한 행동양식을 취함으로써 얻어지는 혜택(인지된 이득)과 건강행동을 실천하는 데 방해가 되는 장애요인(인지된 장애)과의 비용-효과 분석에 의해 결정된다고 가정한다. 인지된 위협성은 질병에 걸릴 위험에 대한 개인의 주관적 인식(인지된 민감성)과 질병에 걸렸을 때나 치료하지 않고 두었을 때 생길 수 있는 의학적·사회적 결과에 대한 개인의 인식(인지된 심각성)에 의해 형성된다고 본다. 다시 말해 사람들은 자신이 질병에 걸릴 위험이 크다고 인식할 때, 질병에 걸리거나 치료하지 않고 방치할 경우 심각한 결과가 발생한다고 인식할 때, 추천된 행동을 실천해서 발생하는 이득(건강상 이득이나 실제적 이득)이 행동을 수행하는 데 드는 물질적·심리적·사회적 비용보다 더 클 때, 건강에 바람직한 행동을 할 가능성이 높다고 본다.

한 개인이 느끼는 질병에 대한 위협성, 인지된 이득, 인지된 장애는 연령·성별·인종·성격·사회경제적 요인·지식과 같은 수정요인modifying factors에 따라 달라질 수 있다. 또한 추천된 행동을 실천할 가능성은 교육·질병 증상·주위인의 질병 경험·대중매체의 영향 등과 같은 행동계기에 의해 달라질 수 있다. 건강신념모델에 자아효능감이 추가되었는데, 이는 바람직한 결과를 가져오는 데 필요한 건강행동이나 식행동을 성공적으로 할 수 있다는 자신감을 말한다.

표 2-2 건강신념모델의 주요 개념과 적용방법

개념	정의	적용방법
인지된 민감성 perceived susceptibility	질병에 걸릴 가능성에 대한 개인의 주관적 인식	• 위험에 있는 인구집단, 위험수준 판정 • 개인 특성이나 행동에 근거하여 개인의 위험 판정 • 실제 위험도에 가깝게 인지된 민감성을 높임
인지된 심각성 perceived severity	질병으로 인해 초래되는 신체적·정신적·사회적 기능의 장애 및 어려움 등에 대한 개인의 인식	• 질병 결과를 신체적, 경제적, 사회적 측면에서 자세히 설명
인지된 이득 perceived benefits	추천된 행동을 실천한 후 얻을 수 있는 이득에 대한 개인의 인식	• 기대되는 긍정적 효과를 명확히 제시 • 행동 관련 지식 제공
인지된 장애 perceived barriers	추천된 행동을 수행할 때 지불해야 하는 물질적·심리적·사회적 비용에 대한 개인의 인식	• 재확인, 잘못된 정보 교정, 보상, 보조 등을 통해 인지된 장애를 확인하고 감소시킴
행동계기 cues to action	추천 행동을 수행하게 하는 내적·외적 요인 및 전략	• 방법에 대한 정보 제공, 인식 촉진, reminder나 독려 편지 이용
자아효능감 self-efficacy	행동 수행에 대한 자신감	• 행동 수행에 필요한 훈련과 지도 제공 • 점진적 목표 설정 • 언어적 강화(칭찬, 할 수 있다는 설득 등) 제공 • 바람직한 행동의 시범 또는 모델 제시 • 불안 감소시킴

자료 : Glanz 등, 2015

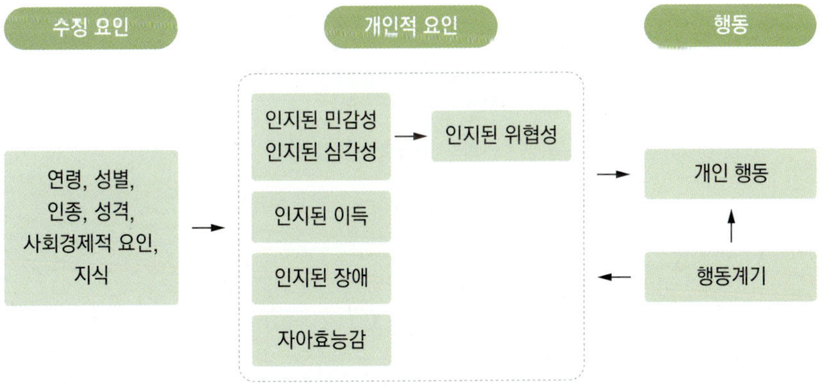

그림 2-1 건강신념모델

자료 : Glanz 등, 2015

2. 건강신념모델의 적용

건강신념모델은 결핵검사, 예방주사 접종, 유방암 검사, 에이즈 예방 행동, 약물처방 순응도, 식사처방 순응도 등 사람들이 왜 특정 행동에 참여하는지 또는 참여하지 않는지를 설명하고 예측하는 데 이용되어 왔다. 건강신념모델은 영양교육의 요구도를 파악하거나 영양교육을 계획할 때 다음처럼 이용될 수 있다.

건강신념모델의 적용

1. 영양교육의 요구도 파악
    - 질병 및 건강행동, 식행동에 대한 인식을 알아볼 때 사용
        - 질병에 걸릴 가능성(예: 고혈압, 심장병 등)에 대한 인식
        - 질병의 심각성에 대한 인식
    - 건강행동, 올바른 식행동을 할 때 이득(건강, 실제적 이득)에 대한 인식
    - 건강행동, 올바른 식행동을 할 때 장애요인에 대한 인식
    - 건강행동, 올바른 식행동 수행에 관한 자아효능감

2. 영양교육의 계획과 실행
    - 질병 가능성(이미 걸린 경우 재발 가능성)에 대한 인식 높이기: 질병 관련 정보 제공, 주위 사례, 질병 위험도 평가(건강 · 영양상태, 비만도, 식습관 등)
    - 정보 제공, 주위 사례로 질병의 심각성에 대한 인식 높이기
    - 건강행동, 올바른 식행동을 할 때의 이득(건강, 실제적 이득) 강조
    - 건강행동, 올바른 식행동을 할 때의 장애요인(예: 맛, 시간, 비용 등)을 줄이는 방법 제시
    - 현실적으로 도달 가능한 행동변화의 목표 설정
    - 작은 변화부터 시작하여 단계별 행동변화로 자아효능감 높이기

표 2-3 건강신념모델의 적용 예: 여대생 대상 골다공증 예방(칼슘 섭취와 운동량 증가)

개념	방법
인지된 민감성	• 골다공증의 위험 요인, 여성의 골다공증 발생률 제시 • 여성에게서 골다공증 위험률이 높은 이유 설명
인지된 심각성	• 골다공증의 결과 발생하는 신체적, 정신적, 사회적 장애 설명 • 골다공증 환자의 사진, 자료, 동영상 등 제시
인지된 이득	• 젊은 시기에 골밀도를 높이는 것과 길어진 노인기에 건강하게 일상생활을 하는 것의 중요성 강조 • 권장행동의 실제적 이득 강조(예: 유제품 맛이 있음, 음료나 간식으로 좋음, 우유, 치즈 등을 음식 조리에 이용하기 쉬움, 규칙적인 신체활동의 즐거움 등)
인지된 장애	• 우유 및 유제품을 싫어하는 경우 칼슘이 풍부한 대체식품과 이를 이용한 조리법 제시 • 시간과 장소를 고려하여 각 상황에 맞는 운동 제시 • 학습자들의 장애요인을 파악하고 해결방법을 함께 모색
자아효능감	• 식행동과 운동의 목표를 도달하기 쉬운 것부터 단계적으로 수립하게 함 • 목표를 달성할 경우 칭찬과 격려로 자신감 고취
수정 요인	• 골다공증 예방의 적기는 젊은 시절임을 강조 • 학교 신문이나 방송을 통해 골다공증의 예방, 학교 식당과 기숙사 식당 등에 포스터 게시

III 합리적 행동이론Theory of Reasoned Action과 계획적 행동이론Theory of Planned Behavior

1. 합리적 행동이론과 계획적 행동이론의 개념

합리적 행동이론은 건강과 관련된 행동들은 대부분 개인의 의지적 통제하에 있고 인간은 합리적이며 자신이 이용할 수 있는 정보를 체계적으로 사용한다는 가정에 토대를 두고 있다. 인간은 동기유발 과정을 거치면서 건강을 증진시키는 행동에는 적극 참여하고 건강을 해치는 행동은 하지 않을 의향을 갖게 된다. 어떤 행동에 대해 강한 의향을 가지고 있으면 그 행동을 할 가능성은 매우 높다고 본다. 그러므로 이 이론에서는 그림 2-2에서 보는 바와 같이 어떤 특정 행동에 대한 행동의향은 그 행동을 결정하는 직접적 요인이 된다고 보고 있다. 그 이외의 행동을 좌우하는 다른 요인들은 행동의향을 통해 전달된다고 본다.

합리적 행동이론에서는 행동의향은 그 행동에 대한 태도와 주관적 규범의 두 가지 요인에 의해 결정된다고 보고 있다. 행동에 대한 태도는 모유를 먹이면 아기의 건강에 이로울 것이라고 생각하여 긍정적 태도를 갖거나 또는 몸매가 망가져서 좋지 않다는 부정적인 태도를 갖는 것처럼 어떤 특정 행동에 대해 개인이 갖게 되는 긍정적 또는 부정적 느낌을 말한다. 주관적 규범이란 자신이 중요하다고 생각하는 사람들이 행사하는 영향력에 대한 개인의 동의 정도를 말한다. 중요하다고 생각하는 타인은 부모, 친구, 선생님, 연예인 등이 될 수 있다. 예를 들면, 모유수유의 경우 남편, 부모, 친구 등이 갖는 모유수유에 대한 의견에 얼마나 동의하는가에 따라 행동에 영향을 받게 된다.

어떤 행동이 높은 의지적 통제 하에 있을 때, 행동은 행동의향에 의해 측정되고 행동에 대한 태도와 주관적 규범이 행동을 예측하는 중요한 결정 요소가 된다. 그러나 이 이론으로는 의지적 통제가 어려운 상황, 즉 행동의향은 높지만 행동을 방해하는 상황에 처했을 때는 행동의향대로 행동하기 어렵기 때문에 행동을 정확히 예측하는 데는 한계가 있다. 이런 이유로 개인의 통제가 어려운 행동, 즉 개인의 의지만으로 실천하기 어려운 행동(예: 식행동, 운동, 금연 등 건강행동)을 설명하기 위해 계획적 행동이론에서는 합리적 행동이론에 인지된 행동통제력을 더하였다. 계획적 행동이론에서 인지된 행동통제력은 행동의향뿐 아니라 행동에 직접적으로 영향을 미치는 요인으로 제시된다.

행동에 대한 개인의 태도(개인적 요인)와 주관적 규범(사회적 요인), 인지된 행동통제력(통제적 요인)은 각각 두 가지 요인으로 구성된다. 특정 행동에 대한 개인의 태도는 그 행동의 결과에 대한 신념(인식)과 행동결과에 대한 평가로 구성된다. 행동결과에 대한 신념은 행동 수행으로 나타나는 결과에 대한 기대로, 행동수행 시의 장점과 단점에 대한 인식을 말한다. 예를 들어 '모유수유를 하면 아기의 질병을 예방할 것이다', '아이의 건강에 좋다', '출산 후 엄마의 체중조절에 도움이 된다', '시간을 맞춰 모유수유하기 불편하다' 등 모유수유의 장점이나 단점에 대한 인식을 말한다. 행동결과에 대한 평가는 아기의 질병을 예방하는 것이 얼마나 가치가 있는지, 중요한지에 대한 인식을 말한다. 아기엄마가 모유를 먹이면 아기의 질병을 예방할 것이라는 신념을 강하게 갖고, 아기의 질병을 예방하는 것이 매우 가치 있는 일이라 여긴다면 모유수유에 대한 행동의향은 높아질 것이다.

주관적 규범은 규범적 신념과 순응동기로 결정된다고 보고 있다. 규범적 신념이란 준거집단이나 준거인이 자신의 행동을 지지할 것인지 반대할 것인지에 대한 개인의 인식을 말하며, 순응동기는 준거집단의 기대에 어느 정도 따를 것인가를 말한다. 예를 들면 남편이 모유수유를 지지할 것이라고 믿고(규범적 신념), 그 남편의 의견을 따를 의사(순응동기)가 높을 때 아기엄마는 모유수유에 대해 긍정적인 주관적 규범을 갖게 된다.

인지된 행동통제력은 통제신념과 인지된 영향력에 의해 결정된다. 통제신념은 행동 수행의 촉진요인이나 장애요인의 유무에 관련된 인식이며, 개인의 지식과 능력, 행동 수행에 필요한 자원과 기회 등 행동 수행을 쉽게 또는 어렵게 하는 내적·외적 요인의 영향을 받아 형성된다. 인지된 영향력은 행동 수행을 촉진하거나 방해하는 요인의 영향력을 말한다. 한 개인이 행동을 촉진하는 요인의 존재에 대한 강한 신념을 가질 때 그 행동에 대한 인지된 통제력은 높아지고, 반대로 한 개인이 행동을 방해하는 요인의 존재에 대해 강한 신념을 가지면 그 행동에 대한 인지된 통제력은 낮아진다. 계획적 행동이론에서 인지된 행동 통제력은 행동에 대한 태도, 주관적 규범과 함께 행동의향을 결정하는 독립적 요소이다. 행동에 대한 태도와 주관적 규범이 일정하다면 개인이 인지하는 행동 수행의 어려움 또는 용이함이 그의 행동의향에 영향을 미치게 된다. 계획적 행동이론의 구성 요소를 그림 2-2에 나타내었고, 각 구성요소의 정의를 표 2-4에 제시하였다.

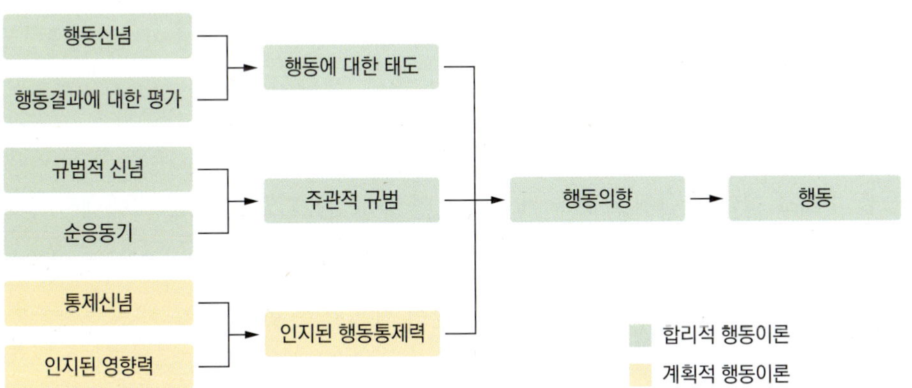

그림 2-2 합리적 행동이론과 계획적 행동이론

자료 : Glanz 등, 2015

표 2-4 합리적 행동이론과 계획적 행동이론의 구성요소 및 정의

구성 요소	정의
행동의향behavioral intention	행동 수행의 의향
행동에 대한 태도attitude toward the behavior	행동에 대한 긍정적·부정적 느낌
행동신념behavioral beliefs	행동을 수행할 때 나타나는 결과, 즉 행동 수행시의 장점과 단점에 대한 신념(인식)
행동결과에 대한 평가evaluations of behavioral outcomes	행동 수행시 나타나는 결과에 두는 가치에 대한 평가(행동 결과가 얼마나 중요한지, 좋은지 나쁜지 등)
주관적 규범subjective norm	준거인이 자신의 행동을 인정할 것인가에 대한 인식
규범적 신념normative beliefs	각각의 준거인이 자신의 행동을 인정할 것인가에 대한 인식
순응동기motivation to comply	준거인의 의사를 얼마나 따를 것인가에 대한 인식
인지된 행동통제력perceived behavioral control	행동을 통제할 수 있는가에 대한 인식
통제신념control beliefs	행동을 촉진하거나 제한하는 상황이 생길 가능성에 대한 인식
인지된 영향력perceived power	행동 수행을 어렵거나 쉽게 만드는 각 상황의 영향력에 대한 인식

자료 : Glanz 등, 2015

2. 계획적 행동이론의 적용

계획적 행동이론은 행동 관련 요인을 건강과 관련된 요인 외에 보다 기본적인 신념, 즉 행동신념, 규범적 신념, 통제신념으로 구분하여 알아보므로 행동에 영향을 미치는 요인을 다양하게 종합적으로 파악할 수 있다. 계획적 행동이론은 식행동뿐 아니라 운동, 금연 등 다양한 행동을 예측·설명하는 데 이용되고 있다. 구체적으로 외국에서는 체중조절, 바람직한 식행동, 우유 섭취, 채소와 과일 섭취 등의 식행동과 운동, 흡연, 음주 등 건강 행동을 주제로 이와 관련된 요인을 파악하는 연구에 적용되었고, 최근 국내에서도 모유 수유, 유제품 섭취, 영양표시 이용 등에 적용된 바 있다. 계획적 행동이론은 영양교육의 요구도 파악이나 영양교육 계획에서 다음과 같이 적용될 수 있다표 2-5.

계획적 행동이론의 적용

1. 영양교육의 요구도 파악
- 행동신념 : 건강행동, 식행동 수행 시의 장점과 단점에 대한 인식 파악
- 규범적 신념과 순응동기 : 건강행동, 식행동에 영향을 미치는 주위인(예: 부모, 가족, 친구, 전문가 등) 파악, 이들의 의견에 얼마나 따르려고 하는지 파악
- 통제신념 : 건강행동, 식행동 수행에 관한 자신감, 행동을 쉽게 하거나 저해하는 요인 파악

2. 영양교육의 계획과 실행
- 행동신념의 변화
  - 건강행동, 올바른 식행동의 장점(건강, 실제적 이점) 강조, 설득
  - 건강행동, 올바른 식행동의 단점을 줄이는 방법 제시
- 규범적 신념의 변화
  - 주위인이 도움을 주는 방법, 주위인에게 도움을 구하는 방법 제시(예: 칭찬, 음식준비 등 실제적 도움)
- 통제신념의 변화
  - 행동 수행에 대한 자신감 높이기
  - 방해요인을 극복하는 방법(예: 영양적이고 간편한 음식, 비용 저렴한 음식 선택, 맛있는 식사 등) 제시
  - 행동수행을 위한 구체적 기술 습득(예: 영양표시읽기, 메뉴 선택, 음식 조리 등)
  - 건강행동, 올바른 식행동을 할 수 있는 기회 제공

표 2-5 계획적 행동이론의 적용 예: 임신 전반기 여성 대상 모유수유 실천 영양교육

개념	방법
행동신념	• 모유수유의 긍정적 결과 제시 - 모유수유로 아기의 질병과 알레르기 예방 - 모체의 산후 체중감소에 도움 - 수유부의 유방암과 자궁암 위험율 감소
행동결과에 대한 평가	• 모유수유로 나타나는 아기와 엄마의 신체적, 정서적 결과에 가치 부여
행동에 대한 태도	• 바람직한 행동 결과에 대한 신념을 강조함 • 긍정적 평가를 유도하여 모유수유에 대해 긍정적 태도를 갖게 함
규범적 신념	• 남편, 가족, 친구들이 모유수유를 권장할 수 있도록 영양교육에 참여하는 기회 부여 • 모유수유의 장점을 알리는 간단한 유인물 제공
순응동기	• 시어머니, 친정어머니, 자매, 친구 등 주변에 모유수유를 실천했던 경험자를 찾아 경험을 공유하도록 유도 • 기타 교육대상자의 준거인이 누구인지 파악하여 동기유발 유도
통제신념	• 모유수유를 어렵게 만드는 상황을 설명하고 각 상황에 어떻게 대처할지 방법 제시 • 공공장소에서 모유수유 하는 법, 약물을 복용하면서 수유하는 요령, 유선염 등 유방에 문제가 있을 때 모유수유 하는 방법 등 교육

IV 범이론적 모델The Transtheoretical Model

1. 범이론적 모델의 개념

범이론적 모델에서는 행동의 변화가 어느 한 순간에 일어나는 것이 아니라 일련의 과정을 거쳐서 일어난다고 본다. 이 모델에서는 행동은 여러 단계를 거쳐 변화되며 각 단계별로 일직선상으로 진행하는 것이 아니라 경우에 따라서는 전 단계나 또는 처음 단계로 돌아가기도 한다고 본다. 이 모델은 행동변화의 원칙이나 과정을 설명하는 통합적인 모델로, 행동변화단계stages of change뿐 아니라 행동변화단계에 적용할 수 있는 방법인 변화과정process of change, 의사결정 균형decisional balance, 자아효능감self-efficacy의 개념으로 구성되어 있다그림 2-3.

범이론적 모델을 이용하면 개인의 행동변화에 대한 준비 정도에 따라 개인이 어느 단계에 속하는지 파악할 수 있고, 각 단계별로 교육대상자의 다양한 요구에 맞추어 맞춤형 영양교육을 할 수 있다. 또한 이 모델을 이용하여 행동변화가 있었으나 이전으로 돌아갈

그림 2-3 범이론적 모델의 구성

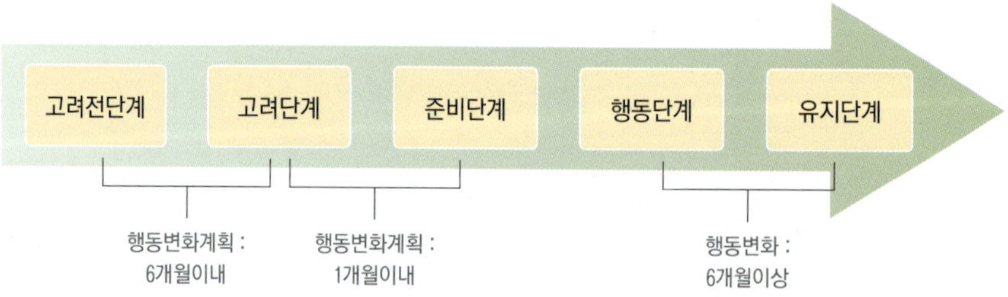

그림 2-4 행동변화 단계

위험이 있는 사람에게도 그에 적합한 영양교육을 제공할 수 있다. 행동변화의 단계는 다음과 같다그림 2-4.

1) 고려전단계precontemplation stage

자신의 식행동 등 행동에 문제가 있다고 인식하지 못하고 6개월 이내에 행동을 바꿀 의향이나 계획이 없는 단계이다. 즉 건강이나 영양문제에 대한 인식이 부족하고 건강에 좋지 않은 행동의 결과에 대한 정보가 부족하며 행동변화에 대한 동기가 부족한 단계이다. 교육자는 교육대상자의 말을 잘 들어주고 현재 행동의 위험성에 대해 기본적인 정보를 준다.

2) 고려단계contemplation stage

자신의 행동에 문제가 있음을 인식하고 변화를 생각하나 수정하겠다는 의지는 밝히지 않은 채 6개월 이내에 행동을 바꿀 의향이 있는 단계이다. 즉 행동변화의 의향은 있으나 이를 약속하지 않은 단계이다. 이 단계의 교육대상자에게 현재 행동의 문제점과 행동변화 후 얻게 될 이점 등을 지적해 주고 행동변화에 대한 동기부여를 해준다. 작은 목표를 설정하여 격려해 준다.

3) 준비단계preparation stage

가까운 장래(1개월 이내)에 행동을 바꾸려는 의향이 있는 단계이며, 일부는 행동을 시도해 보기도 하는 단계이다. 교육대상자의 상황에 맞는 현실적인 목표를 세우도록 돕고 행동변화에 필요한 기본적인 기술을 시도해 보도록 격려한다.

4) 행동단계action stage

행동을 바꾸기 위해 노력하며 실천하고 있는 단계로서 행동변화는 6개월 미만 정도 해 본 단계이다. 이 단계에서 교육대상자는 행동변화를 위해 많은 시간과 노력을 기울여야 한다. 그러므로 교육담당자는 행동변화가 성공적으로 일어나도록 교육대상자의 상황에 대해 공감하고 행동변화를 위한 실제적인 기술, 방법과 전략을 적극적으로 지원해야 한다.

교육대상자에게 성공적인 변화가 있을 경우 칭찬하고 바람직한 변화를 지속적으로 이루도록 격려해야 한다.

5) 유지단계maintenance stage

대개 6개월 이상 장기간 행동을 수정하고 있으며, 이러한 행동변화를 유지하며 이전 행동으로 퇴보하지 않도록 노력하는 단계이다. 이 단계에서는 교육자는 행동변화를 유지하는 데 방해가 되는 요인이 무엇인가 파악하고 이전 행동으로의 회귀나 퇴보를 막도록 도와야 한다. 만일 퇴보하게 되면 다시 시작하도록 돕고 지금까지의 경험으로부터 무엇을 배웠는지 확인할 수 있도록 돕는다. 교육대상자로 하여금 퇴보를 실패로 보지 않고 바람직한 행동변화를 이루기 위해 배울 수 있었던 기회, 계획을 수정하고 새롭게 시도를 해볼 수 있는 기회로 여기도록 돕는다.

2. 변화방법 및 전략

범이론적 모델에서는 행동변화의 단계뿐 아니라 각 단계에 적용될 수 있는 행동수정의 방법과 전략을 제시하고 있다. 이는 사회과학의 여러 이론에서 제시된 개념으로 인지적 과정, 행동적 과정이 있다. 그 개념 및 영양교육에서의 활용방법은 표 2-6과 같다. 개인의 특정 행동(예: 지방 줄이기, 채소와 과일의 섭취 증가 등)이 행동변화단계에서 어떤 단계에 있는지에 따라 다른 전략이 이용된다그림 2-5. 예를 들어 고려전단계나 고려단계의 대상자에게는 자신의 행동에 문제가 있음을 인식하고 행동변화의 동기가 부여되도록 의식증가, 극적인 안심, 자신 재평가, 환경 재평가 등의 방법을 적용한다. 준비단계의 대상자에게는 행동변화의 목표를 정하고 행동변화를 약속하도록 자신방면의 방법을 사용한다. 행동단계나 유지단계의 대상자에게는 행동변화를 실생활에서 실천하고 이를 지속하도록 자극조절, 대체조절, 보상관리 등 행동수정 방법을 적용하고 사회적 지지를 유도하기 위해 조력관계를 활용한다. 또한 이전의 행동으로 퇴보하지 않도록 고위험상황에 대처하는 방법과 기술 습득이 필요하다.

표 2-6 변화과정 및 방법

방법	개념 및 적용방법
의식증가consciousness raising	• 문제행동, 새 행동에 대한 원인, 결과 등 정보를 구하고 인식하게 함 • 정보 제공, 행동에 대한 피드백, 캠페인 등으로 문제 인식, 행동변화 시의 장점과 단점을 인식하게 함
극적인 안심dramatic relief	• 문제행동, 새 행동을 할 때 어떤 결과(걱정, 즐거움 등)가 있는지 느끼게 함 • 역할극, 심리극, 캠페인 등 이용
자신 재평가self-reevaluation	• 행동변화시 자신의 이미지에 대해 이성적·감정적 측면에서 평가 • 행동수정시(예: 체중감소) 개인의 이미지에 대해 평가하는 방법 이용
환경 재평가environmental-reevaluation	• 자신의 행동변화시 주변인, 환경에 미치는 영향을 인지적·감정적 측면에서 평가 • 자료수집(예: 행동변화시 의료비 감소 등), 역할모델 등의 방법 이용
자신방면self-liberation	• 행동변화에 대해 결심, 약속하는 것 • 계약서 작성 등 약속을 구하는 방법 활용
조력관계helping relationships	• 건강행동을 위한 사회적 지지 유도 • 지지모임, 전화상담, 자조 그룹 등 활용
자극조절stimulus control	• 건강행동에 대한 자극을 늘리고 불건전한 행동에 대한 자극을 줄임 • 독려편지 이용, 건전한 행동을 유도하는 상황 조성, 불건전한 행동을 유도하는 상황 피하기, 환경 재구성 등의 방법 활용
대체조절counter conditioning	• 불건전한 행동을 건강행동으로 대치 • Relaxation, 거절, 유혹에 대처하는 방법, self-talk 등 활용
보상관리reinforcement management	• 건강행동에 대한 보상을 늘리고 불건전한 행동에 대한 보상을 줄임 • 칭찬, 선물 등 건강행동에 대한 보상 실시
사회적 방면social-liberation	• 건강행동을 지지하는 방향으로 기회 및 대안 증가, 사회적 규범 변화 • 급식에서 저지방식 공급, 금연구역 설정 등 사회적 분위기 조성, 정책 마련 등의 방법 이용

자료 : Glanz 등, 2015

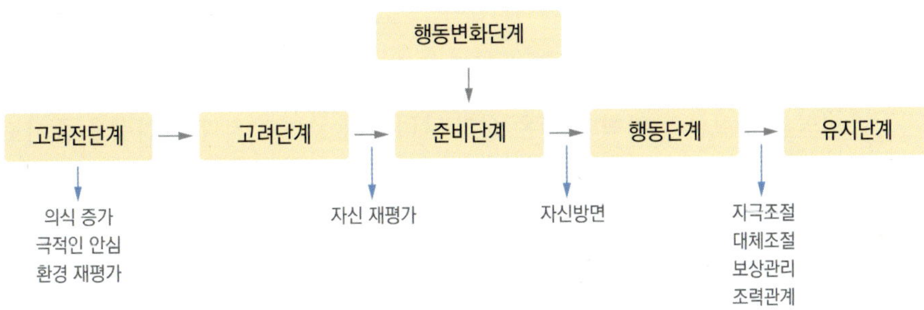

그림 2-5 행동변화단계별 활용 가능한 방법

자료 : Glanz 등, 2015

3. 범이론적 모델의 기타 구성 요소

범이론적 모델에서는 행동변화단계와 변화과정 외에 의사결정 균형과 자아효능감의 개념을 제시하고 있다. 개인이 행동습득이나 행동변화 등의 의사결정을 할 때 행동변화 시의 장점과 긍정적 측면 그리고 단점, 부정적 측면과 장애 요인을 고려하게 된다. 즉 이득적 요인pros과 손실적 요인cons를 고려하여 의사결정을 하게 되는데, 영양교육을 계획할 때 권장하는 식행동에 대한 장점(건강, 실제적 장점 등)에 대한 인식을 높일 수 있게, 단점이나 장애요인(행동변화시의 맛 감소, 시간, 노력 등)을 덜 느낄 수 있게 구성한다.

자아효능감은 행동을 수행할 수 있다는 자신감을 의미하며, 자아효능감에는 전반적 자신감(예: 채소와 과일 섭취 증가)과 구체적 자신감(예: 아침에 채소와 과일 섭취, 고기반찬 대신 채소반찬 섭취 등)이 있다. 영양교육에서는 구체적인 자신감, 즉 특정 상황에서의 행동 수행(예: 외식할 때, 명절에 에너지 섭취 조절)이나 특정 행동(예: 간식으로 과일 섭취)에 대한 자신감을 높일 수 있게 계획하여 실생활에서 행동수행에 대한 자아효능감을 높이고 이를 통해 권장행동을 보다 더 쉽게 습득하도록 도와야 한다.

4. 범이론적 모델의 적용

범이론적 모델은 국외에서 흡연, 음주뿐 아니라 지방 섭취 줄이기, 채소 및 과일 섭취 증가 등 다양한 식행동에 적용되었으며, 국내에서도 지방 섭취 줄이기, 패스트푸드 이용 줄이기 등의 행동을 연구하는 데 활용되었다. 특히 1990년대 중반 이후 영양교육 분야에서 활발하게 사용하는 모델이다. 범이론적 모델은 개인의 행동변화 단계 파악, 영양교육의 계획과 평가에서 다음과 같이 적용될 수 있다.

심혈관계 질환의 위험이 높은 성인 남녀를 대상으로 지방 섭취량을 줄이도록 범이론적 모델을 적용하여 다음과 같이 영양교육을 실시할 수 있다.

1) 교육대상자의 준비도 확인

설문지를 이용하여 교육대상자가 행동변화단계 중 어느 단계에 속하는지 파악함

범이론적 모델의 적용

1. 개인의 행동변화 단계 파악
   - 개인이 특정 식행동(예: 균형식 실천, 지질 섭취 줄이기 등)에 관해 행동변화의 5단계 중 어느 단계에 있는지 알아볼 때 사용

2. 영양교육 계획
   - 행동변화단계별 다른 교육 방법과 전략 사용
   - 고려전단계, 고려단계
     - 목표: 행동변화의 동기 유발
     - 건강 및 영양정보 제공
     - 건강상태, 비만도 평가, 식습관 평가 등 자신의 상태, 문제에 대한 인식 높이기
     - 건강행동, 올바른 식행동의 장점을 인식하게 하고, 이의 장애요인을 어떻게 줄일지 고려
   - 준비단계
     - 목표: 행동변화를 위한 구체적 계획 설정
     - 건강행동, 올바른 식행동의 단점보다 장점을 더 인식하게 함
     - 자아효능감 높이기
     - 행동변화의 목표 설정(예: 1일 채소와 과일 5회 이상 섭취, 하루 30분 이상 신체활동), 약속하기
   - 행동단계, 유지단계
     - 행동단계 목표: 행동 습득 및 유지
     - 유지단계 목표: 행동 유지 및 재발 방지
     - 바람직한 식행동 실천 위한 구체적 방법(tip) 제시, 능력 배양
     - 행동수정 방법 적용: 자극조절, 대체행동형성, 보상관리
     - 사회적 지지 제공
     - 자아효능감 높이기
     - 문제해결 능력, 고위험 상황(이전 행동으로 복귀하기 쉬운 상황)에서 대처 방안 제시
     - 자기조절 능력 배양

3. 영양교육의 평가
   - 영양교육 전후 교육대상자의 행동변화단계가 어떻게 변화(예: 고려전단계 → 행동단계)되었는지 평가

2) 고려전단계

① 교육대상자 : 자신의 식사에서 지방 섭취량이 많지 않다고 생각하거나, 6개월 이내에 지방 섭취를 줄일 의사가 없는 교육대상자

② 영양교육 시작 시 식사 섭취, 혈청지질, 신체계측 조사를 하여 그 결과를 제시함

③ 교육대상자들이 지방 섭취를 줄일 경우 발생하는 불이익에 대해 토론함

④ 지방 섭취를 줄일 경우 발생하는 이득을 강조함

⑤ 교육대상자의 소비식품 중 지방 섭취량에 높은 비율을 차지하는 식품에 대해 알게 함

3) 고려단계

① 교육대상자 : 30일 이내에는 아니지만 6개월 이내에는 지방 섭취를 줄일 의사가 있는 교육대상자

② 고려전단계의 교육대상자에게 실시했던 교육을 같이 적용함

③ 식행동변화에 대한 동기부여

④ 고지방 식품을 대체할 저지방 식품의 목록을 제공

⑤ 교육대상자에게 식행동변화 가능성에 대해 통찰할 기회 제공

⑥ 식행동 변화시 자신의 이미지, 주위 가족(예: 아이에게 좋은 부모의 모습 등)에게 미치는 긍정적 영향을 인식하게 함

⑦ 권장 행동을 할 수 있다는 자신감 높이기

4) 준비단계

① 30일 이내에 지방 섭취를 줄일 의사가 있는 교육대상자

② 행동변화시의 장점에 대한 인식을 높이고 단점과 장애요인에 대한 인식을 낮춤으로써 의사결정 할 수 있게 돕기

③ 행동변화를 할 수 있다는 자아효능감 높이기: 직접 경험, 간접 경험, 설득 등

④ 행동변화를 위한 구체적 계획 및 목표 설정

⑤ 행동변화 계약서 작성, 약속하기

5) 행동단계

① 교육대상자 : 현재 지방 섭취를 줄이고 있으나 이렇게 한지 6개월 미만인 교육대상자

② 행동변화에 필요한 실질적인 적용 방안을 제공. 포화지방 섭취를 줄이고 불포화지

방 섭취를 증가시킬 수 있는 방법 제시

③ 식생활실천지침서 제공 및 교육. 비만인에게는 총열량 섭취와 지방 섭취량 감소에 대해 정보 제공

④ 교육대상자의 요구에 맞는 다양한 식단 제공

⑤ 저지방 식사/간식를 유도하는 환경 조성, 고지방 식사/간식을 유도하는 환경 피하기

⑥ 행동변화 과정에서의 진전과 장애요인에 대해 토론

⑦ 바람직한 행동에 대한 칭찬과 지속적인 격려 제공

6) 유지단계

① 교육대상자 : 적어도 6개월 이상 지방 섭취를 줄이고 있다고 보고한 교육대상자

② 행동단계의 전략과 방법 적용

③ 행동변화 과정에서의 진전과 장애요인에 대해 토론

④ 고위험상황(이전 행동으로 회귀하기 쉬운 상황)에서의 대처 방안 제시

⑤ 행동유지를 지속하기 위한 새로운 목표 설정

⑥ 바람직한 행동에 대한 칭찬과 지속적인 격려 제공

V 사회인지이론Social Cognitive Theory

1. 사회인지이론의 개념

사회인지이론은 한 개인의 행동은 내부의 힘만으로나 외부의 자극만으로 이루어지는 것이 아니라 개인의 인지적 요인, 행동적 요인, 환경적 요인이 함께 맞물려서 서로 영향을 미친다는 상호결정론에 근거를 두고 있다. 그러므로 행동의 변화는 이들 모든 요인이 동시에 변화될 때 가장 일어나기 쉽다고 보고 있다. 개인의 인지적 요인은 스스로 의사결정과 행동관리를 하는데 필요한 개인의 인지, 사고와 관련된 변인으로 지식, 결과기대, 자아효능감, 집단효능감 등을 말한다. 행동적 요인은 건강에 도움이 되거나 건강을 저해

하는 개인의 행동관련 변인으로 행동기술, 의향, 강화 등이 해당된다. 환경적 요인은 개인의 행동에 영향을 미치는 물리적 환경이나 사회적 환경에 관한 변인으로 관찰학습, 규범적 신념, 사회적 지지, 기회·장애요인 등이 이에 속한다. 각 개념에 대한 설명은 다음과 같고, 개념의 정의와 적용을 표 2-7에 제시하였다.

표 2-7 사회인지이론의 주요 개념과 영양교육에서의 적용

개념	정의	적용
지식knowledge	• 건강, 행동 관련 이득과 위험 등 정보	• 건강과 질병, 영양, 식사요법의 정보, 지식 제공
결과기대outcome expectations	• 행동 수행 후 나타나는 결과, 즉 행동 수행 시의 장점이나 단점에 대한 인식 • 신체적(예: 건강증진), 사회적(인정, 관심 등 타인의 반응), 자기평가적(자신행동에 대한 반응) 결과에 대한 인식	• 행동 수행시의 장점에 대한 인식 높이기 • 행동 수행시의 단점에 대한 인식 낮추기 • 바람직한 행동의 긍정적 모델 제시
자아효능감self-efficacy	• 특정 행동을 수행하거나 장애 극복에 관한 자신감	• 직접경험, 간접체험, 격려, 칭찬 • 실현가능한 정도의 목표 설정 • 작은 변화부터 단계별 행동변화
집단효능감collective efficacy	• 목적 달성을 위한 행동을 할 수 있다는 집단의 자신감에 대한 인식	• 목표 공유, 의사소통, 팀워크, 성공경험 활용
행동기술behavioral skills	• 성공적인 행동 수행에 필요한 기술과 능력	• 행동수행에 필요한 기술 습득과 훈련 • 모니터링, 목표 설정, 행동수정 실행, 평가, 보상 등 자기관리능력 배양
의향intentions	• 새로운 행동이나 기존 행동 수정의 목표 설정	• 구체적 목표 서술, 서약서 작성, 모니터링
강화reinforcement	• 행동 가능성을 높이거나 낮추는 행동반응	• 직접보상, 간접보상, 자기보상 • 칭찬, 선물, 내적 보상 활용
관찰학습observational learning	• 다른 사람의 식행동과 그 결과를 관찰하면서 배우는 학습	• 또래 리더, 역할모델, 대중매체 활용
사회적 지지social support	• 주위인이나 소셜 네트워크에서 받는 격려와 지지 및 관련 인식	• 행동변화에 필요한 정보, 도구, 감정적 지지 제공
규범적 신념normative beliefs	• 행동 관련 사회적 인식과 수용, 문화적 규범	• 자료 제공, 토론 등으로 왜곡된 인식 수정
기회·장애요인barriers and opportunities	• 행동수행을 쉽게 또는 어렵게 하는 물리적 환경과 사회적 환경의 특성	• 건강행동, 올바른 식행동 습득과 유지를 위한 기회 제공 • 건강행동, 올바른 식행동에 장애가 되는 요인 제거

자료 : Glanz 등, 2015

1) 개인의 인지적 요인

(1) 지식

지식은 행동 습득이나 행동변화에 필요한 기본적인 요소이다. 그러나 지식이 꼭 행동으로 연결되는 것은 아니므로 행동에 영향을 미치는 요인, 즉 행동수행에 필요한 기술이나 사회적 지지 등 다른 요인이 함께 고려되어야 한다. 영양교육에서 우선 건강과 건강위험요인, 영양관련 정보 등 대상자의 수준에 맞는 지식을 제공하고 실생활에서 적용될 수 있게 how-to-information을 제공함이 필요하다.

(2) 결과기대

결과기대는 특정 행동을 했을 때 나타나는 결과, 즉 행동 수행시의 장점과 단점에 대한 신념(인식)을 말한다. 예를 들어 성인의 '채소와 과일 섭취 증가'에서 결과기대는 '채소와 과일 섭취의 충분한 섭취로 균형된 식사', '비만 예방에 도움', '간식으로 좋음' 등의 장점에 대한 인식, '채소반찬은 맛이 없음', '조리에 시간이 많이 걸림', '반찬 준비에 노력이 많이 소요됨', '간편식보다 비용이 많이 듦' 등의 단점에 대한 인식을 말하며, 개인에 따라 행동 수행시의 장점이나 단점에 관한 인식 정도에 차이가 있게 된다. 행동 수행시의 장점을 더 인식할수록, 단점을 덜 인식할수록 특정 행동을 하게 된다.

(3) 자아효능감

사회인지이론에서는 행동변화를 위한 가장 중요한 선행조건으로 자아효능감self-efficacy을 들고 있다. 자아효능감은 특정 행동을 수행할 수 있다는 자신감을 의미하며, 체중조절, 식사요법 실천 등 전반적 행동 수행의 자신감뿐 아니라 여러 다른 상황에서 행동을 할 수 있다는 구체적인 자신감(예: 아침에 주스 마시기, 저녁에 채소반찬 먹기 등)을 말한다. 자아효능감은 주어진 일에 어느 정도의 노력을 기울일 것인지, 어느 정도 수준의 행동을 할 것인지 등을 결정한다.

인간은 특정 행동을 수행할 수 있다는 그의 능력에 대한 믿음이 있을 때 새로운 행동을 시도하고 받아들인다. 그러므로 행동변화의 과정에서 자아효능감을 증진시키는 일은 매우 중요하다. 한 가지 간단한 행동을 수행하고 반복하는 것은 개인의 자아효능감을 형성하고, 이렇게 형성된 자아효능감이 오래 지속되는 행동변화를 초래할 수 있다. 자아효능감은 자신의 직접 체험, 다른 사람의 경험을 통한 간접 체험, 칭찬, 설득 등을 통해 형성된다. 또한 목표를 도달할 수 있을 정도로 세우고 하나씩 실천해 나가면서 자아효능감을 높일 수 있다.

(4) 집단효능감

집단효능감은 집단 수준(예: 학부모 집단, 학교, 지역사회 등)에서 특정 행동이나 일을 할 수 있다는 자신감을 말하며, 공통의 목적을 위해 행동이나 환경변화를 시도하는 집단의 노력과 이에 따른 효능감을 의미한다.

2) 행동적 요인

(1) 행동기술

어떤 행동을 수행하려면 그 행동에 필요한 지식 외에, 행동을 어떻게 하는지 알아야 하며 행동 수행에 관한 기술을 습득해야 한다. 예를 들어 '채소와 과일의 섭취 증가'를 위해서는 실생활에서 채소와 과일의 섭취를 어떻게 늘릴 것인지 구체적으로 할 수 있어야 하며, 이는 채소를 이용한 음식 조리능력 습득, 이를 이용한 간편한 음식준비 기술, 일상생활에서 과일 섭취 증가를 위한 방법 등을 습득하고 활용하는 능력이 요구된다. 행동기술의 습득과 이를 통한 자기관리를 위해서는 우선 자신의 행동을 모니터링, 즉 관찰(예: 채소와 과일의 섭취 정도 파악)하고 이에 근거하여 목표 설정(예: 1일에 채소 5회, 과일 1회 섭취), 행동의 실천, 실천 정도에 따른 자기보상과 재평가 등의 과정을 거치게 된다.

(2) 의향

계획적 행동이론에 제시된 바와 같이 의향은 특정 행동을 하려는 마음이나 계획을 말한다. 행동의향은 구체적으로 '누가, 언제까지, 무엇을, 얼마나'를 포함하여 서술하면 행동 목표가 분명하게 되고 이를 실천하려고 노력하게 된다. 예를 들어 행동의향은 '나는 앞으로 1달 후까지 채소와 과일을 매일 7회(1인 1회 분량 기준) 섭취할 것이다'로 서술한다.

(3) 강화

바람직한 식행동을 유지하려면 행동 습득뿐 아니라 습득한 행동을 지속적으로 유지함이 요구되며, 이를 위해 행동의 강화가 필요하다. 바람직한 행동을 했을 때 칭찬이나 물질적 보상 등 긍정적 보상이 따르면 그 행동은 점차 강화되고, 반대로 부정적인 평가나 보상이 따르면 행동이 지속될 가능성은 낮아진다. 이처럼 강화란 어떤 행동이 반복될 가능성을 증가 또는 감소시키는 행동반응으로 직접강화direct reinforcement, 대리강화vicarious reinforcement, 자기강화self-reinforcement로 구분한다.

직접강화는 본인이 행동을 수행한 후 경험하는 강화(예: 칭찬, 선물, 보상 등)을 말한다. 대리강화는 다른 사람이 특정 행동을 했을 때 어떤 결과와 보상이 따르는지 관찰함으로써 받는 강화이다. 자기강화란 본인 스스로 행동 수행 후 자신에게 주는 보상이나 강화를 말하며, 이는 다시 외부강화external reinforcement와 내부강화internal reinforcement로 구분할 수 있다. 내부강화가 있는 행동에 외부강화가 주어지면 내부강화가 그 가치를 상실할 수 있다. 예를 들면 본인 스스로 재미있어 운동을 하는 사람에게 운동할 때마다 돈을 준다면 운동하는 것에 대한 내부강화가 감소할 수 있다. 따라서 영양교육 담당자는 행동을 강화하는 방법으로 처음에는 바람직한 행동을 할 때 작은 선물, 물질적 보상 등 외부강화를 이용하고, 점차 행동 수행 자체에 대한 내부강화로 행동이 계속 유지될 수 있도록 교육해야 한다.

3) 환경적 요인

환경은 개인의 행동에 영향을 미칠 수 있는 공간, 이용 가능한 기구 등과 같은 물리적 환경과 가족, 친구, 직장동료 등과 같은 사회적 환경을 포함한다. 인간은 환경에 의해 행동의 지배를 받게 된다. 예를 들면 학교 급식에서 잡곡밥이 제공되어 반 친구들이 모두 그 밥을 먹는다면 잡곡밥을 싫어하던 학생도 그 밥을 먹게 된다. 따라서 영양교육을 실시할 때는 개인의 인지적 요인, 행동적 요인뿐 아니라 물리적·사회적 환경의 변화를 위해서도 노력을 해야 한다.

(1) 관찰학습

인간은 다른 사람의 행동을 관찰하고 그 행동을 모방함으로써 새로운 행동을 배울 수 있다. 또한 주변 사람들의 행동이 긍정적 변화나 부정적 변화를 초래하는 것을 보고 행동의 변화를 시도할 수도 있다. 예를 들면 당뇨병을 가진 비만인 사람이 체중조절을 한 후 정상 혈당농도를 유지하게 된 것을 보고 다른 비만 당뇨환자가 체중조절을 시도할 수 있다. 또는 흡연으로 폐암에 걸린 사람을 보고 금연을 시도할 수 있다. 새로운 행동을 확립하기 위한 다른 방법들이 가능한 경우에도, 좋은 행동모델을 이용하는 것은 행동을 습득하는 시간을 단축할 수 있다.

(2) 사회적 지지

사회적 지지는 개인 간의 관계를 통해 일상의 스트레스 상황에서 개인의 안녕을 보호하고 증진하는 것으로, 사회적 지지를 이끌어내고 형성하는 것은 행동변화에 중요하다. 사회적 지지는 감정적 지지(긍정적 감정, 관심, 애정 등), 평가적 지지(인식과 행동 확인), 정보적 지지(정보, 조언), 도구적 지지(행동수행에 필요한 물질이나 도구 제공) 등을 포함한다. 따라서 행동변화에서 감정적 지지뿐 아니라 정보나 행동수행에 필요한 실제적 도움 제공 등으로 사회적 지지를 유도한다.

(3) 규범적 신념

규범적 신념은 계획적 행동이론에 제시된 개념이며 사회인지론에서 규범은 행동에 영향을 미친다고 본다. 사회적으로 인정되거나 수용되는 규범(예: 저지방 식품, 유기농 식품 선택)에 관한 행동은 보다 쉽게 일어날 수 있고, 자아존중감이나 자기만족을 가져오는 행동도 비교적 쉽게 받아들이게 된다. 사람들은 자신이 속한 사회에서 직접경험이나 간접경험을 통해 이러한 규범을 습득한다. 영양교육에서 교육대상자들이 건강에 도움이 되는 사회적 규범을 인식하게 돕고, 제대로 인식하지 못하는 규범이 있으면 이를 수정하게 계획함이 바람직하다.

(4) 기회·장애요인

개인의 행동은 환경에서 주어지는 기회나 장애요인의 영향을 받는다. 환경은 공간, 식품 유용성, 시설 등 물리적 환경과 가족, 친구, 전문가, 주변인 등 사회적 환경을 포함한다. 물리적 환경과 사회적 환경은 행동 수행이나 행동변화를 위한 기회를 제공할 수 있고 행동의 장애요인이 되기도 한다. 이외에 개인의 인식(예: 체중조절을 하기 어렵다는 인식)이 행동수행의 장애요인이 될 수 있다. 영양교육에서 식행동에 영향을 줄 수 있는 기회나 장애요인이 무엇인지 알아보고, 건강행동에 대한 기회를 늘리고 장애요인을 극복하는 방안을 제시함이 요구된다.

2. 사회인지이론의 적용

사회인지이론은 식행동과 관련된 요인을 파악할 때 유용하고 영양교육을 계획할 때 방법과 전략을 제시하므로, 건강 및 영양교육에서 널리 활용되어 왔다. 특히 어린이, 청소년의 영양교육에서 활용도가 높다. 구체적으로 사회인지이론의 개념은 다음과 같이 적용할 수 있다표 2-8.

사회인지이론의 적용

1. 영양교육의 요구도 파악
   - 개인적 요인 분석
     - 건강과 질병, 영양관련 지식 수준
     - 행동결과에 대한 기대: 행동 수행시의 장점, 단점에 대한 인식
     - 행동수행에 관한 자아효능감 수준
   - 행동적 요인 분석
     - 행동수행에 요구되는 기술 수준
   - 환경적 요인 분석
     - 행동과 관련된 물리적 환경, 사회적 환경, 규범 파악
     - 건강행동을 쉽게 또는 어렵게 하는 환경 요인

2. 영양교육의 계획과 실행
   - 개인의 인지적 요인, 행동기술 습득, 환경적 요인의 변화 유도
   - 행동수행 시의 긍정적 결과에 대한 인식 높이기, 부정적 결과 관련 인식 낮추기
   - 도달가능한 정도의 목표 설정, 단계별 행동 습득, 칭찬 등 방법으로 자아효능감 높이기
   - 건강, 영양지식 제공
   - 실생활에서 실천가능한 방법 제공, 시범, 식품선택, 조리능력 배양 등으로 행동수행력 증진
   - 자신의 식사와 행동 모니터링, 목표설정, 행동 실천, 자기보상 등 자기관리 능력 배양
   - 건강행동 수행시 보상, 칭찬 등으로 행동강화
   - 조리시연, 모델링 등 관찰학습을 통한 학습 실시
   - 물리적, 사회적 환경의 변화로 식환경을 건강지향적으로 변화 유도

표 2-8 사회인지이론의 적용 예: 비만 초등학생 대상 영양교육(식사조절과 운동량 증가)

개념	방법
지식	• 건강체중과 비만도 평가, 비만관리, 하루 섭취 에너지, 에너지/지질이 많은 음식/적은 음식, 적절한 운동, 운동량 등 정보 제공
결과기대	• 정상체중의 장점(예: 건강에 좋음, 친구들과 운동할 때 좋음, 옷이 잘 맞음 등) 강조 • 단점(예: 맛있는 음식을 다 먹지 못함, 신체활동을 하면 땀이 남, 피곤 등)을 어떻게 줄일 수 있는지 예를 보여줌으로써 단점에 대한 인식 줄이기
자아효능감	• 채소 1회 분량 더 먹기, 1주일에 3회, 매번 30분 걷기 등 도달할 수 있는 목표 설정 • 목표 달성 시 칭찬, 격려로 자아효능감 높이기 • 성공 경험을 통해 다음 단계의 목표를 정하고 실천하기
행동기술	• 실생활에서 에너지/지질 함량이 적은 음식/간식 선택 방법 교육 • 고에너지/고지질 음식을 저에너지/저지질 음식으로 바꿔 먹는 능력 배양 • 영양표시읽기 실습 • 간단한 간식 만들기 • 신체활동/운동 방법 습득 등 기술 배양
의향	• 체중감량, 식생활, 운동의 구체적인 목표 세우기
강화	• 균형식, 신체활동, 행동수정 시 보상(예: 칭찬, 스티커, 학용품 선물 등)
관찰학습	• 또래의 성공사례(예: 음식조절, 신체활동, 체중 감량) 제시
사회적 지지	• 부모, 교사의 감정적 지지, 식행동 수정과 신체활동 증가를 위한 정보 제공, 물질적 지지 유도
규범적 신념	• 멋진 어린이의 모습에 대한 인식(예: 모바일/스크린 타임이 많은 어린이가 아니라 균형식/신체활동하는 어린이) 제시
기회·장애요인	• 학교, 가정에서 고에너지/고지질 음식이나 간식 제공 줄이기 • 채소와 과일의 섭취 늘리는 환경 제공

VI 사회적 지지 Social Support

1. 사회적 지지의 개념

사회적 지지는 관계를 맺고 있는 인간 사이에 존재하는 인적·물적 자원을 의미한다. 사회적 지지는 행동변화가 필요한 사람에게 동기를 부여하거나, 경제적 도움을 주어 직접적으로 행동변화에 영향을 줄 수도 있고, 행동변화에서 오는 스트레스나 긴장감을 완화시켜 행동변화에 간접적인 영향을 줄 수도 있다. 사회적 지지는 일반적으로 감정적 지지(관심, 사랑, 신뢰), 수단적 지지(경제적 도움, 서비스 제공 등), 정보적 지지(충고, 제안), 평가적 지지(건설적 피드백, 비교, 확인)와 같이 4가지로 분류될 수 있다.

사회적 지지는 건강 상태, 건강 행동, 건강 관련 의사결정에 지대한 영향을 미친다. 비만 프로그램의 경우 사회적 지지가 높은 사람은 프로그램을 끝까지 마치고 체중도 감소하는 비율이 높다. 당뇨병 환자의 경우도 사회적 지지가 높은 집단에서 영양사의 식사처방을 지키는 비율이 높다. 그러므로 영양교육을 계획할 때는 교육대상자에게 지지를 제공할 수 있는 인물을 파악하고 많은 지지를 얻을 수 있도록 유도해야 한다.

2. 사회적 지지의 적용

당뇨병 환자가 영양사가 처방한 식사요법을 잘 지킬 수 있도록 사회적 지지를 이용해 다음과 같이 영양교육 및 상담을 실시할 수 있다. 사회적 지지는 가장 가까운 가족이나 친구로부터 오는 경우가 많으므로 당뇨병 환자 대상의 영양교육을 할 때 가족과 주변의 친한 친구, 친지들이 함께 참석하도록 유도한다.

① 식사요법을 해야 하는 환자의 마음을 이해하고 공감을 표시함

② 가족이 당뇨식을 함께 먹도록 권장

③ 당뇨병 환자에게 적합한 음식을 만들어 주도록 권장

④ 당뇨병 환자의 식사에 적합한 식단이나 조리법 등을 제공

⑤ 식사요법을 잘한 경우 칭찬함

⑥ 외식, 회식 자리에서 적절한 음식을 선택할 수 있게 도와줌

⑦ 알코올 섭취를 삼가도록 도와줌

⑧ 당뇨병 환자들이 서로서로 경험과 정보를 교환할 수 있도록 권장함

VII 사회마케팅Social Marketing

1. 사회마케팅의 개념과 과정

사회마케팅은 상품을 파는 마케팅 이론을 변화시키고자 하는 사회적 문제나 행동, 아이디어에 응용한 것이다. 즉 다수의 대중, 인구집단에서 가족계획, 자원절약, 건강생활, 안전운전, 콜레스테롤 스크리닝 등과 같은 사회적 아이디어나 건강행동을 실천에 옮길 수 있도록 프로그램을 기획하고 실행하는 활동을 말한다. 효과적인 사회마케팅 전략을 수립하기 위해서는 일상적인 마케팅 수립과정을 따라야 하며 그 과정은 다음과 같다.

1) 환경분석

목표행동에 대한 거시적 환경요인을 조사한다.

2) 목표의 설정

추상적인 목표가 아니라 구체적이고 측정 가능한 목표를 설정한다. 목표의 기준점, 기간, 표적집단을 포함시키고 수치화하여 문서화한다.

3) STP 마케팅

① 세분화market segmentation : 크고 이질적인 집단을 인구통계학적 변인, 행동, 신념이 비슷한 세부집단으로 나눈다.

② 표적집단 선정target marketing : 시장을 세분화한 뒤 사회마케팅 프로그램의 목표와 자원을 고려하여 이에 가장 적합한 하위시장을 선택한다.

③ 포지셔닝positioning : 표적집단의 마음 속에 목표, 아이디어나 행동이 독특하고 가치 있게 여겨지도록 하는 활동을 의미한다.

4) 사회마케팅 전략 수립(사회마케팅 믹스의 수립)

상품 마케팅의 전략으로 4P(Product, Price, Place, Promotion)를 고려하여 마케팅 전략을 수립한다. 사회마케팅에서도 이를 적용하여 다수의 대중, 인구집단에서 사회적 아이디어나 건강행동을 받아들이고 실천하도록 전략을 수립한다.

① 제품product : 목표집단에게 제공되는 제품, 서비스, 아이디어, 건강행동을 말한다.

② 가격price : 목표집단이 부담해야 하는 비용을 말한다. 가격은 돈이 될 수도 있지만 시간, 심리적·사회적 비용이 될 수도 있다.

③ 유통경로place : 제품, 서비스, 아이디어, 건강행동이 목표집단에 쉽게 이용될 수 있도록 하는 수단을 말한다.

④ 촉진promotion : 목표집단에게 제품, 서비스, 아이디어, 건강행동을 더 널리 알리고 채택하도록 촉진하는 수단을 말한다.

2. 사회마케팅의 적용

과음은 여러 종류의 암과 영양실조 등 건강상으로도 문제가 될 뿐만 아니라 이차적으로는 교통사고, 싸움, 성폭력 등의 사회적 문제를 야기한다. 한국 사회에서 과음을 예방하기 위한 영양교육을 다음과 같이 사회마케팅 이론을 적용하여 실시할 수 있다.

1) 환경분석

통계청 자료나 그 이외 연구 자료를 찾아 한국 사회의 음주 행태에 대해 조사함. 마시는 술의 종류, 술을 마시는 횟수, 마시는 이유, 마시는 장소, 술 마신 후에 발생한 부정적 결과 등을 조사함

2) 목표의 설정

표적집단을 설정한 후 구체적 목표치 제시함

예) ______년 현재 20대 남자 음주율 60%를 1년 후 50%로 낮춤

3) STP 마케팅

① 세분화 : 음주인구를 남녀별, 연령대별, 직업별, 사회계층별 등으로 세분화함

② 표적집단 선정 : 세분화된 집단에서 목표와 자원을 고려해 가장 적합한 집단을 선

정. 예를 들면 20대 남자 또는 남자 고등학생 등

③ 포지셔닝 : 과음이 왜 문제가 되는지 인식시킴

4) 사회마케팅 전략 수립(사회마케팅 믹스의 수립)

① 제품product : 절주 교육 프로그램, 과음하지 않는 것, 술을 마실 상황에서 술을 대신할 춤, 스포츠, 영화, 등산 등 다른 활동 제시

② 가격price : 술을 마시지 않으므로 얻는 경제적 이득, 사회적 이득 강조. 술 마시고 싶은 심리적 압박감을 해소할 수 있는 방법 제시

③ 유통경로place : 목표집단에 접근할 수 있는 가장 효과적인 경로 모색. 예를 들면, 20대 남성은 대학교, 군대 등

④ 촉진promotion : 목표집단에 더 널리 알리도록 포스터, 대중매체 등 이용, 절주 교육 프로그램 가입 또는 절주 성공 시 인센티브 제공

연구과제

1. 보건소에서 당뇨병 환자를 대상으로 영양교육을 실시할 때 건강신념모델을 어떻게 적용할 수 있는지 생각해 보자.

2. 초등학생 대상의 채소 섭취 증가를 위한 영양교육을 계획할 때 사회인지이론을 어떻게 적용할 수 있는지 생각해 보자.

3. 청소년 대상의 아침식사하기 영양교육을 계획할 때 범이론적 모델을 어떻게 적용할 수 있는지 생각해 보자.

CHAPTER

3

영양교육의 실시과정

학습목표

1. 영양교육의 과정을 설명할 수 있다.
2. 대상의 교육요구 진단 과정과 방법을 설명할 수 있다.
3. 영양교육 프로그램을 계획할 수 있다.
4. 영양교육안에 따라 영양교육을 실행할 수 있다.
5. 영양교육의 과정과 효과를 평가할 수 있다.

I 영양교육의 과정

영양교육이 성공적으로 수행되려면 교육대상자의 영양 문제점과 요구를 파악하고 그에 맞는 계획과 목표를 수립한 후 영양교육을 실시하여야 한다. 영양교육 후에는 처음에 세워둔 목표가 잘 달성되었는지 평가하고, 그 결과를 다음 교육과정에 반영하면, 보다 효과적인 교육을 할 수 있다.

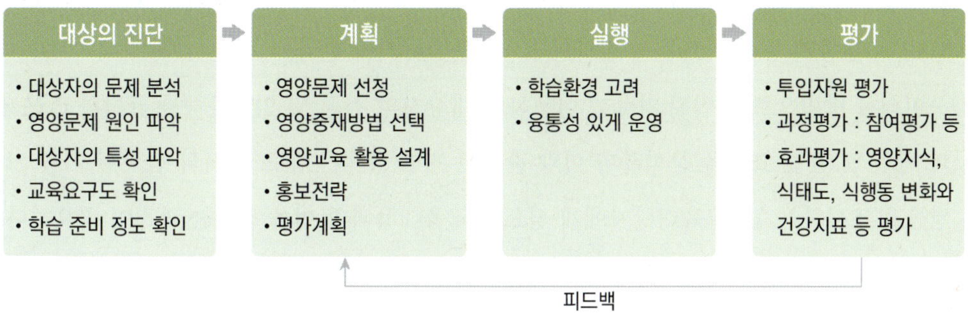

그림 3-1 영양교육 과정의 일반원칙

II 대상의 진단

영양교육 과정의 첫 단계는 대상자의 영양·건강의 문제점과 영양교육 요구를 파악하는 과정이다. 구체적으로 대상자의 건강문제·영양문제는 무엇인지, 이러한 영양문제에 영향을 주는 요인은 무엇인지, 그들의 학업능력 수준은 어느 정도인지, 대상자들이 원하는 바는 무엇인지 등을 확인하고 진단하는 과정이다.

1. 영양문제의 분석

영양교육의 최종목표는 건강증진을 통한 삶의 질 향상이다. 건강증진을 위해서는 대상자가 가지고 있는 건강문제와 영양문제를 알아내고 그 원인을 찾아내어 해결점을 분석해야 한다. 문제의 원인을 찾아내면 그 문제를 해결하기 위한 영양교육을 실시할 수 있다.

최근 우리나라 국민의 주요 영양·건강문제는 암, 심혈관질환, 고혈압, 당뇨병 등 만성질환이며 이러한 질환은 영양, 운동, 흡연, 음주 등 생활습관과 밀접한 관련이 있으므로 영양교육을 통해 이러한 문제를 수정해 나가는 것이 필요하다.

영양교육 대상집단의 건강·영양문제를 파악하기 위해 사용하는 방법으로는 직접적인 조사방법과 간접적인 조사방법이 있다. 직접적인 조사방법으로 식품섭취실태조사, 신체계측조사, 생화학적 분석, 임상영양학적 조사 등이 있으며 조사 대상집단의 질병의 유병률과 사망률을 조사하기도 한다. 간접적인 조사방법으로는 지역사회의 특성, 사회·문화자료, 보건통계 등의 자료를 수집하여 조사·분석하기도 한다.

이러한 방법으로 수집된 자료를 이용하여 대상자의 건강 및 영양문제를 규명하고 문제의 원인 및 관련 요인을 분석하며 이와 관련된 지식·인식·태도, 식사와 관련된 기술·식행동을 조사하는 등, 교육대상자에게 필요한 교육내용과 방법을 정하는 과정이 필요하다.

또한 교육은 스스로 변화하고 싶은 동기부여가 되어야 교육효과가 높기 때문에, 교육대상자가 원하는 교육내용 혹은 대상자가 필요하다고 생각하는 영양문제가 무엇인지 알아보는 것도 중요하다. 교육대상자가 원하는 교육내용을, 교육대상자에게 적합한 교육방법으로 시행해야 보다 효율적으로 영양교육 효과를 얻을 수 있기 때문이다.

2. 영양문제의 원인 및 대상자 특성 파악

1) 개인의 영양상태에 영향을 주는 요인

영양교육 대상집단의 건강·영양문제를 파악하면 그다음에는 그 영양문제에 영향을 주는 요인이 무엇이인지 분석해야 한다. 개인의 영양상태에 영향을 주는 요인은 그림 3-2와 같다.

(1) 생물학적 특성

성, 연령, 유전, 체질 등 개인의 영양상태와 관련이 있으므로 영양교육 시 개인의 생애주기 상태나 생물학적인 특성을 잘 살펴서 이러한 요인이 영양이나 건강에 어떠한 영향을 주었는지 알아보아야 한다.

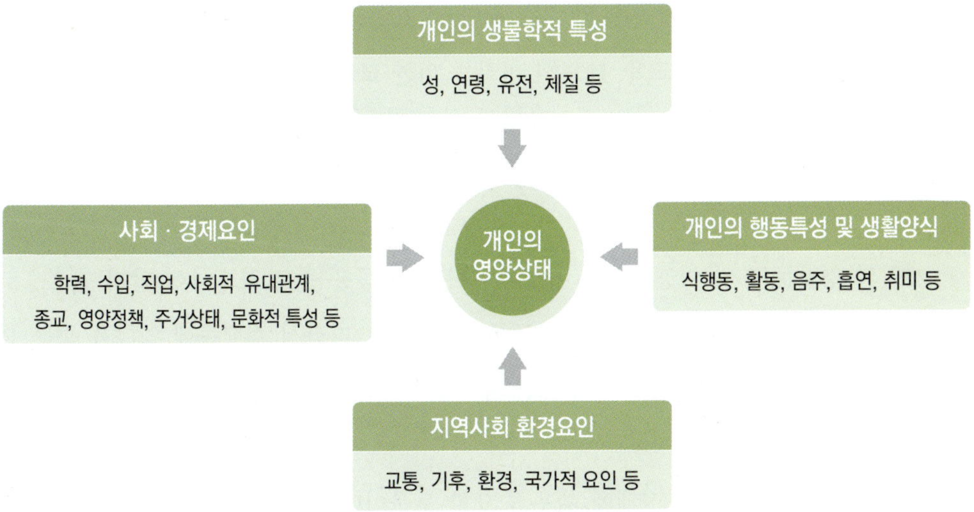

그림 3-2 개인의 영양상태에 영향을 미치는 요인

(2) 개인의 행동 특성 및 생활양식

개인의 행동 특성 및 생활양식이 개인의 영양문제와 관련이 있다. 특히 식품의 구매, 선택, 조리, 섭취, 저장, 가공, 분배, 소비 등에서 나타나는 식행동은 개인의 영양 및 건강 상태에 영향을 주고 있다. 또한 활동 및 운동 등 생활습관과 음주, 흡연 등 생활양식도 영향을 준다.

(3) 사회경제적 요건

교육수준, 수입정도, 직업, 종교, 인종, 사회복지정책, 주거환경 등도 영양문제와 관련이 있다. 또한 개인의 사회적 유대관계나 가족구성, 가정이나 사회의 정서적 환경도 영양문제에 영향을 준다.

(4) 지역사회의 환경요인

교통이나 기후, 지리적 환경, 식품환경, 영양정책 등 국가적 요인도 개인의 영양문제나 건강문제에 많은 영향을 준다.

실제로 영양문제를 해결하기 위해서는 영양문제의 개인적·사회적·지역적 배경요인을 살펴보고 문제가 되는 요인을 개선시켜야 한다. 예를 들어 대상집단의 문제가 위암발생률이 높다면 위암 발생에 영향을 주는 원인 및 요인을 분석해 보고, 이를 개선하기 위해 이와 관련된 영양지식 교육, 태도의 변화를 위한 교육, 식행동을 변화시키기 위한 교육이 필요할 것이다. 또한 문화·환경 개선사업도 시행할 수 있을 것이다.

2) 식행동에 영향을 주는 요인

개인의 영양문제 및 영양상태는 평소에 어떤 식행동을 주로 하느냐에 달려 있으므로 영양교육은 바람직한 식행동을 유도하도록 해야 한다. 따라서 식행동에 영향을 주는 요인을 살펴볼 필요가 있는데, 그 요인에는 동기부여 요인, 행동가능 요인, 행동강화 요인, 환경적 요인 등이 있다.

동기부여는 영양교육의 성패에 매우 중요한 부분이며 동기가 강하면 식행동 변화 성공률도 높은 편이다. 영양과 관련된 지식, 신념, 태도나 자아효능감이 강화되면 영양교육 동기부여 강화에 도움이 되므로 교육자는 영양지식, 신념, 자아효능감 등을 증가시킬 수 있는 교육을 실시해야 한다.

식행동을 변화시키고자 할 때 행동변화를 위해서는 구체적인 식품구매, 선택기술, 조리기술 등을 알아야 하고, 환경 또한 바람직한 식행동을 가능하게 하는 환경이어야 하므로 이를 행동가능 요인이라 한다. 따라서 영양교육 시 바람직한 식행동을 실천할 수 있는 기술과 정보를 제공해야 하며, 식생활 환경도 고려하여 교육하여야 한다.

행동강화 요인은 바람직한 행동 변화를 지속적으로 유지할 수 있는 행동을 강화시켜 주는 요인으로, 바람직한 행동 변화와 유지에 도움이 된다. 영양교육 시 긍정적인 식행동 변화를 강화시켜 줄 수 있는 지지자로서 상담자가 그 역할을 해주어야 하며 가족이나 동료의 협조를 구하는 것이 좋다.

따라서 영양교육 시는 동기부여 요인, 행동가능 요인, 행동강화 요인 등을 고려하여 교육을 실시하도록 한다.

3. 대상자의 교육 요구 파악

자료수집이 끝나면 교육대상자의 학습요구를 확인해야 한다. 교육은 대상자의 바람직한 변화에 도움이 되는 내용으로 수행되어야 하는데, 그러자면 교육이 대상자가 원하는 교육, 필요한 교육 동기부여가 되는 교육이 되어야 한다. 대상자에게 필요한 교육은 대상자의 건강·영양문제와 관련된 교육을 분석·조사하여 시행하게 되는데, 때때로 대상자는 교육의 필요성을 인식하지 못할 때도 있다. 그러한 경우는 교육대상자에게 교육의 필요성을 일깨워 주어야 한다. 교육은 대상자가 원하는 내용과 방법으로 진행되어야 대상자는 학습에 흥미를 느껴 적극적으로 교육에 참여하게 되므로, 교육 시 대상자의 교육요구를 조사하여 교육에 반영하여야 한다.

4. 기존의 영양서비스 평가 및 대상자의 학습 준비 정도 확인

영양교육을 실시할 대상자의 영양지식 수련 정도와 기존의 다른 조직이나 기관에서 제공하고 있는 영양교육 및 서비스가 있는지 알아보아야 한다. 기존에 제공되고 있는 것과 학습내용이 중복되는 것은 바람직하지 않으므로 타 기관의 영양교육의 내용이나 방법·매체·도구가 무엇이며, 성공적으로 수행되고 있는지, 그 장단점은 무엇인지 파악하여야 한다. 또한 다른 기관과 연계하여 협력할 수 있는지 알아본다.

대상자의 학습능력과 준비도를 확인하여야 한다. 교육대상자의 학습능력, 연령, 교육수준, 사회·경제적 수준, 신체 및 정서상태, 이전의 학습경험 등을 알아보고 교육계획 시 이를 고려해야 한다. 또한 비슷한 능력의 사람이라 하더라도 각자의 가치체계, 경험에 따라 그들이 받아들일 수 있는 준비도는 다를 것이다. 따라서 교육을 할 때에는 교육대상자의 능력과 준비도를 고려하여 그에 알맞은 교육목표를 설정해야 한다.

III 영양교육의 계획

영양문제 분석 및 진단을 통해 대상집단의 건강 및 영양문제, 이와 관련된 식행동, 식행동에 영향을 미치는 요인을 파악한 후에 영양교육의 목적을 달성하기 위해 영양교육의 주제, 내용 적절한 영양중재 방법에 대해 구체적인 계획을 마련한다.

영양교육의 계획	계획의 예(아동을 대상으로 한 영양교육)
영양문제 중 가장 우선순위가 높은 것은?	여러 영양문제 중 아침 결식을 우선순위로 선정
목적과 목표 정하기	아침결식률 20% 낮추기
영양중재 방법은?	강의, 토론, 역할극, 영양게임, ○×퀴즈 등
영양교육 활동 설계는?(교육내용, 시간, 장소 등)	아침 식사의 중요성, 아침 결식의 나쁜점 등
교육과정 홍보는?	교수설계 및 교육과정안 작성, 홍보계획(문자서비스 등)
교육효과 평가는?	지식, 태도, 행동변화, 영양문제, 건강문제 등 평가
영양교육 예비실시 후 계획을 수정 · 보완	

그림 3-3 영양교육의 계획

1. 영양문제의 선정

대상자의 영양문제를 조사해 보면 다양한 영양·건강문제가 나타난다. 대상자들이 가지고 있는 여러 가지 문제를 한 번에 모두 해결할 수는 없다. 따라서 무슨 문제부터 먼저 해결할지 우선순위를 정해야 한다. 가능하면 긴급하거나 그냥 두었을 때 심각한 문제가 발생하는 경우, 발생빈도가 높은 영양문제, 교육 후 교육효과가 높은 경우, 정책적으로 관련기관으로부터 인적·물적 지원을 받을 수 있는 문제, 대상자들이 관심을 갖고 있는 문제 등에 우선순위를 두어 선정한다.

영양교육의 우선순위 선정기준

- 영양문제의 중요도 : 긴급성, 심각성, 필요성 등
- 영양문제의 발생 빈도 및 크기
- 영양교육의 효과성, 효율성
- 관련기관의 정책적 지원
- 대상자들의 교육요구 정도 등

2. 영양교육 목적 및 목표 설정

대상집단의 영양문제를 개선하여 건강을 증진하려면 목적은 포괄적이고 장기계획이며, 이를 이루기 위해서는 구체적이고 세부적인 단기계획으로서 목표를 세운다. 교육목표는 교수와 학습활동의 올바른 방향을 제시하는 지침이 되며 영양교육 후 평가지표로도 활용할 수 있게 정해야 한다. 목적이나 목표를 설정할 때 '교육대상자가 무엇을, 얼마나, 언제까지' 이룰 것인지 구체적이며 분명하게 진술하며, 대상자들의 입장에서 실현 가능한 수준으로 정해야 한다. 영양교육의 목표는 올바른 지식, 태도, 식행동의 변화를 가져오는 것이다. 따라서 영양교육의 목표는 교육대상자에게 영양교육 실시 후에 기대하는 상태를 명확한 용어로 진술하는 것이 좋다.

영양교육의 목표는 교육 실시과정의 중간목표와 최종 결과목표로 나눌 수 있는데, 중간목표는 결과 목표 달성을 위한 지식, 신념, 기술, 태도와 행동 변화 등이 포함될수 있으며, 결과 목표는 영양문제를 해결하는 것을 말한다. 예를 들어, 고혈압환자의 최종 결과목표는 혈압이 저하되는 것이라면, 중간목표로는 혈압의 저하를 위해서는 저염식에 대한 지식을 습득한다, 저염식을 하기 위해 노력한다 등의 중간목표를 설정할 수 있다.

영양교육의 목적과 목표의 예

- 영양교육의 목적
  - 영양교육 6개월 후 교육에 참여한 대상자의 건강체중 비율이 15% 증가한다.
- 영양교육의 목표
  - 지식의 변화 : 교육 후 대상자의 90%는 비만 식습관을 5가지 이상 말할 수 있다.
  - 태도의 변화 : 교육 후 대상자의 80%는 튀긴 음식을 주 2회 이하로 먹으려고 노력한다.
  - 행동의 변화 : 교육 후 대상자의 75%는 저녁 식사 후 음식을 섭취하지 않는다.

3. 영양중재방법의 선택

영양교육의 목적과 목표가 결정되면 이를 달성할 수 있는 영양중재 방법을 설정해야 한다.

영양중재 방법
개인상담, 집단교육, 환경개선, 무상급식, 캠페인, 홍보, 경제 수준 향상 등

영양중재nutrition intervention는 영양문제를 유발하는 요인이나 원인을 시정하여 영양문제를 해결하는 것으로, 중재방법에는 여러 가지가 있다. 예를 들어 칼슘이 부족한 학생들에게 이 문제를 해결하기 위해 칼슘 함량이 높은 음식을 알려주는 등 영양지식을 교육하는 방법도 있고, 지식을 알려주기보다는 우유를 직접 제공하는 방법도 있다. 혹은 우유의 중요성에 대한 홍보를 하거나, 접근이 어려운 도서벽지의 경우는 우유를 자주 접할 수 있는 환경을 조성해 주는 것도 한 방법이다. 그러므로 영양중재 방법이란 영양교육 외에 캠페인을 통한 홍보, 보충식품 제공, 슈퍼마켓이나 음식점, 학교급식소 등에서 건강 지향적인 식품을 제공하거나 선택의 폭을 넓히는 등 환경적 변화도 포함한다. 또한 영양중재 방법 선택 시에 무엇보다 대상자의 특성을 잘 파악하여 그 대상자가 즐거운 마음으로 참여할 수 있는 중재방법을 선택하여야 한다. 그러므로 어린이, 청소년, 임산부, 성인, 노인, 소비자 등 대상에 따라 영양중재 방법을 달리 하여야 한다. 또한 영양교육의 주제 혹은 영양교육이 이루어지는 곳(학교, 보건소, 병원 등)에 따라 적합한 영양중재 방법을 선택해야 한다.

4. 영양교육 활동 설계

영양교육 활동 설계 시 고려사항
교육대상자 특성, 교육내용 및 구성, 방법, 매체, 시기, 장소, 자원 등

영양교육의 목적과 목표를 수립한 후에는 영양교육의 활동을 계획해야 한다. 영양교육의 내용과 방법, 교육자료 선택 및 매체 개발 등 교육과정의 전반에 대해 계획한다. 또한 교육인력이나 장소, 시간, 예산 등을 계획하는 과정이다. 이러한 과정을 포함하는 영양교육과정안lesson plan을 작성하여 활용하는 것이 바람직하다. 교육과정안을 작성할 경우 다음 사항을 고려한다.

1) 교육대상자 특성 분석

교육은 교육대상자의 특성을 고려하여 실시하여야 한다. 교육대상자의 성, 연령, 교육수준, 경제수준, 가족상황, 결혼여부, 가치관, 태도, 생활양식, 주거 환경, 지리적 여건, 심리적 특성, 사회적 상황 등을 고려하여 개인 및 집단의 특성에 맞는 교육을 실시한다. 대상자의 특성에 따라 또는 교육집단의 크기에 따라 교육방법, 장소, 시간, 교육내용, 교육매체 등을 고려해야 한다.

2) 영양교육 내용의 선정 및 구성

영양교육 내용은 학습목표에 따라 교육자가 대상자에게 가르칠 내용과 활동으로 이루어지게 된다. 교육내용의 선정은 학습목표를 효과적으로 달성하도록 구성되어야 하므로 목표와 관련이 없는 내용은 되도록 배제한다. 교육내용은 대상자의 사전 지식, 교육수준 등을 고려하며 영양지식, 태도, 식행동이 바람직한 방향으로 변화될 수 있는 것으로 구성한다.

3) 영양교육 내용의 체계화

영양교육의 내용이 선정되면 이를 체계적으로 조직할 필요가 있다. 즉 교육내용의 순서는 간단한 것에서 복잡한 것으로, 일반적인 내용에서 전문적인 내용으로 전개되도록 구성하여 체계 있는 하나의 계열로 조직화하면 학습에 도움이 된다.

4) 영양교육의 방법 선택

영양교육의 방법은 강의, 토의, 시연, 실험형 지도방법, 게임 등 다양하며 기본적으로 대상자의 능동적인 참여를 유도하는 방법이 효과적이다. 영양교육 방법에 관해서는 제4장을 참조한다.

5) 교육매체의 선정 및 보조자료 개발

영양교육의 효과를 높이기 위해 교육자료 및 매체를 이용한다. 대상별·주제별로 기존의 교육자료나 매체가 있다면 이를 활용하며, 그렇지 못한 경우 자원과 인력이 허용하는 범위 내에서 교육자료나 매체를 개발한다.

6) 예비실시 및 사전평가

영양교육을 실시하기 전에 미리 예비로 실시해 보고 교육방법, 교육자료 등에 대해 사전평가를 하는 작업이 필요하다. 즉 교육방법이나 매체가 대상자에 적합한지, 시간배정이 적당한지를 미리 평가하여 부족한 부분, 미리 예측하지 못한 부분 등을 수정·보완하여 더욱 효과적인 교육이 이루어지도록 한다.

7) 교육시기와 시간

교육시기와 시간은 교육대상자의 생활양식, 생활시간, 교통수단, 기후 등을 고려하여 참석률을 높일 수 있도록 결정한다. 영양교육은 교육대상자들의 집중 정도를 생각하여 정하며, 일반적으로 40~50분이 적당하다. 그러나 어린이나 노인의 경우는 집중력이 짧은 편이므로 시간을 적절히 조절하여 교육을 실시한다.

8) 교육장소

교육장소는 교육의 내용 및 방법, 참석인원 등을 고려하여 결정한다. 대상자들의 참석률을 높일 수 있도록 교육대상자들이 접근하고 출석하기 용이한 장소로 정하며, 교통이 편리한지 주차는 용이한지도 고려한다. 또한 교육환경이 쾌적하고 교육이 원활하게 이루어질 수 있는 장소로 한다.

9) 교육실행에 필요한 자원

영양교육에 필요한 자원은 인적 자원과 물적 자원으로 구분된다. 인적 자원은 영양사, 의사 등 전문가와 보조인력을 포함하며, 이들의 인건비(참여시간×시간당 비용)를 말한다. 물적 자원은 재료비(교육자료 제작, 구입 등), 기자재 구입 및 대여비, 실제 프로그램을 운영할 때 필요한 장소 및 기타 소요비, 홍보비 등을 포함한다.

5. 영양교육 홍보 전략

아무리 좋은 영양교육을 실시하더라도 홍보가 제대로 되지 않으면 교육이 성공적으로 이루어질 수 없으므로 적절한 홍보전략이 필요하다. 영양교육의 홍보방법으로는 영양교육의 대상자의 특성과 시기, 장소, 교육방법에 따라 차이는 있지만 초정장이나 문자서비스 발송, 홈페이지 게시, 인터넷, SNS를 이용한 홍보 등을 이용하여 할 수 있다. 홍보 시에는 교육 프로그램의 내용과 목표, 실시장소, 시간, 참석방법, 참석 시 혜택(영양개선, 건강향상, 기념품 증정, 행사 마련) 등을 알리도록 한다.

6. 영양교육 평가계획

평가란 영양교육 프로그램이 얼마나 효과적이었는가를 알아보는 것이다. 따라서 영양교육을 계획할 때 교육 프로그램뿐 아니라 평가에 대한 계획도 세운다.

평가는 크게 투입한 자원에 대한 평가, 과정에 대한 평가, 영양교육 효과에 대한 평가로 나눠 계획할 수 있다. 자원에 대한 평가로 투입한 자원이나 비용은 얼마나 들었는지, 효과 대비 경비는 어느 정도였는지 등을 평가한다. 과정에 대한 평가로는 영양교육이 대상자에 맞게 구성되었는지, 목표는 적절했는지, 계획한 대로 시행되었는지를 평가한다. 영양교육 효과에 대한 평가로, 전체 목적이나 목표를 얼마나 달성했는지 등도 평가할 수 있는 계획을 세운다.

IV 영양교육의 실행

영양교육의 모든 과정을 계획하고, 교육을 예비로 실시해 보고 사전 평가를 한 후, 실제로 영양교육을 실행한다. 영양계획의 실행 시에는 꼼꼼히 점검하여 계획한 내용대로 영양교육을 실시하도록 한다. 그러나 때에 따라서는 계획한 대로 진행하기 어려운 경우도 있다. 이러한 경우 융통성 있게 대처하며, 발생한 문제점에 대해 교육담당자 간 협의를 하고, 대상자가 원하는 바를 반영하여 영양교육 과정을 일부 수정하거나 근본적인 점검을 할수 있도록 탄력적으로 계획을 수정·보완한다. 교육내용, 교육수준, 시간배분, 교육방법 등이 교육대상자에게 적당한지, 반응은 어떠한지 평가하여 반영한다.

영양교육 실행 시 활동 점검사항

- 영양교육 활동 전 점검
  - 교육인력 선정 및 연락 : 연사, 진행요원 등 선정, 연사에게 확인공문 발송, 지속적 접촉
    (연사에게 발송할 공문 내용 : 이력 및 경력사항, 원고 요청, 시청각 기자재의 필요 여부 등)
  - 교육장소와 시간을 정한 후 장소 예약, 교육 시에 필요한 사항 점검(숙박, 교육장소, 식사, 교통 등)
  - 초청장/홍보물, 교육자료집, 전시물, 프로그램 등 준비
  - 홍보 : 교육대상자가 직장에서 교육참가를 인정받을 수 있도록 협조문 발송, 초청장 및 문자 발송, 신문 · 라디오 · TV 방송국 · 인터넷 게시판 · 지역신문 등에 홍보
- 교육활동 시 필요사항 점검(가능하면 48시간 이전에 모든 준비사항을 점검)
  - 교육장소 확인 및 점검, 기자재 기능 점검, 사진 · 동영상 촬영 등 준비
  - 교육장소 플래카드, 교육장소 안내 게시물 등 점검
  - 프로그램, 교육자료집, 홍보물, 전시물 등 점검
  - 안내, 진행요원 협조 요청 및 임무 제시
  - 등록장소, 휴식공간, 다과 준비 등 결정
  - 참석자들을 위한 등록 명부, 이름표 등을 준비
  - 연사 사례금과 영수증 등을 준비

V 영양교육의 평가

평가는 교육목표가 달성되었는지, 이를 위한 교육과정이 제대로 수행되었는지 점검하는 과정이다. 평가는 교육과정의 계획단계부터 실행단계까지 모든 과정에서 할 수 있다. 각 단계에서 평가를 수시로 하여 프로그램의 문제점은 무엇인가, 어떤 부분을 수정·보완해야 하는가, 계획대로 교육이 진행되고 있는가, 대상자의 행동에 변화가 있는가, 교육과정 자체가 얼마나 효율적이었나 등의 평가를 해야 한다.

1. 평가의 목적과 기능

교육평가를 실시하는 목적은 교육목표의 달성 정도에 대한 자료를 제공하고, 실시했던 교육의 문제점, 장점 등을 다음 영양교육 계획 시 반영할 수 있다. 또한 평가자료를 이용하여 영양교육의 효과를 보여주면 영양교육의 중요성 및 정당성에 관한 자료를 제공할 수 있다.

평가의 기능은 다음과 같다.

① 대상자의 지식, 태도, 바람직한 행동변화의 증가, 건강지표 향상 등 영양교육 효과를 측정할 수 있다.

② 대상자의 학습을 촉진하는 기능을 한다. 평가는 대상자들에게도 자신이 올바르게 이해하고 있는가를 알려주는 기능을 하여 학습을 촉진한다.

③ 교육방법과 교육매체, 교육과정을 개선시키는 역할을 한다. 평가 자료를 기초로 하여 교육자는 대상자의 교육과정, 방법, 매체 등이 적합하였는가를 검토할 수 있다.

2. 평가의 종류

영양교육을 평가하는 방법에는 투입된 자원에 대한 평가와 교육과정을 평가하는 방법과, 교육효과를 평가하는 방법이 있다.

1) 투입된 자원에 의한 평가

영양교육에 사용된 인적 자원, 물적자원에 대한 정보를 수집하여, 계획에서 수립된 내용이나 내역에 적절하게 사용되었는지 평가한다.

2) 과정평가

과정평가는 영양교육이 계획대로 진행되고 있는지, 시행과정에서 교육목적이나 대상자의 요구에 따라 교육내용이나 교육방법이 적절하였는지, 혹시 수정하여 시행되어야 하는 것은 아닌지 등 알아보는 평가이다.

(1) 영양교육 내용 및 방법에 대한 평가

영양교육의 전문가(3~5명)가 미리 작성한 평가항목에 대해 5점 척도법 등으로 다음과 같은 항목을 평가한다.

- 교육목적 및 목표가 대상자의 문제의 우선순위 반영 및 타당성
- 교육과정의 타당성, 적합성
- 교육내용, 교육방법이 대상자의 수준에 적절한가 평가
- 교육자료의 타당성, 이해도, 흥미도 평가
- 영양교육 담당자들의 역할 분담
- 평가계획, 평가자료 수집 도구 및 자료의 타당성 등
- 교육대상자와 만족도 평가

(2) 영양교육 참여에 관한 평가

- 참여자 분석 : 참여율(%), 목표집단의 참여율
- 영양교육 방법별 참여율
- 교육자와 피교육자 간 의사소통 정도
- 대상자들의 참여 태도

3) 효과평가

효과평가는 영양교육이 목표를 달성하였는지, 즉 교육으로 인해 영양지식·태도·기술

등 요인에 변화가 있었는지, 식행동이나 영양상태, 건강상태, 질병 발생률이나 유병률의 변화 등 교육효과가 있었는지 평가한다. 이 평가 결과를 대상자에게 알려주면 교육대상자는 자신의 변화를 알게되어 교육의 효과를 확인하게되므로 보다 교육에 적극적으로 참여할수 있게된다.

(1) 효과평가 방법

효과평가는 영양교육의 효과가 있었는지 영양지식, 식태도, 식행동 더 나아가서는 영양상태 및 건강상태에 변화가 있었는지 등을 알아보는 것이다. 영양교육을 계획할 때 설정한 목표와 교육 전후 목표달성 여부나 달성 정도로 평가할 수 있다.

(2) 효과평가 측정항목

효과평가에서 주로 알아보는 항목은 영양지식, 건강 및 영양 관련 인식과 식태도, 식행동, 영양소 섭취실태 등이다. 이 외에 체중, 체지방의 변화 등 신체계측치의 변화, 혈압, 혈중 콜레스테롤, 혈당 등 생화학적 수치의 변화, 건강상태(질병의 유병률 등)의 변화를 평가할 수도 있다.

표 3-1 영양교육 효과평가 방법

연구방법	방법	예	특 징
교육 전후 비교연구	영양교육 전후의 영양지식, 태도, 식행동을 비교	학생들의 영양교육 전 영양지식, 태도, 행동을 평가한 자료와 영양교육 후 학생들의 영양지식, 태도, 행동 등을 평가한 후 비교	대조군을 구하기 어려울 때, 교육기간이 짧을 때 사용
대조군 연구	교육대상자군과 대조군(교육을 받지 않는 군)을 비교 평가	유방암 환자를 두 군으로, 즉 영양교육을 받는 군(대상자군)과 영양교육을 받지 않는 군(비대상자군)으로 나누어 대상자군에게 영양교육을 실시한 후, 두 군 사이에 유방암의 재발 정도를 비교 관찰함	대조군 설정이 확률적으로 할당된 것이 아니라 편의에 의한 것이므로 교육 효과에 대한 편견이 개입될 수 있음
실험군 연구	교육군, 대조군을 확률적으로 할당	조건(나이, 성별, 질병, 환경, 비만정도 등)이 유사한 비만환자를 대상으로 무작위로 두 군으로 나누어 한 군은 영양교육을 실시하고, 다른 한 군은 영양교육을 하지 않았을 경우 그 결과를 비교 연구	동물실험과 달리 교육군, 대조군의 실험환경을 통제하기 어려움
사례연구	특정 사례를 대상으로 변화과정을 분석·관찰·연구하는방법	보건소에서 영양교육에 따른 월별 당뇨병 환자의 혈당 변화 평가	교육대상자의 자료를 정기적으로 수집할 수 있는 경우 이용할 수 있음

영양교육의 효과평과 중 비교연구는 영양교육 시작 전 대상자의 지식, 태도, 행동 등을 사전에 평가하고, 영양교육이 끝난 후 교육 전과 비교함으로써 효과를 평가하는 것이다. 더 나아가 영양교육이 끝난후 일정기간이 지난 후에 영양교육 내용을 실생활에 실천하고 있는지 최종적으로 평가할 수도 있다.

표 3-2 영양교육 효과평가 측정항목

평가항목	평가내용	예
영양지식	• 교육내용, 영양지식 등	당뇨병 환자에게 각 분량의 음식의 열량을 질문한다.
식태도	• 영양과 관련된 인식, 태도, 가치관 등	당뇨병 환자가 식사조절을 하려는 의도가 있는지 등 태도의 변화를 평가한다.
식행동	• 식품군별 섭취실태, 건강 관련 식행동 등	당뇨병 환자가 실제 식행동을 바꾸었는지 평가한다.
건강상태	• 신체계측치의 변화(체중, 키 등) • 생화학적 수치의 변화(혈압, 혈중 콜레스테롤, 혈당 등) • 건강상태(질병의 유병률 등)의 변화	당뇨병 환자가 식사조절을 통하여 혈당이 변화하였는지 알아본다.

연구과제

대학생을 대상으로 올바른 체중조절과 식생활 실천에 관한 영양교육을 실시하려고 한다. 영양교육 실시과정 중심으로 계획을 세워보자.

1. 영양교육 요구를 진단해 보자.

1) 대상집단의 영양문제를 진단해 보자. 영양문제 진단방법, 조사내용 등을 선정하자.

2) 대상집단의 교육요구를 조사해 보자.

3) 대상집단의 특성과 학습능력, 준비도 등을 조사해 보자. 조사방법 및 조사문항을 선정하자.

2. 영양교육의 계획을 기획해 보자.

1) 영양교육 목표를 설정해 보자.

2) 영양교육 내용, 방법, 매체 등을 설정하자.

3. 학생들에게 음식의 열량에 대해 1시간 영양교육을 실시하려 한다. 이 활동을 설계할 때 교육방법 및 교육활동 시에 고려해야 할 사항, 점검사항, 준비사항 등을 적어보자.

4. 영양교육이 성공적으로 수행되었는지 교육 전후의 변화를 평가하고자 한다. 평가하는 평가문항을 만들어보자.

1) 지식의 평가문항(10가지) :

2) 태도의 평가문항(5가지) :

3) 식행동의 평가문항(5가지) :

CHAPTER

4

영양교육의 방법

I. 교수 · 학습방법의 유형

II. 개인지도

III. 집단지도

IV. 비대면 교육

V. 영양교육의 실행

학습 목표

1. 교수학습 방법의 유형을 분류 · 설명할 수 있다.
2. 영양교육자가 갖춰야 할 자질을 설명한다.
3. 다음 개인지도 교육방법 5가지 종류의 특징을 열거한다.
   - 가정방문 • 임상방문 • 상담소방문 • 전화상담 • 인터넷(앱)상담
4. 다음 집단지도 교육방법 3가지 종류의 특징을 설명한다.
   - 강의형 • 토의형 • 실험형
5. 집단지도 시의 유의점을 열거한다.
6. 상황에 맞는 교수학습방법을 선택할 수 있다.

I 교수·학습방법의 유형

영양교육을 실시할 때 교육자는 교육대상자의 교육목적에 맞는 적절한 교육방법을 선택하여야 한다. 영양교육 방법에는 다양한 교수·학습방법 유형이 있으며, 그 유형은 몇 가지 기준에 의하여 분류할 수 있다.

영양교육 방법의 분류 기준

- 학습조직에 따른 분류
- 학습활동 형태별 분류
- 지도대상에 따른 분류
- 커뮤니케이션 방법에 의한 분류

영양교육 방법은 표 4-1, 표 4-2와 같이 분류할 수 있다.

먼저 학습조직으로 분류해 보면, 개인의 수준 및 능력에 맞는 개별학습, 분단별 혹은 소그룹에게 실시할 수 있는 분단·공동학습, 다수의 교육대상자에게 실시하는 집단학습

표 4-1 교수·학습방법의 유형 1

분류기준	방법의 유형	교육운영의 예
학습조직	개별	면접, 상담, 컴퓨터 보조학습(CAI), 앱 기반 학습 등
	분단·공동	토의, 실험, 실습 등
	집단	강의, 회의, 강습회, 역할극, 세미나, 집담회, 집단토의
학습활동 형태	교육자 중심	강의, 시범, 모델링
	교육자와 대상자의 상호작용	토의법, 문답법, 청취법, 실험, 실습, 관찰활동, 조사·연구, 역할극 등
	교육대상자 중심	컴퓨터 보조학습, 교재 이용 등
지도대상	개별지도	개인면담, 개인상담, 가정방문, 임상방문, 전화상담 등
	가정지도	개인을 포함한 가족 전체의 교육 및 상담 등
	집단지도	지역집단·생활집단·시설집단을 대상으로 한 지도 : 강의, 토의, 실험 등

방법으로 나눌 수 있다. 교육의 내용, 교육대상자의 수, 교육자료, 교육목적 등에 따라 이에 맞는 학습조직 형태를 선택할 수 있다.

학습활동 형태별로 분류해 보면 교육자가 중심활동을 하게 되는 교육자 중심 학습활동, 교육자와 교육대상자의 상호작용이 중요한 상호작용 교육방법, 교육대상자가 교육자료를 활용하여 주도적으로 하게 되는 교육대상자 중심의 학습활동으로 나눌 수 있다. 학습활동 형태는 교육대상자의 특성, 교육내용, 교육환경 여건 등을 고려하여 선택할 수 있다.

커뮤니케이션 방법 유형에 따라 다섯 가지로 분류된다. 교육자와 교육대상자가 일대일로 긴밀히 교류하며 상호작용을 하면서 교육을 하게 되는 개인형, 교육자가 다수의 교육대상자들에게 동시에 정보를 전달하는 강의형, 교육대상자들 간에 정보와 의견을 교환하여 결론을 도출하고 교육자가 조정하는 역할을 하는 토의형, 교육대상자들이 주어진 교육자료를 토대로 스스로 배우는 실험형, 교육대상자가 계획화된 교육자료(컴퓨터 프로그램 등) 등을 이용하여 교육자의 직접적인 도움을 받지 않고 정보를 얻게 되는 독립형 등의 교육방법이 있다. 최근 COVID-19 팬데믹으로 인해 교육자와 대상자가 직접 만나지 않는 비대면 교육의 여러 방법이 발달하고 있다.

이들 교육방법은 모두 각각의 장단점을 가지고 있으므로 영양교육을 할 때 교육대상자에게 가장 효과적이고 효율적인 방법을 선택해야 하며, 필요하다면 다양한 교육방법을 적절히 혼합하여 사용할 수 있다.

표 4-2 교수·학습방법의 유형 2

분류기준	방법 유형	교육운영의 예 및 특징	
		의사소통 방향	교육형식
커뮤니케이션 방법	개인형	교육자 1인 ⇄ 교육대상자 1인	개인상담, 전화상담 등
	강의형	교육자 1인 ⇄ 다수	교육대상자 강의
	토의형	교육자 ↺ 다수 교육대상자	상호간 여러 가지 토의 형태
	실험형	교육대상자가 원교육자료 이용 교육자가 지원 혹은 격려	실험, 실습모형, 견학, 역할연기, 인형극 등
	독립형	교육대상자가 고안된 교육자료 이용	컴퓨터 프로그램, 앱 등
	매스컴	교육자 ⇒ or ⇄ 대중	TV, 라디오, 신문, 인터넷 등

II 개인지도

개별적으로 진행되는 개인지도 또는 개인면담은 교육자가 교육대상자와 직접 얼굴을 맞대고 지도하는 방법이다. 개인지도는 주로 상담인 경우가 많으며, 교육대상자와 대화를 통해 영양문제를 발견하고 서로 협력하여 해결방안을 모색해야 한다. 개인지도는 교육대상자의 특성과 능력 수준에 맞는 적절한 교육이 이루어지므로 교육목표를 효과적으로 달성할 수 있다는 장점이 있으나, 많은 시간과 노력 및 인원이 요구된다는 단점이 있다.

1. 개인지도의 종류

1) 가정방문

개인별 요구에 맞는 시간에 가정을 방문하여 지도한다. 시간, 경비, 노력이 많이 요구되나 가정의 식생활을 포함한 전반적인 식생활 환경이 파악되는 장점이 있다. 사전에 방문 예약을 해야 한다.

2) 상담소방문

가정방문보다 시간, 경비, 노력이 적게 든다. 그러나 교육대상자가 상담소를 방문하는 적극성이 있어야 상담이 이루어진다. 주로 임신과 영양, 육아, 식이요법 등 영양교육의 필요성을 느끼는 계층의 지도가 대부분이다.

3) 임상방문

환자나 환자의 보호자 등 교육대상자가 보건소나 병원을 방문, 상담한다.

4) 전화상담

편리하고 능률적이나 간단한 정보 교환만 가능하므로 교육효과가 다소 제한된다. 사전 및 추후 조사와 지도가 필요하다.

5) 인터넷(앱)상담

인터넷(앱)상담을 통해 다양한 정보가 제공되며 시간, 경비, 노력이 적게 든다. 인터넷 활용 능력이 있어야 하며, 설치 등 기술 지원이 있어야 한다.

2. 개인지도의 순서 및 과정

영양교육을 위해 개인지도할 경우 사전에 준비해야 할 필수요건은 먼저 면담을 통하여 대상자를 파악하고 영양문제를 확인하는 등 영양교육에 필요한 정보를 수집하는 것이다. 그 다음 발견된 영양문제를 해결하기 위해 영양교육의 목표를 정하고 영양교육을 계획한다. 계획에 맞게 교육내용과 방법, 매체 등을 결정하고 이에 따라 영양교육을 실시하고 평가한다.

영양교육의 지도 과정

교육대상자 파악 → 영양문제 발견 · 진단 → 목표 설정 → 교육내용 설정 → 교육방법과 순서 결정 → 매체 및 자료 수집 개발 → 영양교육 → 경과 관찰 → 효과평가 및 반복 지도

영양교육 시 교육자(영양사)가 갖춰야 할 태도

- 긍정적인 태도
- 성실한 태도를 바탕으로 한 안정감과 신뢰감
- 인내력을 갖고 부드럽게 감정을 수용
- 상대방의 입장에서 이해하고 공감하도록 노력
- 상대방의 표정, 태도 등을 파악하고 충고나 지시는 지양
- 항상 객관성과 중립성 유지
- 교육결과를 파악한 후 사후지도 및 평가

3. 가정지도

가정지도는 가정이라는 집단을 대상으로 영양지도를 하는 것이므로 집단지도라고 할

수도 있으나, 가족구성원 개개인의 특별한 요구에 맞는 영양문제를 다룰 수 있으므로 개인지도 형태로 지도할 수도 있다. 일반적으로 가족구성원의 주도자인 식생활 담당자를 대상으로 지도하는 경우가 많다.

1) 가족 개개인의 영양문제를 지도

생애주기별 영양관리 및 문제점, 질환별 식사요법 등

2) 가족의 공통적인 영양문제 지도

식생활에 대한 가치관, 영양지식, 가족식단, 식습관, 식품의 획득, 조리 저장 등의 영양문제

3) 가족의 생활환경 및 생활습관 지도

음주, 흡연, 운동, 수면, 주변 환경, 문화수준 등과 관련된 영양문제

III 집단지도

여러 사람을 대상으로 하여 교육하는 집단지도는 시간, 경비, 교육요원이 부족한 경우 많이 사용하는 방법이다. 일반적으로 집단의 공통적인 영양문제를 교육하며 많은 사람에게 교육내용을 전달할 수 있어서 능률적이고, 시간과 경비 등이 절약되며, 소속집단의 연대감이 있어 교육효과가 상승될 경우도 있다. 그러나 개별적 맞춤 지도가 어려워 개개인의 영양문제를 해결하기에는 어려움이 따른다. 집단지도의 유형을 크게 분류하면 다음과 같다.

표 4-3 집단지도의 유형

집단지도	강의형	강의
	토의형	강의식 토의, 강단식 토의, 원탁식 토의, 6·6식 토의·대화식 토의, 배심 토의, 공론식 토의, 연구집회, 영화토론회, 두뇌충격법, 시범교수법
	실험형	동물사육 실험, 조리실습 시뮬레이션, 역할연기법, 인형극, 그림극, 캠페인, 견학, 지역사회 조사 등

집단지도의 주요 대상

① 생활을 중심으로 하는 집단 : 시설아동, 학교, 회사, 공장, 기숙사 등

② 조직된 집단 : 청년회, 부녀회, 노인회, 지역집단 등

③ 임시집단 : 강연회, 조리강습회 등

집단지도 시 유의할 점

① 집단지도 외에 개인지도, 소규모 집단지도 등 다양한 활동을 같이 하는 것이 좋다.

② 육하원칙에 의거 꼼꼼히 점검한다.

- 왜 하는가?(교육의 목적, 목표), 누구에게(교육대상자), 누가(교육자), 무엇을(교육내용, 교과과정 등), 언제, 어디서, 어떻게(방법과 매체) 할 것인가?

③ 사회자, 강사, 토론자 등을 미리 주제와 대상에 맞게 선정·섭외한다.

④ 대상의 종류, 연령, 직업, 인원 등을 고려하여 대상자에 맞는 교육내용, 교육방법과 교육매체를 결정한다.

⑤ 시설과 설비, 장소 등을 고려하여 교재와 매체를 활용하고 점검한다.

⑥ 학습동기를 부여하고, 참여의식을 갖도록 유도한다.

⑦ 교육 후 무엇인가 남을 것을 준비한다(리플릿, 소책자 등).

⑧ 개최에 대한 홍보활동을 고려한다.

⑨ 방법과 내용을 상황에 따라 고려하는 융통성을 가져야 한다.

1. 강의

가장 기본적이며 널리 이용되는 교육방법이다. 영양지식을 제공할 때 많이 이용되며, 청중이 많은 경우에도 사용할 수 있다.

일방적인 교육이 될 수도 있으나 사전에 교육대상자에 맞는 주제와 내용으로 계획을 잘 세우면 좋은 교육이 될 수 있다. 교육대상자의 사고를 자극하여 주의집중과 흥미를 유발할 수 있도록 해야 하며, 교육내용을 교육목적과 목표 및 교육대상자의 특성에 맞도록 해야 한다.

강의

- 교육자 한 명이 다수의 교육대상자들에게 정보 전달
- 교육대상자 수 : 70~200명
- 강의시간 : 약 2시간 정도, 25~40분 정도 후 질문이나 휴식시간을 갖는 것이 좋음
- 장점 : 시간, 비용, 노력 면에서 경제적임
- 단점 : 지나치게 높은 수준의 목표를 단시간에 달성하기 어려움
  교육대상자가 소극적이거나 수동적이 될 수 있음
  교육효과가 떨어질 수 있음
  획일적이고 일률적인 교육으로 교육대상자 개개인의 지식, 태도 및 행동의 변화 유도가 어려움

2. 토의 활동

토의는 여러 사람이 모여 자신들의 의견을 나누는 집단활동 교육이다.

토의 활동

- 집단 내에서 대화를 통해 자기의 의견을 발표하고 동시에 타인의 의견을 존중하며 공동문제를 해결하는 상호 활동적 교수학습 활동
- 교육대상자 수 : 토의 형태에 따라 달라짐
- 장점 : 참석하는 사람들의 흥미와 공통적인 요구가 있는 내용이므로 참여 의욕이 높음
  참가자들의 능동적인 참여 및 민주적 합의하에 결론 도출
  사기진작과 실천에 도움을 줌
- 단점 : 시간이 많이 걸림
  다양한 주제를 다루기 어려움
  한 사람에게 집중되거나 주제를 벗어나는 토론이 되지 않도록 하기 위한 사회자의 능력 중요

토의 시 사회자의 유의사항

- 토의 주제와 내용은 교육대상자의 공통된 흥미와 요구를 반영해야 하며 교육대상자에게 명확히 인식시켜줄 것
- 교육대상자의 의견은 최대한 존중해 줄 것
- 토의 시 자신의 의견을 간단명료하게 발표하도록 할 것
- 타인의 의견을 존중하고 잘 듣는 태도를 지니도록 할 것
- 자유롭고 활발하면서도 질서 있게 운영할 것
- 토의 결과에 대해서 실행에 옮기도록 할 것

1) 강의식 토의lecture forum

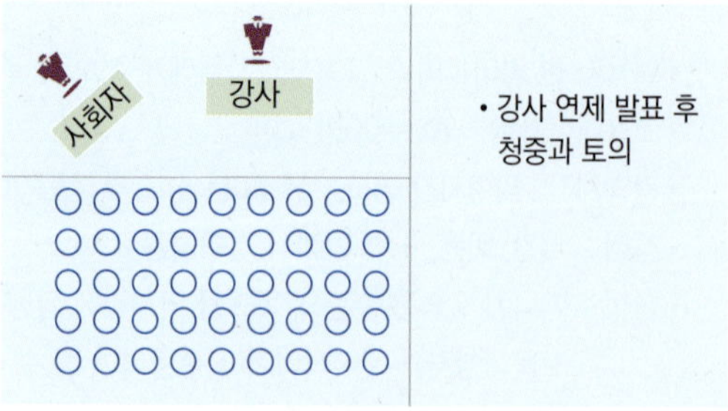

강의식 토의

1~2명의 강사가 교육대상자에게 강의를 한 다음 질문을 받고 참석자들과 토의하며 지도하는 학습방법이다.

2) 심포지엄symposium

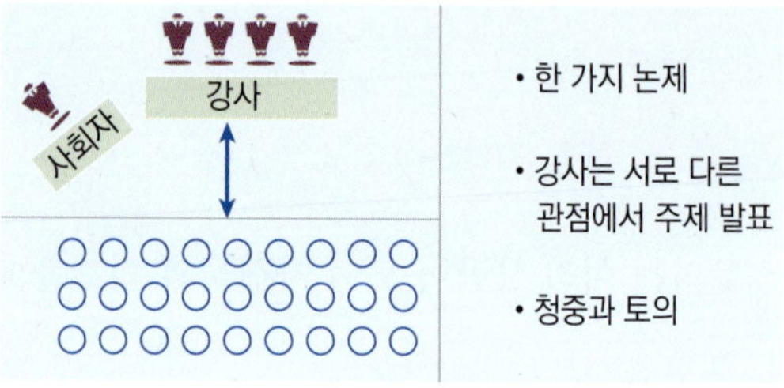

심포지엄

전문가인 강사 4~5명이 동일 주제에 대해 각기 다른 관점에서 견해를 발표하고 사회자 또는 청중이 이에 대해서 질문하고 강연자가 대답하는 강단식 토의 형식이다. 사회자는 참석자에게 논제, 진행방법을 설명하고 한 사람의 강사에게 질문이 집중되지 않도록 조절한다. 강사 간에 토의는 없으며 한 강사가 15~20분씩 시간과 순서를 정해놓고 발표하며 진행한다.

3) 패널토의panel discussion

청중 앞에서 한 논제에 대해 전문가 4~6인을 배심원panel으로 구성하여 자유롭게 토론하는 형태로 배심토의 혹은 배석식 토의라고 한다. 토의가 시작되면 사회자는 배심원을 소개하고 문제와 논점을 제시함으로써 토의가 시작된다. 패널토의가 끝난 후 종합 토의 및 질의 시간을 통하여 청중을 토의에 참여시키며 종합정리를 한다.

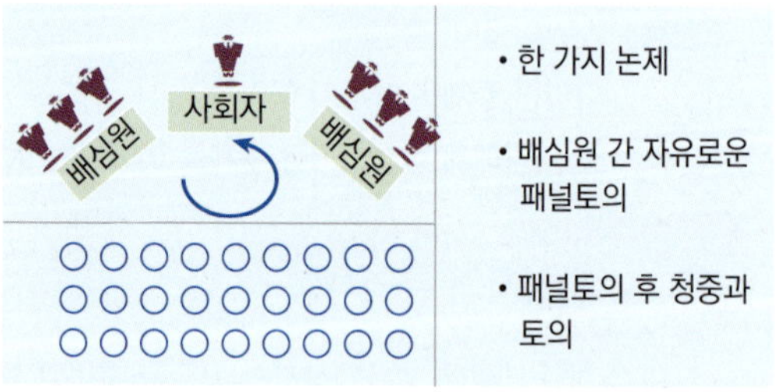

패널토의

4) 공론식 토론회debate forum

한 가지 주제에 대해 서로 다른 의견을 가진 2~3명의 강사가 의견을 진술하고, 상대방의 의견을 논리적으로 반박하여 토론을 진행하는 형태이다. 청중이 질문을 하면 강사가 다시 간추린 토론을 하게 된다. 의견의 대립이 있는 만큼 결론을 내리기가 어려운 단점이 있다. 일종의 공청회와 같은 토론 형식이다.

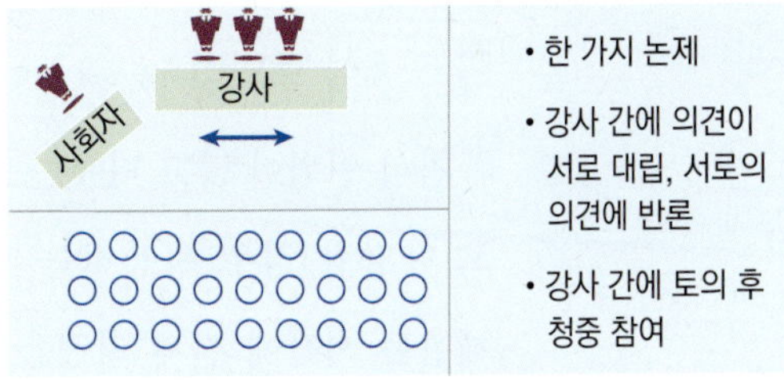

공론식 토론

5) 원탁토의round table discussion

좌담회라고도 한다. 이 방법은 10~16명의 인원이 원탁 주위에 둘러앉아 어떤 형식에도 구애받지 않고 그룹의 구성원 전원이 자유로운 분위기에서 토의하게 된다.

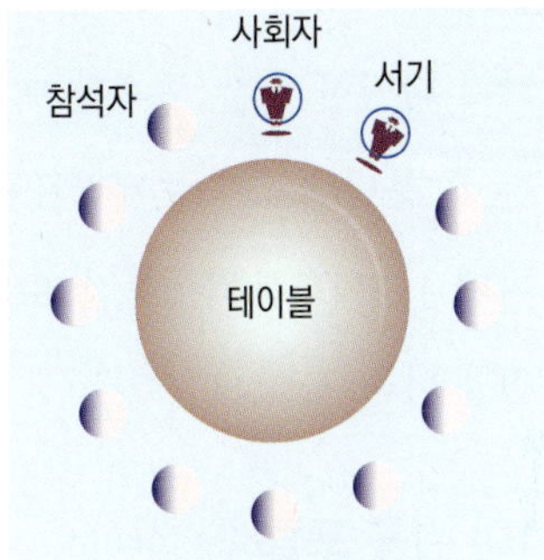

좌담회의 좌석배치

6) 브레인스토밍brainstorming

기발한 아이디어가 필요할 때나 특정 문제의 해결방안을 찾으려 할 때 이용한다. 갑자기 떠오르는 생각을 정리하거나 기록하면서 생각을 논리화하며, 회의 중 나온 아이디어를 평가해서는 안 된다. 보통 12~15명이 한 그룹을 이루어 10~15분 정도 토의한다. 브레인스토밍의 장점은 단시간에 많은 아이디어가 나오며, 참여도가 높아지고 단결과 실천이 잘된다는 점이다.

7) 워크숍workshop

전문가 집단을 대상으로 공통적인 문제에 대하여 연구하는 교육활동으로 보통 3~7일 정도 소요된다. 관심주제에 대하여 체험발표, 연구발표, 토의, 견학 등을 통해 의견을 나눈다. 비교적 수준이 높은 유사한 직종의 전문가 교육에 적합하다.

8) 대화식 토의dialog discussion

어떤 문제에 대해서 그 방면의 권위 있는 전문가를 초빙하거나 또는 현장을 방문하여 문제에 대한 의견이나 질의 응답을 하며 토의하는 형태이다.

9) 6·6식 토의법six-six method, buzz session

참석 인원이 많고 다루는 문제가 크고 다양할 경우 사용하는 방법으로, 제한된 시간에 전체 의견을 통합하기 용이하다. 참가자들을 소집단으로 나누어 6~8명이 한 그룹이 되도록 하고 각각 다양한 작은 주제를 택하여 토의한 후 분단대표가 주제발표를 하는데, 이때 1명이 1분씩 6분간 토의하여 의견을 나눈다.

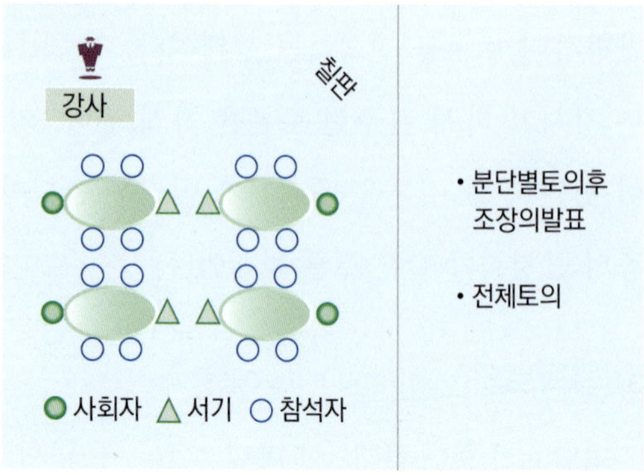

6·6토의(분단토의)

10) 필름 포럼film forum

슬라이드나 PPT자료, 영화, 동영상 등을 보여주고 그중에서 영양문제점을 해결해 가는 교육방법이다.

3. 실험·실습활동

실험·실습활동이란 교육대상자가 교육자료를 이용하여 관찰, 실험, 실습, 경험 등을 통하여 스스로 배우는 형태의 교육활동이다. 교육자는 교육목적에 맞게 계획된 교육자료를 교육대상자에게 제공하고 교육대상자의 활동을 관찰하면서 지도·조언하기도 한다. 이 활동은 교육대상자가 활동의 주체가 되므로 능동적인 학습활동이 가능하고, 학습기억이 오래 지속될 수 있다. 실험·실습 후 토의를 겸하면 더욱 효과적인 학습이 될 수 있다.

⌛ 실험 · 실습 지도상 유의사항

- 실험 및 실습활동 주제와 과제를 정확하게 제시
- 실험 및 실습활동에 필요한 시설, 기구 등 사전에 철저히 준비
- 가능한 한 자율성을 부여하면서 질서를 유지
- 교육대상자의 자주적 활동이 되도록 하며 격려 · 조언
- 실험결과에 대해 토의하고, 보고 · 정리 · 평가하는 것을 습관화함

1) 동물사육 실험

동물성장 실험방법은 실험 식이를 이용해 동물을 사육해 보고 동물의 성장, 생명유지, 건강증진 등에 필요한 식품과 영양소의 중요성을 확인할 수 있다. 정확한 실험모형이 되도록 지도하며 실험이 끝나면 실험결과에 대해 질문과 토의를 한다.

2) 조리실습

조리실습을 통하여 자신이 직접 만든 음식을 먹음으로써 식품에 대한 호감과 친밀감을 높여, 식습관을 바꾸고 영양의 개념을 터득할 수 있도록 유도한다. 또한 평소 만들어 보지 않았던 음식을 만들어 보게 함으로써 다양한 음식을 만들어 먹을 수 있도록 지도한다.

4. 관찰 · 견학활동

배우는 과정에서 오감을 사용하여 눈으로 직접 보고, 귀로 듣고, 손으로 만져 보고, 냄새를 맡아보며 학습하는 활동으로 관찰 · 견학 등이 있다. 어린이들에게 식품을 기르는 농장에서 채소나 과일 등을 수확하게 하여 식품의 소중함과 친근함을 알게 하거나 식품 생산공장에서 관찰 · 견학 등의 교육활동을 할 수 있다.

관찰 · 견학 지도상 유의사항

- 견학이나 관찰 시 목적과 중요하게 보아야 할 것을 명확히 할 것
- 관찰할 시간을 충분히 주고 질의나 토의시간을 반드시 가질 것
- 관찰 결과는 그림, 사진 자료 등을 사용하여 정리하고 문서화할 것

5. 조사활동

조사활동은 조사활동의 과정을 통하여 교육을 하는 하나의 방법이다. 예를 들어 학생들의 아침식사 습관과 건강정도, 비만도, 식사량 등을 조사하여 그 결과를 해석하며 아침식사의 중요성을 교육시키는 등 실제로 영양문제를 조사하고 그 원인을 찾아봄으로써 교육이 되는 학습활동 방법이다.

조사 지도상 유의사항

- 조사이유, 조사목적, 조사방법을 명확히 할 것
- 조사할 내용의 양과 질은 교육대상자의 능력, 소요시간, 학습목표와의 일치성 등을 고려하여 실시
- 조사절차와 방법을 생각하고 확인
- 교육대상자의 자발성과 흥미 존중
- 조사결과에 대해 토의하여 요약 결론 도출

6. 연극활동

현실적으로 일어날 수 있는 상황을 연출하고 극화하여 연극을 해봄으로써 간접경험을 하게 하는 학습방법이다.

1) 역할극role play

역할극은 주변환경, 등장인물, 상황을 영양교육 목적에 맞게 설정하고, 교육대상자들이 직접 실제 상황 중의 한 인물로 등장하여 연기한다. 연기자와 청중은 그 과정 중에서

"내가 실제로 그 상황이면 어떻게 할까" 생각하며 문제나 상황의 해결방안을 모색하면서 이를 통해 학습목표에 흥미 있게 도달할 수 있는 방법이다.

역할극의 진행순서는 주제를 먼저 제시하고, 사전에 계획하여 준비하고 역할을 선택하여 시행하고 끝난 후에 평가하고 토의하여 바람직한 결론이 도출되도록 한다.

2) 모의상황simulated environment 혹은 모의실험극simulation

모의상황이란 실제 상황에서 나타날 수 있는 여러 가지 대응 반응을 시도해 볼 수 있도록 설정된 상황을 말한다. 최근에 TV 등에서 모의상황을 만들어 놓고 청중이나 길가는 시민의 반응을 보는 사례가 많다. 이러한 반응 결과를 보고 서로 토의하여 바람직한 결론을 도출해 가는 교육방법을 말한다. 시뮬레이션을 활용하여 비행훈련이나 군사훈련에 적극적으로 활용되고 있으며, 해부학 실습이나 수술 프로그램도 개발되어 활용되고 있으므로 영양교육 관련 프로그램의 개발이 필요하다.

3) 인형극, 가면극, 그림극

인형이나 그림, 가면 등을 제작하고, 그 도구들을 사용하여 영양교육 활동을 하는 것이다. 어린이들의 주의를 집중시키는 데 도움이 된다면 극의 제작, 연출, 연기과정에 어린이들을 직접 참여시킨다. 극이 끝난 후에는 토의를 거쳐 평가하고 분석하도록 지도한다. 인형극이나 그림극 등은 10~20분 정도가 좋다.

4) 뮤지컬

건강한 식생활을 주제로 한 20~30분 길이의 어린이 뮤지컬 공연은 다른 활동에 비하여 교육효과가 상대적으로 높은 편이다. 일반적으로 어린이들에게 익숙한 '신데렐라'나 '숲속 동물 이야기', '토끼와 거북이' 같은 동화가 각색되어 제작된다. 한 번에 400~500명까지도 경험할 수 있어 교육비용은 높으나 일시에 많은 대상자에게 확실한 메시지를 전달할 수 있다.

7. 상담

상담을 통한 교육은 교육자와 교육대상자가 서로 긴밀한 관계를 형성하며 대화를 통하여 교육대상자가 자신의 문제의 원인을 이해하게 되고, 문제해결방법을 찾도록 하며 자신이 의사결정하고 바람직한 행동을 하도록 돕는 방법이다. 영양상담은 특별한 영양문제가 있거나 환자를 위한 식사요법 지도에 효과적이다.

8. 시범

시범이란 교육과정 중 실제 자료나 물건을 가지고 시범을 보이면서 교육하는 활동이다. 실시할 때에 교육대상자의 교육요구나 문제에 따라 교육내용을 결정하고 사전에 필요한 계획을 철저히 해야 한다.

1) 방법 시범교수법

일종의 시연의 하나로 제기된 문제를 해결하기 위한 과정을 단계적으로 보여주는 교수법이다. 교육대상자가 실제로 참가함으로써 흥미유발, 주의집중 및 동기유발이 용이하고 배운 내용을 쉽게 적용할 수 있다. 따라서 영양교육 후 실천과 행동변화를 도모하기에 좋은 교육방법이다.

2) 결과 시범교수법

다른 사람들의 영양개선 활동 등의 결과를 보고, 그들이 문제를 해결해 가는 과정이나 경험을 설명하고 토의하며 바람직한 행동을 유도하는 방법이다. 일종의 사례연구라고 할 수 있다.

9. 모델링

모델링은 교육대상자가 생각하는 목표나 행동을 잘 수행한 사람의 행동을 관찰하고 따라해 보는 것이다. 먼저 영양목표를 잘 수행한 호감이 가는 모델을 설정하고, 그 사람의 생각·행동 등을 관찰하며 그의 행동 중 중요하고 필요한 부분을 따라해 보는 것이다.

교사는 자신이 모델이 되어도 좋다. 영양교사들은 자신도 모르는 사이에 좋은 모델로 혹은 나쁜 모델로 교육대상자에게 교육을 하고 있는 경우가 많다. 교사가 주는 인상은 그가 전달하려는 정보의 효과에 영향을 미치므로 좋은 모델이 되고자 노력해야 한다.

10. 캠페인campaign

짧은 시간내에 다수에게 특수한 내용을 집중적으로 반복 강조하여 많은 사람에게 알리거나 홍보하는 방법이다. 여러 날에서 1개월 정도까지 진행하며 보조자료로 포스터, 팸플릿, 리플릿, 대중매체 등을 이용한다.

11. 오리엔테이션orientation

주로 신입 구성원에게 시행하는 교육으로 그 조직에 적응하고 알리는 데 목적을 두고 시행하는 교육방법이다. 안내서, 팸플릿, 리플릿, PPT 자료 등을 이용하여 교육한다.

12. 전시회, 시식회 등

식단 전시회나 음식 시식회를 통하여 눈으로 직접 보고, 먹어보며 학습하는 활동이다. 당뇨병 환자의 영양균형식단이나 비만환자를 위한 저칼로리식, 고혈압환자를 위한 저염식단 등의 조리법 소개와 시식회 등을 통해서 교육효과를 높일 수 있다.

전시회나 시식회는 교육대상자가 즐겁게 참석할 수 있도록 충분한 시간과 편안하고 쾌적한 장소를 제공하는 것이 좋다.

IV 비대면 교육

COVID-19와 함께 언택트 시대로 접어들면서 영양교육에서도 비대면 교육이 많이 실시되고 있다. 어린이급식관리지원센터 및 여러 기관에서 지역사회 주민을 위한 비대면 영양교육 자료를 만들어 보급하고 있다.

비대면 영양교육 필수조건

- 표준화된 교육자료 서버 구축
- 교육대상자의 수준을 고려한 영양교육 자료 개발
- 어린이 및 노인 등 아직 비대면 교육이 익숙하지 않은 교육대상자들을 위한 기본 학습 필요

1. 실시간 비대면 교육(온라인 실시간 교육, Virtual Class)

기존 온라인 학습의 일방향 전달방식의 한계를 개선해 가상공간을 통한 실시간 의견교류 및 참여활동 등이 가능하도록 한 온라인 실시간 교육방식으로 여러 플랫폼을 활용한다.

2. 비동시 비대면 교육

이러닝e-learning LMS(학습관리시스템)에 동영상 강의를 탑재하여 교육대상자가 필요한 시간에 활용할 수 있다.

비대면 교육의 장단점

- **장점** : 시간과 장소의 제약이 거의 없음
  비용 절감
  반복적 학습 편리
  자기주도적 학습 기회
  학습자 수준에 맞게 학습 속도 조절
- **단점** : 인프라 구축(개인용 기기, 학습관리시스템, 쌍방향 플랫폼 등)에 많은 예산 소요
  교수자와 학습자 간 쌍방향 의사소통이 제한적
  학생 간 상호작용 부족
  실험/실습의 부재
  온라인 수업 인프라 부족

V 영양교육의 실행

교육을 할 때 교육자는 어떠한 방법을 사용하더라도 교육내용을 효과적으로 전달해야 한다. 그러므로 교육자는 교육대상자의 특성을 파악하고 교육대상자의 신뢰와 관심을 얻기 위해 노력해야 한다. 교육대상자가 원하는 흥미로운 주제로, 그들에게 꼭 필요한 교육을 제공해야 한다. 교육대상자는 교육자의 교육내용뿐만 아니라 교육자의 외모와 인상, 목소리, 몸짓 등에서도 영향을 받는다. 그러므로 교육자는 이처럼 다양한 요소를 고려하여 교육대상자에게 신뢰를 주고, 교육대상자가 필요로 하는 내용을 전달하도록 노력해야 한다.

따라서 교육자는 강의나 토론, 워크샵 등을 진행할 때 다음 사항을 생각하고 진행하여야 한다.

- 교육주제가 교육대상자들이 원하는 것인가?
- 주제가 교육대상자들에게 필요한 것인가?
- 교육시간과 장소가 교육대상자들에게 편안한가?
- 다양한 교육도구와 매체자료 등을 잘 준비·활용하고 있는가?
- 교육내용이 체계적으로 구성되었나?

- 교육방법은 적절하고 다양하게 교육대상자의 눈높이에 맞추었는가?
- 교육자는 시간과 스케줄을 잘 지키는가?
- 유머감각이 있는가?
- 대화기술(시선, 말투, 몸짓)을 잘 활용하는가?
- 교육대상자에 대한 예의를 갖추고 있는가?
- 강의에 대한 열성이 보이는가?
- 목소리에 적절한 변화를 주는가?
- 발음의 정확도와 음성이 잘 들리는가?
- 자신감, 자제력, 융통성 등이 있는가?
- 시청각 기자재를 효과적으로 사용하고 있는가?
- 질문을 잘 듣고 적절하게 답변하는가?

1. 교육시작 기법

교육을 시작하면 처음 2~3분이 전체 분위기를 좌우하게 된다. "교육이 꼭 필요한 것이구나", "교육자는 믿을 만한 사람이구나"라고 판단하게 되면 교육의 효과는 커진다. 따라서 교육을 시작할 때는 교육하는 이유와 중요성에 대해 알려주고 교육내용을 간단히 설명한다. 교육목표를 알려주고 교육대상자들이 능동적인 참석자가 되도록 계획을 세워야 한다.

2. 교육진행 기법

내용을 잘 전달할 수 있는 기술이 매우 중요하다. 그러므로 교육을 시작하기 전에 사전 준비를 철저히 한다. 교육방법을 반복 연습하고 자신의 몸짓, 말하는 태도, 대화기술 등을 비디오 등을 이용하여 녹화한 다음 보고 평가해 보면 도움이 된다. 혹은 자신의 교육방법에 대하여 비판해 줄 수 있는 사람을 청중 속에 배치하여 모니터링하도록 한다.

교육 당일은 교육대상자 집단에 좋은 이미지를 주는 옷을 착용하고 미리 교육장소에

도착하여 교육대상자, 좌석 배치 및 시설 등을 사전에 점검한다. 사전에 가능하다면 시청각 기자재 등을 이용하여 리허설을 해본다.

교육이 시작되면 교육대상자들의 주의를 집중시킨 후 교육한다. 시선은 교육대상자에게 골고루 준다. 대본을 읽는다는 느낌보다는 대화를 하듯이 자연스럽게 편안한 마음으로 이야기할 수 있도록 계획을 세운다.

필요한 부분은 강조, 요약, 질문을 거쳐 내용이 오래 남도록 한다.

3. 질문시간의 활용 기법

질문시간은 미리 교육시작 전에 알려주어 진행을 원활하게 한다.

교육대상자 집단이 아주 크거나, 필요한 경우는 질문을 종이에 적어내도록 하는 것이 좋다. 질문내용이 주제에 벗어나거나 개인적인 경우는 교육이 끝난 후 따로 논의할 것을 제안한다. 질문의 답을 모르는 경우는 솔직하게 알아본 후 답해줄 것을 약속한다. 가능하면 '틀렸다', '아니다' 등 부정적인 답변보다는 '그럴 가능성도 있겠습니다만…' 하고 우회적이고 긍정적인 표현을 사용한다.

연구과제

1. 커뮤니케이션 유형별로 영양교육 방법을 분류해 보자.
2. 영양교육 방법을 선정하는 기준에는 어떠한 것이 있는가?
3. 토의법의 종류를 나열하고 그 특징을 간략히 서술하라.
4. 학습활동 형태별로 영양교육을 분류하고, 그 특징을 설명하라.
5. 강의를 잘하려면 어떠한 점을 유의하여야 하는가?
6. 비대면 교육 시 교육대상자의 집중력을 높일 수 있는 방법은 어떤 것이 있는가?

CHAPTER

5

영양교육의 도구

학습 목표

1. 영양교육 시 도구의 필요성을 안다.
2. 식사계획을 위한 도구 5가지를 설명할 수 있다.
3. 영양교육을 할 때 교육내용에 따라 필요한 도구를 적절히 사용할 수 있다.

I 영양교육 도구의 필요성

영양전문가는 대국민 영양교육을 위해 여러 가지 활용 가능한 교육도구들을 개발하여 일반인이 이해하고 식사계획에 응용하여 균형 잡힌 건강한 식생활을 실천할 수 있도록 돕고 있다.

식사계획은 기초 식품군을 골고루 섭취하고자 하는 단순한 것부터 섭취열량을 일일이 계산해야 하는 복잡한 계획에 이르기까지 자신이 처한 여건과 필요에 따라 다양하게 이루어질 수 있다. 일반인이 자신에게 필요한 식단을 작성하고 섭취에너지와 영양소들을 하나하나 확인하기는 대단히 어려우므로 섭취한 영양소의 양을 개략적으로 추정하는 방법을 이용하게 된다. 이때 기초식품군과 식품구성자전거 모형, 1인 1회 분량과 섭취횟수를 이용한 식사구성안, 식생활지침, 식품표시제도, 식품교환표 등과 같은 다양한 도구를 이용할 수 있다.

영양전문가는 학교, 보건소, 직장 등 영양교육이나 상담의 현장에서 이와 같은 도구들을 이용하여, 일반인의 눈높이와 요구에 맞춰 건강한 식생활과 식사요법에 대하여 교육하고 상담할 수 있다. 교육받은 일반인은 이와 같은 도구들을 활용하여 큰 어려움 없이 자신의 식생활을 계획하고 실천하게 된다. 또한 영양전문가의 도움을 받으면 일반인도 영양소 섭취기준이나 식품영양가표 등을 활용할 수도 있다.

II 식사계획을 위한 영양교육 도구

1. 기초식품군과 식사모형

1) 기초식품군

기초식품군은 균형 잡힌 식생활을 위해 매일의 식생활에서 반드시 먹어야 하는 식품들로, 주로 식품에 함유되어 있는 영양소의 종류를 중심으로 분류하는데, 나라마다 국민 특유의 식생활을 감안하여 4~7개 군으로 다르게 책정하고 있다. 우리나라는 5개의 기초식

6가지 식품군
- 곡류
- 고기·생선·달걀·콩류
- 채소류
- 과일류
- 우유·유제품류
- 유지·당류

품군을 정하였으나, 2005년부터는 과일군과 채소군을 구분하여 6가지 식품군으로 분류하였다.

일반인에게는 이 기초식품군에 속한 식품들을 매일 골고루 먹도록 권장하고 있다. 식품군의 종류에 따라 여러 번 먹어야 할 식품군과 되도록 적게 먹어야 할 식품군이 있어, 나라마다 이를 쉽게 이해시키기 위해 그림이나 모형을 이용하고 있다. 우리나라의 경우 과거에는 원 모양의 그림을 이용하였으나, 1995년 이후부터는 식품구성탑을 이용하였고, 2010년 한국인 영양소 섭취기준 제1차 개정 이후부터 식품구성자전거를 이용하고 있다.

2) 식사모형

일반인을 대상으로 균형식을 손쉽게 배우고 실천할 수 있도록 만든 식사모형이 그림 5-1의 식품구성자전거이다. 이는 '2005 한국인영양소 섭취기준 제정 자료'에서 사용한 '식품구성탑'의 정적인 이미지를 탈피하고 운동을 권장하기 위해 자전거 이미지를 사용한 식사모형이다. 자전거 바퀴 모양을 이용하여 6개의 식품군에 권장식사패턴의 섭취횟수와 분량에 비례하도록 면적을 배분하고, 또 하나의 바퀴에 물잔 이미지를 삽입함으로써 수분의 중요성을 나타내고 있다. 즉 적절한 영양과 건강을 유지하기 위하여 권장식사

그림 5-1 식품구성자전거

자료 : 보건복지부·한국영양학회, 2020 한국인 영양소 섭취기준 활용, 2021

패턴을 기준으로 한 균형 잡힌 식사와 수분 섭취의 중요성을 강조하고 적절한 운동을 통해 비만을 예방하자는 메시지를 도식화한 것이다. 각 식품군의 상징색은 미국의 식품피라미드food guide pyramid 그림 5-2의 식품군 색과 동일하게 하여 국제적인 영양교육의 통일성에 기여하고자 하였다.

그림 5-2 미국의 식품피라미드

바퀴에 그려진 각종 음식물의 분량도 하나하나 의미가 있는데, 음식 그림들은 각 식품군별 대표식품을 1인 1회 분량을 기준으로 그려놓은 것이다. 또한 '식품구성자전거'의 앞바퀴에는 물이 그려져 있는데, 이 또한 중요한 의미를 지닌다. 물은 체온유지, 대사작용, 항상성 유지 등에 중요한 역할을 하기 때문에 수분섭취는 식품에 포함된 수분을 제외하고 순수한 물로서 하루에 6~10컵 정도 마시는 것을 권장한다. 마지막으로 비만, 만성질환을 예방하기 위해서는 식생활만으로는 부족하므로 적절하고 규칙적인 운동을 반드시 수반하여 적정체중을 유지하는 것이 바람직하다. 이러한 운동의 중요성까지 표현하기 위해 '식품구성자전거'에는 사람이 자전거를 타는 모양으로 표현해 놓았다.

미국의 경우에는 식품피라미드를 이용하여 연령, 성별, 운동 수준을 선택하면 하루에 섭취해야 할 식품의 양을 제시하고 건강한 식생활을 위한 각각의 식품군 섭취 시의 요령도 제시하고 있다.

2. 식생활지침dietary guidelines

풍요로운 현대인의 식생활에서는 특정 필수영양소의 결핍에 따른 부족증에 기인한 질병보다는 에너지, 포화지방, 알코올, 나트륨 등의 과잉섭취와 섬유소, 칼슘 등의 섭취 부족 등이 원인이 되어 질병이 유발되기도 하고 때로는 스트레스나 운동 부족도 건강에 중요한 장애요소가 되고 있다. 따라서 정부와 학계에서는 국민의 건강한 식생활을 위해 식생활과 관련된 광범위한 분야에 걸쳐 알기 쉬운 지침을 제정하기에 이르렀다.

특정 수준의 학력이나 연령, 사회·경제적 지위를 막론하고 건강한 사람들이 현재의 건강한 생활 패턴을 유지할 수 있도록 하기 위해, 나라마다 자국민 특유의 식습관과 건강 문제를 고려한 다양한 식생활지침을 제정하고 있다. 우리나라, 일본, 오스트레일리아의 경우처럼 연령별로 생애 주기에 따라 다양한 식생활지침을 제정하는 곳도 있다.

2021년에 발표된 「한국인을 위한 식생활지침」은 각 정부부처〔농림축산식품부 한국인을 위한 녹색 식생활지침(2010), 보건복지부 한국인을 위한 식생활지침(2008~2011), 식품의약품안전처 당류 줄이기 실천가이드(2014)〕에서 건강한 식생활과 관련하여 강조하고 있는 정책적 사항들을 실생활에 적용할 수 있도록 마련한 것으로, 건강한 식생활을 위해 일반 대중이 쉽게 이해할 수 있고 일상생활에서 실천할 수 있도록 제시하는 권장 수칙이다.

한국인을 위한 식생활지침

1. 매일 신선한 채소, 과일과 함께 곡류, 고기 · 생선 · 달걀 · 콩류, 우유 · 유제품을 균형있게 먹자.
2. 덜 짜게, 덜 달게, 덜 기름지게 먹자.
3. 물을 충분히 마시자.
4. 과식을 피하고, 활동량을 늘려서 건강체중을 유지하자.
5. 아침식사를 꼭 하자.
6. 음식은 위생적으로, 필요한 만큼만 마련하자.
7. 음식을 먹을 땐 각자 덜어 먹기를 실천하자.
8. 술은 절제하자.
9. 우리 지역 식재료와 환경을 생각하는 식생활을 즐기자.

자료 : 보건복지부, 농림축산식품부, 식품의약품안전처, 2021

3. 식사구성안

식사구성안은 영양학을 전공하지 않은 일반인이 균형 잡힌 건강한 식생활을 영위할 수 있도록 도움을 주기 위하여

① 식품을 특성에 따라 몇 개의 식품군(기초식품군)으로 나누고

② 각 식품군에 속하는 식품을 중심으로 한 번에 섭취하는 1인 1회 분량serving size을 정한 후

③ 각 식품군에 속한 식품을 하루에 섭취해야 할 횟수로 정해 줌으로써

영양소 섭취기준이나 식품성분표를 이용하지 않더라도 대략적으로 건강한 식생활을 영위할 수 있게 도와주기 위한 영양도구이다.

1) 1인 1회 분량과 섭취횟수

1인 1회 분량은 일반인이 한 번에 먹어야 하는 정확한 분량이 아니고 통상적으로 대부분의 국민이 한 번에 섭취하고 있다고 생각되는 식품의 양으로, 건강하고 질병의 증세가 없는 일반인으로 하여금 식사계획을 쉽게 하도록 돕기 위한 수단으로 개발되었다. 우리나라에서 이용되고 있는 1인 1회 분량은 표 5-1과 같다. 섭취횟수는 연령별로 권장섭취량과 1인 1회 분량을 고려하여 결정된다.

2) 권장식사횟수와 권장식사패턴

식습관이 일반인들과 크게 다르지 않다면 표 5-2와 같이 연령별로, 식품군별로 제시된 섭취횟수를 따라 식생활을 유지해 나간다면 하루에 권장되는 영양소의 양에 대략적으로 맞추어 섭취할 수 있다. 따라서 권장식사패턴을 따르면 복잡한 영양지식이나 영양가 계산 과정이 없이도 건강한 식생활을 영위할 수 있도록 되어 있다. 그러나 개인의 1회 섭취분량이 일반적으로 제시된 것과 크게 다르다면 반드시 권장섭취횟수를 따를 필요는 없다.

표 5-1 식품군별 대표 식품의 1인 1회 분량

식품군						
곡류 (300 kcal)	쌀밥(210 g)	국수 말린 것(90 g)	팥빵(80 g)	감자(140 g)*	시리얼(30 g)*	식빵(35 g)*
고기 · 생선 달걀 · 콩류 (100 kcal)	돼지고기(60 g)	쇠고기(60 g)	닭고기(60 g)	고등어(60 g)	달걀(60 g)	두부(80 g)

(계속)

* 표시는 0.3회

자료 : 보건복지부 · 한국영양학회, 2020 한국인 영양소 섭취기준 활용, 2021

표 5-2 성인용 권장식사패턴 B(우유 · 유제품류 1회 권장)

에너지(kcal)	곡류	고기 · 생선 · 달걀 · 콩류	채소류	과일류	우유 · 유제품	유지 · 당류
1,000	1.5	1.5	5	1	1	2
1,100	1.5	2	5	1	1	3
1,200	2	2	5	1	1	3
1,300	2	2	6	1	1	4
1,400	2.5	2	6	1	1	4
1,500	2.5	2.5	6	1	1	4
1,600	3	2.5	6	1	1	4
1,700	3	3.5	6	1	1	4
1,800	3	3.5	7	2	1	4
1,900	3	4	8	2	1	4

(계속)

에너지(kcal)	곡류	고기·생선·달걀·콩류	채소류	과일류	우유·유제품	유지·당류
2,000	3.5	4	8	2	1	4
2,100	3.5	4.5	8	2	1	5
2,200	3.5	5	8	2	1	6
2,300	4	5	8	2	1	6
2,400	4	5	8	3	1	6
2,500	4	5	8	4	1	7
2,600	4	6	9	4	1	7
2,700	4	6.5	9	4	1	8

자료 : 보건복지부·한국영양학회, 2020 한국인 영양소 섭취기준 활용, 2021

식사계획의 기본원칙

- **균형**balance : 섭취하는 식품이나 영양소 면에서 특정한 것에 치우침이 없는 것
  (예 : 우유나 유제품은 칼슘이 풍부한 대신 철의 함유량이 적고, 고기와 생선은 철이 풍부하나 칼슘의 함유량이 적다.)
  → 각 타입의 식품을 충분히, 그러나 과다 섭취하지 않는 것
- **다양성**variety : 각각 다른 식품을 각각 다른 기회에 고루 섭취하는 것
  → 각각의 기초식품군에 속하는 식품들을 모두 섭취하고, 한 가지 식품군 안에서도 역시 다양한 종류의 식품을 섭취하는 것
- **적절한 양**moderation : 식사의 양이 지나치게 적거나 많지 않은 것
- **규칙성**regularity : 하루에 세 끼를 정해진 시간에 식사하는 것

4. 한국인 영양소 섭취기준

종전의 영양권장량은 영양소 섭취부족이 만연하던 환경에서 지금까지 알려진 과학적인 정보를 기초로 하여 건강한 대다수의 국민이 생명과 건강유지를 위하여 반드시 섭취해야 할 것으로 고려되는 영양소들의 양을 단일값으로 제시하였다.

그러나 현대사회에서는 영양소 섭취와 건강과의 관계가 다양한 모습으로 나타나고 있

으므로 부족한 영양소의 섭취만을 강조하기보다는 최적 건강유지를 목표로 만성질환의 예방이나 보충제나 건강기능식품의 남용 등에 의한 특정 영양소 과다섭취의 예방까지도 포함하는 새로운 개념의 영양소 섭취기준을 제시할 필요가 대두되었다.

2005년 우리나라에서도 미국이나 캐나다에서 사용하고 있는 영양소 섭취기준의 체계를 적용하여 한국인 영양소 섭취기준을 제정하였다. 세계 여러 나라에서는 대체적으로 5년마다 영양소 섭취기준을 개정하고 있으며, 우리나라도 2020년에 영양소 섭취기준을 3차 개정하였다. 영양소 섭취기준에는 평균필요량, 과거의 영양권장량 개념인 권장섭취량, 충분섭취량, 그리고 상한섭취량이 포함되어 있으며, 식사와 관련된 만성질환자의 위험 감소를 위해 에너지적정비율과 만성질환위험감소섭취량이 추가되었다. 영양소 섭취기준 구성요소들의 관계를 표 5-3에 제시하였다.

표 5-3 영양소 섭취기준의 구성과 개념

구성	내용
평균필요량(EAR)	• 건강한 사람들의 1일 영양필요량의 중앙값 • 인구집단 절반의 1일 영양필요량을 충족시키는 값
권장섭취량(RNI)	• 평균필요량에 표준편차의 2배를 더하여 정한 값(개인차 감안) • 인구집단의 97.5%의 영양필요량을 충족시키는 값
충분섭취량(AI)	• 평균필요량을 산정할 자료가 부족하여 권장섭취량을 정하기 어려운 경우에 제시하기 위한 값 • 건강한 인구집단의 영양섭취량을 추정 또는 관찰하여 정한 값
상한섭취량(UL)	• 과량 섭취 시 독성을 나타낼 위험이 있는 영양소를 대상으로 선정 • 인체 건강에 유해한 영향을 나타내지 않을 최대 영양소 섭취수준
에너지적정비율(AMDR)	• 탄수화물, 지질, 단백질로 섭취하는 에너지가 전체 에너지섭취량에서 차지하는 비율 • 에너지 영양소(탄수화물, 단백질, 지질) 공급에대한 에너지섭취비율과 건강 관련성에 대한 과학적 근거로 설정
만성질환위험감소섭취량(CDRR)	• 만성질환 위험을 감소시킬 수 있는 최저 수준의 영양소 섭취량 • 만성질환과 영양소 섭취 간 연관성과 만성질환의 위험을 감소시킬 수 있는 구체적 섭취 범위 설정

자료: 보건복지부·한국영양학회, 한국인 영양소 섭취기준, 2021

영양소 섭취기준의 적용대상은 건강한 개인 또는 건강한 사람으로 구성된 집단이다.

영양소 섭취기준은 다양하게 이용될 수 있지만 대표적으로 개인과 집단의 식사섭취상태 평가와 식사계획에 적용된다.

영양소 섭취기준의 적용

- 인구집단의 식품섭취 평가와 영양상태 판정을 위한 기준으로 이용
- 국가나 특정 집단의 식품공급계획 및 평가
- 식사지침과 영양지원 정책의 수립
- 영양표시, 영양소 강화기준 등 각종 영양 관련 법규의 입법화 및 행정관리 규정의 설정
- 영양교육
- 단체급식시설의 급식기준

5. 식품교환표

식품교환표는 자신이 식사계획을 통해 섭취하고 있는 식사의 내용을 구체적으로 계산하고 점검할 필요가 있는 경우에, 일일이 섭취한 식품을 식품성분표를 이용하여 내용을 분석하지 않고도 편리하고 정확하게 무엇을 얼마나 먹고 있는지를 알 수 있도록 도와주기 위하여 대한영양사협회와 당뇨학회에 의해 공동으로 개발된 도구이다.

식품들을 영양소 조성이 비슷한 것끼리 묶어서 곡류, 어육류, 채소, 지방, 우유, 과일의 6가지 종류로 구분하고 같은 군에 속한 식품들 가운데 먹고 싶은 것을 자유롭게 바꾸어 선택할 수 있도록 한다. 이를 통해 다양한 식품을 고루 섭취하고 처방된 열량범위 안에서 벗어나지 않게 도와주기 때문에 영양전문가가 아니더라도 간단한 교육을 통하여 쉽게 응용할 수 있게 고안되어 있다. 예를 들면 그림 5-3과 같이 쌀밥 1/3공기 대신에 같은 곡류군 한 교환단위인 미숫가루 5큰스푼이나 식빵 한 쪽을 서로 바꾸어 먹을 수 있다.

표 5-4와 같이 처방열량에 따른 식품군별 교환단위수가 함께 제시되므로 자신이 계획한 섭취열량에 맞추어 식사계획을 하고 식사 때나 간식 때마다 자신이 어떤 식품군을 몇 단위 섭취하여 총 섭취열량은 얼마나 되는지 일일이 점검해 나갈 수 있는 장점이 있다. 일반인도 이용할 수 있지만 보통은 당뇨환자나 체중감량을 시도하는 경우, 1일 섭취열량을 점검할 때 유용하게 이용될 수 있다.

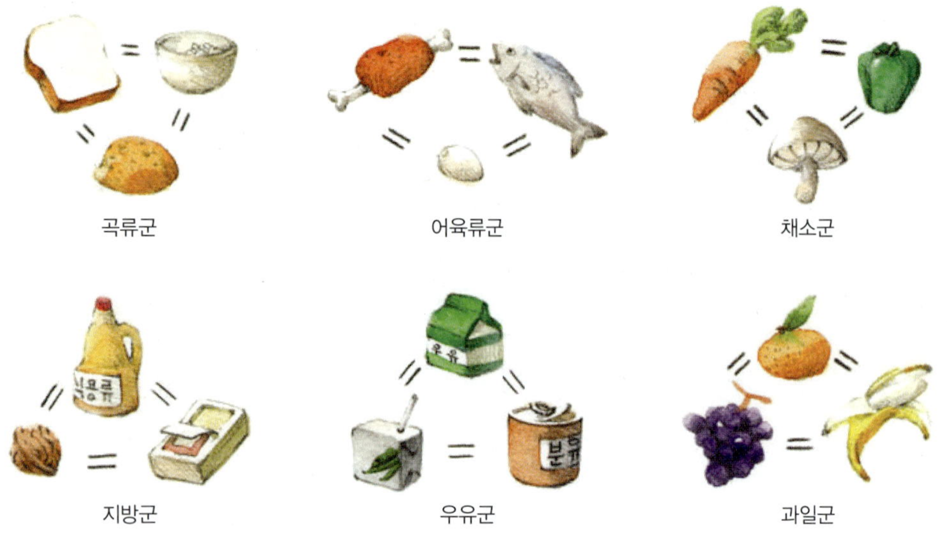

그림 5-3 식품 교환의 개념

표 5-4 열량에 따른 식품군별 교환단위수

열량(kcal)	곡류군	어육류군	채소군	지방군	우유군	과일군
1,200	5	4	6	3	1	1
1,300	6	4	6	3	1	1
1,400	7	4	6	3	1	1
1,500	7	5	7	4	1	1
1,600	8	5	7	4	1	1
1,700	8	5	7	4	1	2
1,800	8	5	7	4	2	2
1,900	9	5	7	4	2	2
2,000	10	5	7	4	2	2
2,100	10	6	7	4	2	2
2,200	11	6	7	4	2	2
2,300	11	7	8	5	2	2
2,400	12	7	8	5	2	2
2,500	13	7	8	5	2	2
2,600	13	8	8	5	2	2
2,700	13	8	9	6	2	3
2,800	14	8	9	6	2	3

자료 : 대한영양사협회 식품교환표

6. 식품의 영양표시제도nutrition labeling

1) 영양표시제도의 필요성

산업화 이전의 사회에서는 가공식품의 생산이 미미하였고 대부분의 식품이 가공과정을 거치지 않고 이용되거나 가정에서 가공되었으므로 일반인도 가공식품에 이용된 재료의 성분을 모두 알 수 있었고, 따라서 식품에 함유된 영양성분도 대체로 추측할 수 있었다.

그러나 현대사회에서는 다양한 종류의 가공식품이 제조되고 있고 같은 종류의 식품이라도 제조 공정에 따라 특정 영양소나 성분이 강화·보충되거나 제거되는 등 다양한 가공과정을 거치게 되어, 육안으로는 식품의 성격을 파악하기가 어렵게 되었다.

따라서 소비자들은 식품에 함유되어있는 영양성분이나 특수 성분을 파악하지 못하여 자신이 불이익을 당하는 일이 없도록 하기 위하여, 혹은 자신에게 필요한 식사계획을 세우고 효율적으로 실천하기 위하여 식품에 함유된 영양성분의 표시를 요구하게 되었다.

영양표시제도란 식품표시 항목 중 하나로 가공식품의 영양적 특성을 정해진 기준과 도식에 따라 식품 포장 겉면에 제시하여 소비자에게 알리고, 소비자들이 이를 근거로 합리적으로 식품을 선택하여 건강한 식생활을 유지하도록 돕기 위한 영양교육 도구라 할 수 있다.

2) 영양표시제도의 역할

식품의 영양표시제도를 시행하면 소비자 개인이나 생산자 편에서 그리고 국가적으로 다음과 같은 효과를 기대할 수 있다.

영양표시제도의 효과

- 소비자 측면 : 소비자 자신의 알 권리를 보장받고
  식품을 비교 선택할 수 있으며
  다양한 수입, 수출 식품의 성분도 알 수 있다.
- 생산자 측면 : 생산원가가 다소 증가하나
  정보 제공이라는 차별화 전략을 통하여 제품에 대한 소비자 신뢰를 구축할 수 있다.
- 국가적 측면 : 질적으로 우수한 제품의 생산을 유도하고
  영양교육의 수단으로 이용될 수 있다.

3) 우리나라 영양표시제도 현황

우리나라에서 현재 의무적으로 영양성분표시를 해야 하는 표시 대상식품에는 레토르트식품, 과자류 중 과자 및 캔디류, 빵류 및 만두류, 초콜릿류, 잼류, 식용유지류, 면류, 음료류, 특수용도식품, 어육가공품 중 어육소시지, 즉석섭취식품 중 김밥·햄버거·샌드위치 등이 있으며, 이 외에 식품 중 영양표시나 그 강조표시를 하고자 하는 식품 등이 있다.

표시영양소는 그림 5-4와 같이 열량, 탄수화물(당류), 단백질, 지방(포화지방, 트랜스지방), 콜레스테롤, 나트륨과 그 외 강조 표시를 하고자 하는 영양성분을 의무표시 영양소로 정하고 있으며 영양소 명칭, 함량, 기준치에 대한 비율(%)을 표시하도록 규정되어 있다.

2010년부터는 식품접객업에서 조리·판매하는 식품은 제과·제빵·아이스크림·햄버거·피자에 대하여 열량, 당류, 단백질, 포화지방, 트랜스지방, 나트륨을 표시하도록 규정하고 있다.

❶ 내용량
200ml(135kcal)

	영양성분		
	1회제공량1컵(200ml)		
	1회제공량당함량*%영양성분기준치		
❷	열량	135kcal	
	탄수화물	10g	3%
	당류	10g	
	단백질	6g	11%
❷	지방	8g	16%
	포화지방	5g	33%
	트랜스지방	0g	
❷	콜레스테롤	20mg	7%
	나트륨	100mg	5%
	칼슘	200mg	29%
	*%영양성분기준치: 1일영양성분기준치에대한비율		

❶ 내용량
200ml(80kcal)

	영양성분		
	1회제공량1컵(200ml)		
	1회제공량당함량*%영양성분기준치		
❷	열량	80kcal	
	탄수화물	10g	3%
	당류	10g	
	단백질	6g	11%
❷	지방	2g	4%
	포화지방	1g	7%
	트랜스지방	0g	
❷	콜레스테롤	5mg	2%
	나트륨	100mg	5%
	칼슘	200mg	29%
	*%영양성분기준치: 1일영양성분기준치에대한비율		

〈식약처, 영양표시정보- 영양표시소개→가공식품영양표시→영양성분표활용법〉 홈페이지

그림 5-4 영양성분표시의 예

출처: 〈식약처, 영양표시정보 - 영양표시 소개 → 가공식품 영양표시 → 영양성분표 활용법〉 홈페이지

7. 각종 영양교육 매체

식품모형을 비롯한 전형적인 시청각 매체 외에도 컴퓨터 프로그램과 스마트기기용 앱 등의 다양한 매체는 영양교육과 상담 현장에서 적절히 활용될 수 있다. 특히 식품모형은 식품의 일인 분량이나 식품교환단위의 분량을 이해하는 데 도움이 된다. 최근 들어 컴퓨터를 이용한 게임이나 홈페이지, 스마트폰에 탑재 가능한 앱 등의 다양한 매체는 시간과 공간을 초월하여 활용이 가능한 영양교육 도구로 발전하고 있다.

연구과제

1. 영양교육에 활용되는 도구에는 어떤 것들이 있는가? 각각의 도구에 대한 정의와 장단점을 알아보고, 실생활에서 이용할 때에 도출되는 문제점은 없는지 토의해 보자.

2. 미국의 식품피라미드와 우리나라의 식품구성자전거의 차이점이 무엇인지 생각해 보자.

CHAPTER

6

영양교육의 매체

I. 교육매체

II. 매체 개발의 단계

III. 교육매체의 종류

학습 목표

1. 영양교육매체 개발 단계를 알고 개발한다.
2. 영양교육매체의 종류와 특성을 열거할 수 있다.
3. 교육매체의 역할과 학습경험에 대하여 설명할 수 있다.
4. 매체의 종류별 특성을 알고 활용할 수 있다.

I 교육매체

1. 교육매체의 정의와 의사소통

1) 교육매체의 정의

매체는 교육자와 교육대상자 사이에서 교육의 효과를 증대시키기 위하여 사용하는 자료나 기구로 정의한다. 넓은 의미로는 교육자료를 포함하는 일체의 교육환경을 의미하지만, 좁은 의미로는 대개 시청각교육을 의미한다. 언어에 치중하는 전통적인 교육방법 대신에 시각·청각·후각·미각의 구체적인 감각활동을 통하여 교육의 효율화를 꾀하는 방법을 뜻한다.

영양교육에서 흔히 사용되는 매체의 범위는 언어정보를 전달하는 데 사용되는 시청각매체로 리플릿, 팸플릿 외에도 VTR, 영사기, DVD 플레이어, 컴퓨터 프로그램, 어플리케이션(앱) 등이 이에 속한다. 그러나 현대에는 이러한 매체의 개념이 확대되어 시청각교재뿐만 아니라 교사의 메시지 내용, 학습환경의 시설 등을 모두 포함하고 있다.

2) 매체와 의사소통

영양교육에서 매체는 목표 달성에 영향을 주는 매개체이며 교육내용을 대신하지는 못한다. 교육매체는 효율적이고 교육적인 의사소통을 위한 매개체 역할을 한다. 영양교육은 교육을 하는 자와 학습자의 의사소통에 의해서 전달되고 전수받게 된다.

의사소통(커뮤니케이션)이란 메시지를 만들어 전달하는 송신자sender와 메시지를 받아들이는 수신자receiver 간의 메시지의 송수신 과정으로 정의할 수 있다. 송신자(교육자)가 지식이나 기술, 가치 등을 언어나 비언어적 또는 시청각 형태로 제시하면, 수신자는 그 기호를 해독하여 이해하게 된다. 이때 메시지는 의사소통의 채널을 통해서 전달되며 시각, 청각 등 다양한 매체, 즉 통신수단을 이용해 메시지를 전달하며 매체에 따라 정보의 의미와 정확도가 달라질 수 있다.

1950년대에 접어들면서 통신이론의 발달과 함께 교육과정을 일종의 통신과정으로 보게 되었다. 통신이란 교육자인 송신자와 교육대상자인 수신자 사이의 의사소통으로 서로의 지식, 사상, 태도 등을 전달하게 된다. 대표적인 통신이론으로는 벌로Berlo의 SMCR모형을 들 수 있다. SMCR모형은 송신자sender로부터 수신자receiver에게로 정보message가 통로channel인 감각기관을 거쳐 전달되는 통신과정을 분석해 놓은 것이다. 통신과정은 송신자와 수신자의 쌍방적인 상호관계로, 효율적인 통신이 이루어지기 위해서는 송신자와 수신자의 통신기술과 태도, 지적 능력과 사회·문화적 배경이 필요하다. 정보, 즉 전달내용은 조직적이고 체계화되고 통신수단인 감각기관이 활용되어야 한다. 정보감지능력은 감각기관인 시각·청각·촉각·후각·미각을 통해 감지되고, 사고에 의해 가공되어 행동하는 데 활용된다.

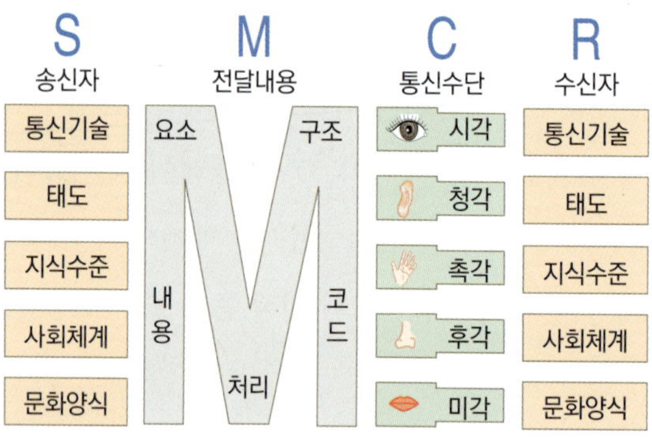

그림 6-1 통신과정의 SMCR모형

영양교육 시 매체를 통하여 교육의 내용을 전달할 때, 전달되는 내용은 받아들이는 수용자(교육대상자)에 따라 달라진다. 예를 들면, 선생님이 같은 내용의 수업을 하더라도 학생들은 다르게 받아들일 수 있다. 학생의 지식 정도나 지리적·물리적 배경에 따라서 다른 결과를 나타낼 수 있고 수신자가 처한 환경에 따라서 그 내용의 전달이 달라질 수 있다는 것을 뜻한다.

3) 의사소통의 과정

영양교육은 원활한 의사소통을 통해서 효과적으로 이루어질 수 있다. 이때 의사소통의 과정에서는 피교육자인 상대방에게 내용을 전달하고 이해시키고 서로 지식을 공유하게 되는 것이다. 영양교육에서 의사소통을 원활하게 하기 위해서는 단지 송신자와 수신자뿐만 아니라 그 밖에 작용할 수 있는 여러 요소를 고려해야 한다. 예를 들면 교실환경, 대상자의 수, 잡음 등이 영향을 주게 된다.

의사소통 과정에는 메시지를 전하는 수단인 채널이나 매체가 반드시 존재한다. 그것은 목소리일 수도 있고 만화, 연극, 동화, 텔레비전일 수도 있다. 모든 커뮤니케이션(의사소통)은 의도적이든 비의도적이든 그 결과가 있는데, 이를 효과라고 한다. 피드백은 의사소통의 과정을 계속 반복, 순환하게 만드는 요소이다. 즉 일방적인 전달이 아니라 수용자가 다시 전달자가 되어 메시지를 되돌려보내는 것이다그림 6-2.

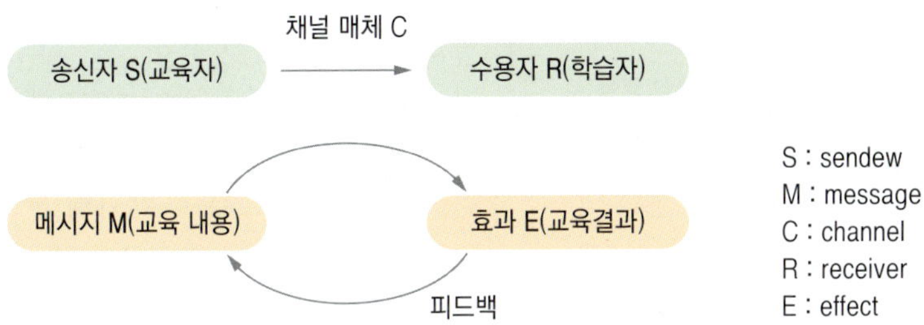

그림 6-2 의사소통의 정보 전달 정

의사소통에는 전달하는 내용이 있다. 그러나 전달내용이라고 하지 않고 메시지라고 부르는 것은, 기호나 상징을 사용하여 내용을 처리한 다음 전달하기 때문이다 즉, 내용을 기호화한 것(예컨대, 내용을 언어라는 수단에 실은 상태)이 메시지이다. 언어나 문화정보와 함께 시각·청각적 자극을 이용하여 정보를 다양한 유형으로 전달함으로써 학습자에게 전달되는 내용을 풍부하게 제공해 준다.

2. 교육매체와 학습경험

1) 학습경험의 분류

학습경험은 지식을 습득하는 데 가장 중요한 요소이다.

데일E. Dale은 교육경험을 크게 행동적·영상적·상징적 경험으로 분류하고, 경험을 구

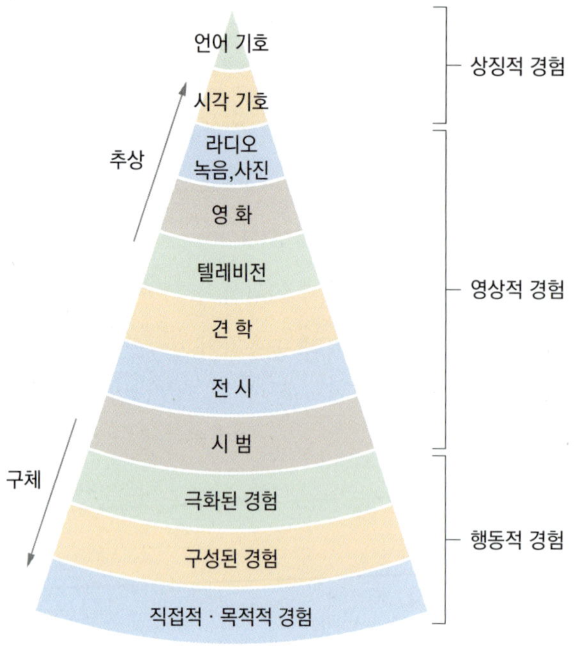

그림 6-3 데일의 경험의 원추 모형도

체적 단계로 세분하여 원추 모형을 이용해 교육 매체의 효율성을 입증하였다. 원추의 아래쪽에 위치할수록 구체적이고 생생한 경험이 되며, 위쪽에 위치할수록 추상성이 높은 경험의 성격을 띠게 된다고 보았으며, 모든 경험을 11단계로 구분하여 설명하였다그림 6-3.

경험 원추의 면적이 위로 올라갈수록 좁아지는 것은 추상적인 것일수록 적게 활용되고, 구체적인 경험을 주는 것일수록 많이 활용됨을 의미한다. 그러나 구체적인 경험은 양도 많고 힘도 많이 들며, 추상적인 경험이 포함되지 않으면 사고판단 등의 정리가 잘 안된다. 반면에 추상적인 경험일수록 같은 시간 안에 필요한 내용을 함축시켜 전달해야 하므로 구체적 경험을 통하여 얻을 수 있는 개념의 양보다 상대적으로 더 많다. 인식능력에서 추상적인 활동은 독립적이 아니라 상호교차되면서 이루어지는데, 시청각 기자재를 이용함으로써 상호관계성을 증가시킬 수 있다.

경험의 종류에 따른 특징을 요약하면 표 6-1과 같다.

2) 학습경험과 매체의 교육효과

인간의 감각 중 지식의 흡수도가 가장 높은 기관은 시각이며, 그다음은 청각이다. 시간이 경과함에 따라 기억력은 시각과 청각을 동시에 활용하였을 때가 시각과 청각을 따로 사용했을 때보다 월등히 높다고 한다. 스스로 해보고 실천하는 것이 가장 오래 기억된다는 것은 "백문이 불여일견"이라는 말에서도 찾을 수 있다. 가장 효과적인 공부는 자신이 그 내용을 경험해 보고 다른 사람에게 가르쳐 보는 것이다. 따라서 영양교육 시 시청각 자료를 잘 활용하면 교육효과를 높일 수 있다.

표 6-1 경험의 종류에 따른 특징

경험의 종류	특징	학습방식
언어기호	글자나 말이 지칭하는 대상의 속성과는 상관없는 임의적 기호	상징적 학습
시각기호	만화·그림·모형 등 실물이나 현상을 인위적으로 생략하거나 강조하여 상징적으로 나타낸 것으로 사진보다는 추상적임	
텔레비전, 영화, 녹음·라디오·사진	관찰에 의한 영상적 학습으로 행동적 학습보다는 구체성이 낮고 더 추상적임	영상적 학습
시범, 견학, 전시	하위 단계의 직접적·목적적 경험, 구성된 경험, 극화된 경험보다는 구체성이 낮은 행동적 학습	
극화된 경험	극에 참여하거나 관람하는 일	행동적 학습
구성된 경험	직접경험과 유사하며, 시공간의 제약으로 직접 경험할 수 없는 상황에서 활용, 직접경험에서 생길 수 있는 우연적인 요소를 생략하고 꼭 필요한 경험만을 인위적으로 제공한다는 점에서 효과적	
직접적·목적적 경험	가장 구체적이고 생생한 것으로 모든 경험의 기초	

표 6-2 경험에 따른 교육내용의 기억 정도

내용	기억 정도(%)
읽은 것	10
들은 것	10~15
보고 들은 것	15~30
해본 것	30~50
실천한 것	75

영양교육자는 교육매체의 여러 특성을 잘 이해하고 교육내용과 대상자의 능력, 흥미, 경험, 교육현장의 상황적 특성을 고려하여 적절한 교육경험을 부여할 수 있는 매체를 이용해야 한다. 매체 사용 시 유의할 점은 무엇보다 설정된 교육목표 도달에 영향을 줄 수 있는 적합한 매체를 선택하는 것이다. 즉 무엇을 교육하느냐에 따라 보조매체가 선택되어야 하며, 내용뿐만 아니라 교육대상자의 특성에 맞게 선택하여야 한다.

3. 교육매체의 역할

영양교육에서 매체의 역할을 요약하면 표 6-3과 같으며, 구체적으로 살펴보면 다음과 같다.

① 교육의 동일한 전달 : 교육내용을 동일하게 전달할 모든 교육대상자는 같은 매체를 보고 듣게 되므로 동일한 메시지를 전달받게 된다. 즉 매체를 통해서 경험의 통일을 가져오며 대상자의 경험 폭을 넓혀준다.

② 강의내용에 대한 동기 유발 : 매체는 교육대상자의 주의력을 끌며, 명료한 메시지, 변화 있는 영상의 전개, 특수효과의 사용 등은 교육대상자를 즐겁게 해주고, 깊이 생각하게 만들며, 동기를 유발한다.

③ 학습의 질을 높임 : 매체는 추상적인 것에서부터 구체적인 것까지 다양한 경험을 할 수 있게 하고, 지식의 요인들을 분명하게 전달할 수 있다.

④ 교육에 소요되는 시간 절약 : 매체를 사용하면 메시지를 전달하는 데 소요되는 시간이 준다. 따라서 많은 양의 정보를 짧은 시간에 교육대상자에게 전달하는 것이 가능해지며 시간을 효율적으로 활용할 수 있다.

⑤ 시공간 접근 유연함 : 강의실 외의 장소에서도 사용할 수 있으므로 학생 개개인이 편리한 시간과 장소에서 학습을 할 수 있다.

표 6-3 교육매체의 역할

역할	내용
교육기능의 표준화	모든 대상자에게 닽은 매체를 통하여 동일하고 보편된 정보를 제공함
흥미유발과 주의집중	더 재미있는 교육을 통하여 학습동기를 유발하고 교육내용의 수용도를 향상시킴
교육시간 단축	정보전달 효과를 높여 다량의 정보를 단시간 내에 전달함
교육의 질 향상	교육내용에 적합한 교육활동이 가능하여 교육목표 달성이 용이함
시공간 접근 편리성	대상자에게 편리한 시간과 장소에서 교육이 가능하게 함
긍정적 학습태도 형성	교육에 대한 호감과 만족감, 교육자에 대한 신뢰도를 향상시킴
교육자 역할 다양화	교육자는 지식의 전달자 및 상담자로서의 역할도 가능해짐

II 매체 개발의 단계

1. 매체 개발 단계: ASSURE 모형

매체의 체계적인 개발과 활용절차를 제시한 하이니히Heinich 등은 영양교육을 위하여 효과적인 매체를 개발할 때 고려해야 하는 요소들을 단계적으로 선택하고 각 단계의 영어 첫 글자를 따서 "ASSURE 모형"으로 제시하였다. 각 단계는 서로 긴밀한 상호 관계 속에서 교육효과를 최대화하는 방향으로 진행되어야 한다.

표 6-4 매체 개발의 단계

ASSURE 모형	1. 교육대상자 집단의 특성 분석Analyze learner characteristics 2. 매체의 목표 설정State objectives 3. 매체의 선정 및 제작Select or design materials 4. 매체의 활용Utilize materials 5. 교육대상자의 반응 확인Require learner response 6. 매체의 총괄평가Evaluate

2. 매체 개발의 단계

1) 교육대상자의 특성 분석

매체를 통해서 전달하고자 하는 교육내용과 수준은 대상자의 특성에 알맞게 결정되어야 하므로, 교육대상에 대한 특성을 분석할 필요가 있다. 교육자는 교육대상자의 연령·학력·직업·기호·경제적 수준·사회문화적 환경 등의 일반적인 특성과 그들의 문제점·요구·지적 수준 등을 파악하고 있어야 한다.

영양교육의 주체에 대한 대상자들의 지식, 태도, 행동수준이나 잘못된 지식, 대상자의 행동변화에 대한 장애요인 등을 사전에 인지하는 것이 필요하다. 또한 이미 공개된 정부나 단체의 각종 통계자료를 함께 이용한다.

2) 매체를 이용한 교육의 목표 설정

(1) 목표의 기술

① 교육대상자가 해야 할 것이 무엇인지 기술한다.

② 교육대상자의 행동이 관찰 가능한지에 대해 기술한다.

③ 행동이 나타날 수 있는 상황에 대해 기술한다.

④ 목표가 도달되었는지의 여부를 정의할 수 있는 표준을 설정한다.

(2) 목표영역의 설정

목표가 지적 기술과 능력개발을 위한 인지 영역인지, 흥미 또는 태도와 관련되는 정의적 영역인지 우선순위 영역을 정하도록 한다.

(3) 적절한 전략 선택

목표가 있고, 그 목표의 영역을 설정한 다음, 선택한 영역의 의사결정에 필요한 도구를 택한다. 도구에 관한 전략의 예를 들면, 인지 영역에서 ① 확인하기, ② 명명하기, ③ 기술하기, ④ 순서화하기, ⑤ 구조화하기의 다섯 가지 전략을 택할 수 있다. 정의적 영역에서는 흥미나 동기화, 태도나 가치 등과 관련된 전략을 택하면 된다.

3) 매체의 선정과 제작

(1) 매체의 선정 기준

매체는 교육목표, 대상자의 특성, 그리고 환경적 조건에 따라 올바르게 선택하거나 제작하는 것이 매우 중요하다. 1972년에 브라운Brow 등이 『교육매체관리*Administering Educational Media*』에서 제시한 매체의 일반적인 선택과 평가의 기준은 표 6-5와 같다.

표 6-5 매체 선정기준

기준	고려할 사항
적합성	• 매체의 목표는 영양교육의 목적과 목표에 적합해야 함 • 매체의 목표 달성에 필요하고 대상자가 수용할 수 있는 내용이어야 함 • 매체에 사용된 용어의 수준, 제시방법 등이 대상자의 특성에 맞아서 매체에 대한 대상자의 이해도가 높아야 함
구성과 균형	• 매체의 내용이 한쪽으로 치우치지 않고 적절하게 구성되어 있어야 함 • 삽입된 음악이나 배경, 그림 등도 전체적으로 잘 구성되고 균형 잡혀 있어야 함
신뢰성	• 매체를 통해 전달되는 정보는 과학적인 근거가 충분한 올바른 정보여야 함
경제성	• 선정된 매체 구입비용이 예산을 초과할 때는 대체할 수 있는 매체의 종류를 알아보거나 직접 제작할 수 있도 있어야 함 • 내구성이나 보수 및 관리 비용 등도 고려함
효율성	• 매체 제작이나 활용에 소요되는 시간과 노력에 비해 효과가 커야 함
편리성	• 대상자에세 활용할 때 교육자나 대상자 모두에게 편리한 매체여야 함
기술적인 질	• 매체의 전체적 완성도로서 매체의 색상, 재질, 글자, 그림, 음악, 안전성 및 제작연도를 확인함
흥미도	• 대상자의 흥미와 호기심을 충족시키면서 속도감과 변화가 있어야 함

(2) 매체 제작

대상자의 특성, 매체의 목표, 매체의 종류 및 특성과 매체를 활용하는 영양교육방법 등을 검토하여 매체를 개발한다.

① 내용 수집

대상자들에게 매체를 통해서 전달하고자 하는 정보, 즉 매체의 목표에 적합한 내용을 수집한다. 특히 매체의 목표 가운데 행동 변화에 초점을 맞추어서 매체의 내용이 실생활에서 얼마나 실천 가능하고 적용 가능하도록 한다.

균형식을 위한 매체라면 균형식의 중요성을 강조하기보다는 균형식의 실천 방법을 제시하는 것이 더효과적이다.

② 내용 구성

매체의 내용에는 단순성과 통일성이 있어야 한다. 대상자들에게 너무 많은 정보보다한 번에 한두 가지 정보만을 제시한다. 복잡한 내용은 간단한 내용부터 복잡한 순서로 내용을 분류하고 단계별로 구성하여 내용을 단순화시킨다.

(3) 사전평가 및 수정·보완

사전평가는 매체에 대한 대상자들의 반응을 측정하는것으로 대상자들에게 적합한 매체를 제작하기 위해 수정보완되어야 할 요소를 확인하는 과정이다. 사전평가의 요소는 매체에 대한 대상자들의 이해도, 흥미도, 수용도이다.

사전평가 결과 대부분의 사전평가 참여자들이 매체의 내용을 이해하지 못하는 경우, 정보 전달을 방해하는 경우, 매체의 체제나 구성이 대상자들의 호감을 이끌지 못하는 경우, 대상자들의 문화와 맞지 않아서 대상자들과 무관한 경우 등 근본적인 문제가 지적되면 매체 개발단계부터 검토하여 수정·보완하여야 한다.

4) 매체의 활용

실질적인 교육매체의 활용을 위해서 실제 교육 전에 검토하고 시범적 활용, 교육환경 준비 외 실제 교육활동을 시작하여야 한다. 구체적 활용절차와 내용은 표 6-6과 같다.

표 6-6 매체의 활용절차

절차	내용
1. 실제 교육 전 매체에 대한 검토	• 교육 전 내용을 면밀히 검토하여 충분히 숙지 • 대상자의 특성, 매체의 종류·제목·목차 및 내용·활용방법·제시시간·제작자 및 출처·제작일 등을 기록하여 매체에 첨부하고 활용
2. 매체의 시범적 활용	• 여러 종류 매체를 준비했을 때는 활용시간을 배정하여 단계적으로 제시하고 활용 • 교육자가 자신감을 갖고 교육에 임할 수 있도록 익숙해질때까지 여러 번 활용하는 연습 필요
3. 교육환경 준비	• 교육 환경의 환기, 온도, 밝기 등을 확인하고 안락한 의자 준비 • 매체 활용에 필요한 시설, 장비 등의 준비 확인
4. 매체를 활용한 실제 교육활동 시작	• 대상자들에게 영양교육의 목적 및 목표에 대해 설명 • 활용할 매체의 종류와 내용에 대해 간단히 소개하고 교육 시작

III 교육매체의 종류

1. 영양교육 매체의 분류와 특성

1) 제작방법에 따른 분류

인쇄매체, 전시·게시매체, 입체매체, 영상매체, 전자매체로 분류할 수 있다표 6-7. 이는 시각을 주로 이용하는 게시판·융판·그림·만화·신문·사진·실물·표본·모형 등과, 청각을 주로 이용하는 녹음자료·라디오·방송 등과, 시청각을 주로 이용하는 녹음된 슬라이드 세트·영화·인형극·그림극·견학·텔레비전 방송 등으로 분류할 수 있다. 각각의 매체마다 전달대상과 내용의 한계가 달라지며, 불특정 다수인을 대상으로 대량의 정보를 일시에 신속히 전달하는 대중매체도 있다.

표 6-7 제작방법에 따른 매체의 종류

인쇄매체	전시·게시매체	입체매체	영상매체	전자매체
팸플릿, 유인물, 광고지, 벽신문, 신문, 소식지, 포스터, 만화, 스티커, 달력, 카드 등	전시, 게시판, 괘도, 도판, 도표, 그림, 융판자료, 사진 등	실물, 표본, 모형, 인형 등	슬라이드, 실물화상기, 영화, OHP, VTR, DVD 플레이어 등	라디오, 녹음자료, 텔레비전, 컴퓨터, 팩스, 앱 등

2) 감각기관에 따른 매체의 분류

(1) 시각매체

시각을 주로 하는 매체에는 인쇄매체, 게시매체, 영상매체 등이 있다. 그림, 만화, 카드, 게시판, 융판, 사진, 그림책, 실물, 도형, 포스터, 그림으로 만든 괘도, 슬라이드, 영화 등이 있다.

(2) 청각매체

녹음테이프, 레코드, 방송, 여러가지 악기 등이 있다.

(3) 시청각 겸용 매체

시청각을 겸한 것으로는 녹음된 슬라이드 세트, 발성영화, 그림이야기, 견학, 텔레비전, 인형극 등이 있다.

표 6-8 이용에 필요한 감각기관에 따른 매체의 분류

시각 위주의 매체	청각 위주의 매체	시청각 매체
게시판, 사진, 실물, 표본, 모형, 융판, 그림, 만화, 신문, 잡지 등	녹음자료, 라디오 방송 등	녹음된 슬라이드 세트, 영화, 인형극, 견학, 텔레비전 방송 등

컴퓨터 통신은 뉴 미디어, 즉 새로운 대중매체이며 기존의 매체가 갖는 별개의 기능을 복합적으로 수행하므로, 다기능 매체의 의미로 멀티미디어라고도 한다.

3) 교육매체별 장단점

모든 매체는 영양교육의 목표와 목적을 이루기 위한 수단으로 이용된다. 각 매체의 장단점을 요약하면 다음의 표 6-9와 같다.

표 6-9 매체의 유형과 장단점

방법	주된 장점	주된 단점	비고
시연	• 참여자가 적극적일 수 있고 실천을 통한 학습이 가능 • 청중은 실천 가능성에 관한 확신을 가짐 • 영양교육자의 능력에 관하여 신뢰함	• 시연주제와 장소에 관한 세심한 준비와 선택이 필요 • 외적인 요건이 시연결과에 영향을 미쳐 신뢰를 감소시킬 가능성이 있음	• 시연과정의 사전 연습 및 청중 참여 독려할 필요 • 교육자료는 시연의 끝에 참여자들에게 배부할 것 • 청중이 출석 가능한 시간과 장소의 선택이 요건이 됨
라디오, 신문, 텔레비전	• 라디오는 문맹자에게도 교육이 가능 • 신문은 문자해독이 가능한 계층에 정보 제공 • 이슈에 관한 인식을 창조하고 관련 활동에 관하여 홍보함	• 라디오에는 시각자료의 사용 불가, 시간적인 제약성 • 정규 프로그램은 일방통행적인 의사소통 강요, 효과의 평가가 불가능 • 전국적인 청중대상이므로 지역적인 문제와 거리가 있을 가능성이 있음	• 대중매체 프로그램이 지역적인 문제와 부합될 것 • 집단토의와 병행되면 더 효과적임

(계속)

방법	주된 장점	주된 단점	비고
대중매체 집단 청취	• 대중매체와 개인의 채널 조합 • 많은 청중을 대상으로 여러 번 이용 가능 • 집단참여의 독려 가능	• 집단을 모으거나 훈련지도자, 교육자료 준비과정 필요 • 고비용의 가능성이 있음	• 규칙적으로 이루어질 것 • 참여자에게 교육자료를 제공할 것 • 성인교육 강화에 유용 • 프로그램 선택은 지역적인 것에 부합될 것 • 역할극과 집단토의 및 지역인사와의 인터뷰 자료로도 이용이 가능함
칠판	• 융통성 있는 도구 • 적절히 이용되면 매력적임 • 색분필의 이용으로 시각효과의 유도 • 지참 가능	• 교육기술과 약간의 기능이 필요함	• 모든 집단에 기본적임, 개략적인 요약 발표나 토의에 유용 • 청중도 참여 가능 • 필기는 분명하고 조직적일 것
플란넬판	• 운반 전문가에 의해 미리 준비 가능 • 실제 사용에 큰 기술이 필요치 않음 • 발표가 더 역동적일 수 있음	• 준비된 것만 사용 가능 • 그룹의 관심변화 유도에 사용 불가능 • 칠판보다는 세련된 편이나 계속 편집 • 준비하기 어려움	• 매우 유용하나 단지 준비된 내용에 국한됨 • 청중의 참여 가능성 단계적으로 사용될 것 • 사용자료는 다음을 위하여 적절히 관리될 것 • 도형은 발표순서에 따라 일련번호를 붙일 것
게시판	• 충격적인 효과 유도가 가능하고 정보 세공직이고 도형회 기능 • 융통성 있음 • 지역신문을 대신할 수 있는 기능 • 새로운 정보를 계속 제공할 수 있음	• 준비가 필요하고 지역사회의 필요에 관심을 가져야 함	• 지도, 사진, 상담 등과 병행될 것 • 발전에 관한 기사, 알림, 뉴스 등에 적합함
차트	• 저렴하고 간편, 수시로 분석을 위하여 중단될 수 있음 • 지역에서 제작이 가능 • 아이디어를 연속적 그림으로 표현 가능 • 다른 시각과 다른 청중에 반복사용이 가능함	• 쉽게 찢어짐 • 적은 수의 청중만 볼 수 있고 복잡한 아이디어를 표현하기는 어려움	• 강연 준비가 되어야 함
영화	• 시청각 기능으로 청중을 끌어들임 • 대규모의 청중에 정서적인 접근이 가능함	• 좋은 영화가 드물고 장비의 구입과 관리에 비용이 많이 듦 • 적절히 이용되지 않으면 일방통행식 의사소통이 됨 • 영사기의 활용에 기술이 필요함	• 집단토의와 병행하면 더 효과적 • 좋은 영화의 선택이 중요 • 청중이 평가하도록 격려할 필요가 있음 • 단독적으로 교육자료로 이용되기보다는 토의자료로 이용되는 것이 바람직함
스트립	• 필름보다 저렴하고 운용이 용이 • 토의를 유도할 수 있음	• 보통 시각자료뿐, 움직이는 영화에 비해 덜 역동적임 • 고비용의 위험도 있음	• 실록으로 기록 가능 • 잘라서 슬라이드 자료로 이용 가능

자료 : 박혜련. 국민영양, 1998

2. 인쇄매체

1) 팸플릿

팸플릿은 대상자들이 교육내용을 이해하기 쉽게 7~8장 정도로 만든 것으로 강습교재용, 영양상담용 등의 양식이 있다.

팸플릿은 글자만으로 편성되면 흥미를 잃기 쉬우므로 그림 또는 도표를 삽입한다. 흑백, 삼색 또는 천연색 등 여러 가지 인쇄법으로 만들 수 있으며, 흑백판이 가장 싸고 천연색은 비싸지만 팸플릿도 색채가 있는 것이 대중으로부터의 반응이 크다.

팸플릿의 글자 수가 너무 많으면 읽는 데 부담을 주므로, 내용이 많아질 경우에는 시리즈식으로 내용을 세분화하여 한 책자의 분량을 감소시킨다.

여러 가지의 팸플릿 및 리플릿을 배부하는 경우에는 일시에 배부하면 대상자들에게 중압감을 주기 쉬우므로, 한 가지씩 주어 한 가지 설명이 끝나면 다른 것을 배부하는 방법이 일시에 전부를 배부하는 방법보다 효율적이다. 강습회인 경우에는 진행에 따라 서서히 배포한다.

여러 종류의 자료를 배부할 때에는 봉투 또는 케이스에 포장할 수 있도록 배려한다.

그림 6-4 팸플릿의 예

자료 : 식품의약품안전처

2) 리플릿

리플릿은 종이를 2~3번 접어서 만든 인쇄물로, 펴 보면 한 장이 되는 형태이다. 따라서 종이가 너무 얇으면 볼품도 없거니와 구겨지기 쉽다. 두꺼운 종이를 사용하고 그림이나 사진을 많이 넣어서 만든다.

그림 6-5 리플릿의 예
자료 : 식품의약품안전처

3) 전단지

전단지는 한 장의 종이에 간단히 인쇄한 것이며, 신문 속에 끼워 신문과 함께 배부하거나 전시회장 또는 지도차원에서 대중 및 집단에 배부한다.

전단지는 강습회 및 요리경연대회 등의 개최를 예보하는 데 이용되거나, 간단한 지도자료와 함께 연락에도 사용된다. 그러나 한 번만 사용하고 장기간 보존할 수 없으므로 고급종이를 사용할 필요는 없다. 전단지는 첫 문구가 대중의 관심을 끌 수 있는 내용이어야 한다.

4) 포스터

포스터는 대상자에게 전하고 싶은 내용을 간단하고 빠르게 기억하도록 하기 위해 사용하는 보조매체로 건강검진 표어, 안전사고 예방 등 행동변화를 목표로 인상적으로 제작하게 된다. 포스터를 붙여 놓으면 대상자가 원하는지의 여부에 관계 없이 보게 되므로 교육하고자 하는 정보를 전달할 수 있다.

단독으로 지도 효과를 올리기는 어려우나 영양개선 주간이나 특별 행사기간에는 활동의 주요 과제를 되새겨서 생각하게 하므로, 행사할 때 함께 사용하면 효과적이다.

포스터를 제작할 때에는 대중의 눈에 띄게 만들고, 색채와 글씨, 그림의 비율에 유의하며, 가능한 한 글씨를 적게 사용하고 그림이 커야 한다. 색채는 명도의 차이가 큰 것을 채택하며 보색관계의 배색은 피한다.

포스터 내용은 간단명료해야 하고, 한 장의 포스터에 너무 많은 내용을 담으려고 하지 말고, 중요한 문구는 글자의 크기나 색으로 강조하도록 한다. 또한 그림으로 나타낸 내용이 한 눈에 무엇을 나타내는지 알 수 있도록 내용과 그림이 잘 맞아야 한다.

포스터는 장기간 붙일 수 있다는 점을 활용해 건강에 관한 새로운 정보나 지식을 장시간 알려야 할 때 유용하다.

그림 6-6 포스터의 예
자료 : 식품의약품안전처

5) 벽신문 및 스티커

벽신문은 직장이나 학교식당, 사람들이 많이 모이는 보건소 등의 장소에 게시한 것으로 글씨의 크기가 3m 거리에서도 읽을 수 있고 글씨의 수가 적어야 한다. 영양 및 요리에 관한 이야기 등 흥미로운 내용으로 구성한다. 포스터보다 읽는 데 시간이 더 걸리지만 흥미를 갖게 하면 대중은 계속해서 다음의 벽신문을 읽게 된다.

스티커는 간단한 슬로건이나 그림, 도안 등을 인쇄한 것으로 길가의 전신주나 식당, 대합실, 또는 학교의 복도나 화장실의 벽 등에 붙여 놓은 것이다. 어린이들에게 각종 식품 스티커를 나누어 주고 곡류 및 전분류, 채소 및 과일류, 생선·육류, 계란·콩류, 우유 및

그림 6-7 스티커의 예

유제품, 유지 및 당류로 구분하여 식품 스티커를 붙이게 하면 식품의 종류를 익히는 데 도움을 줄 수 있다.

6) 정기 간행물

간행물은 한 달에 한 번 정도 간행되는 것이 가장 흔하며 비용을 절약하기 위해 계절별로 만들 수도 있다.

지역사회 주민, 연구집단, 급식관리지원센터에 등록된 어린이집 교직원과 학부형, 병원 및 보건소의 외래환자들을 대상으로 제작, 배부한다. 중심이 되는 기사를 나타나게 하며, 만화식 기사도 게재하는 등 대상들에게 적합한 내용으로 편집한다.

그림 6-8 용인시 급식관리지원센터 소식지
자료 : 용인시 어린이 급식관리지원센터

3. 전시 · 게시 매체

1) 차트

차트는 강의, 지도, 대화를 나눌 때의 좋은 자료가 되도록 통계도표, 그림, 사진 등을 넣어서 만든 것이다. 차트를 설명하면서 지도하면 내용을 더 쉽게 이해하게 되므로 지도 효과를 높일 수 있다. 학교급식, 직장급식 등에서는 급식의 영양정보를 차트에 담을 수도 있다.

2) 패널

그래프, 지도, 사진, 그림, 문장 등을 한 장의 종이에 들어가게 하며, 판에 발라 가장자리를 붙여서 튼튼하게 만든 것을 패널이라고 한다. 전시적 지도의 효과가 크며, 보건소의 대기실 등에 많이 이용한다.

그림 6-9 패널
자료 : 식품의약품안전처

3) 융판

플란넬 판은 털이 비교적 긴 모직, 벨벳 또는 면우단 등의 천으로 녹색을 가장 많이 이용한다. 이러한 천을 베니어판에 편편하게 붙이거나 벽에 붙여서 흑판 대신에 사용하고, 휴대용도 소형으로 만든다. 실물과 같이 그려서 가위질을 한 그림이나 사진의 이면에 같은 플란넬 또는 벨벳을 붙여 양쪽의 천을 밀착할 수 있도록 한다. 그림의 뒷면에는 고성능 풀로 고운 모래를 붙여도 되지만 너무 많이 붙이면 무거워서 플란넬 판에서 떨어지기 쉽다.

식품의 분류, 식품구성, 6가지 기초식품군 등을 설명·지도하는 경우에 편리하고, 지도 시 판에 붙이는 그림을 자유롭게 움직일 수 있는 점이 장점이다.

융판 활용 시의 이점

- 다른 교육매체에 비해 그림 등으로 손쉽게 만들 수 있어 경제성이 높다.
- 쉽게 반복해서 보여줄 수 있다.
- 휴대가 편리하여 어느 곳이나 가지고 다니면서 활용하기 편리하다.

그림 6-10 전시 · 게시 매체(수원시 보건소)

4. 영상매체

1) 투시환등기와 실물환등기

OHPover head projector는 투시환등기에 해당되며 교실 또는 회의장을 이용할 때 편리하게 활용할 수 있다. 셀로판지 위에 미리 도표, 그림 등을 그려 놓고 흑판 대신 이용하며, 때로는 즉석에서 그려서 사용할 때도 있다. 영사기나 환등기와 달리 영양교육에서 널리 활용하기 좋은 교육매체이다.

투시환등기 또는 실물화상기를 사용하기 위해 필수적으로 있어야 되는 것이 투명비닐 TP : transparency이다. TP는 투명하기 때문에 그림이나 글씨를 쓰면 색과 형태가 그대로 반사되어 화면에 비치게 된다. 필요한 자료는 복사기를 통해 복사하거나 컴퓨터로 바로 제작하여 사용할 수 있고, TP에 그때그때 유성 컬러펜으로 그려 넣을 수도 있다. 실물화상기는 투명비닐 없이 그대로 그림이나 자료를 보여줄 수 있어 많이 보급되었다.

2) 동영상과 슬라이드

슬라이드와 동영상은 대리경험을 통해 직접 경험하기 쉽지 않은 현장 탐험이나 장시간 실험내용 등을 쉽게 이해시키는 데 사용하며 직접적인 경험에 비하여 시간과 비용 및 노력이 적게 든다. 영화는 OHP와 달리 움직이는 과정을 보여줄 수 있고, 실물이나 실상황을 확대하거나 축소해서 보여줄 수도 있으며, 교육에 맞게 필요한 요소만을 축약해서 보여줌으로써 대상자의 이해를 돕는 데 유용하다.

동영상의 장점은 다음과 같다.

① 대상자 각각에게 같은 사물을 정확하게 같은 각도에서 볼 수 있도록 한다.
② 분명하게 설명을 들을 수 있도록 한다.
③ 자세하게 볼 수 있게 한다.
④ 대상자의 개인차를 최소화하면서 동일한 경험을 줄 수 있다.
⑤ 특히 특정 부분을 반복해서 보여줄 수 있다.

표 6-10 유아 영양교육을 위한 동영상

제목	동영상
단 음식은 조금만 먹어요! (포포의 달콤나라 여행)	

자료 : 수성구 어린이급식관리지원센터

5. 입체매체

실물이나 표본, 모형, 인형 등의 입체적 시각자료는 교육내용의 추상적인 개념을 대상자들에게 실제적이고 구체적인 경험으로 제공하게 된다. 특히 실제 경험에 가까운 실물에 해당하는 모형, 표본, 인형 등은 이해도를 높여주므로 교육에 효과적이다. 어린이는 성인에 비해 생활경험과 이해력이 부족하므로 그림이나 사진, 게시자료 등과 같은 평면적 자료만 가지고는 사물이나 상황의 입체적 성격까지 추측하기가 어렵다. 따라서 실물이나 표본, 모형 등과 같은 입체매체를 경험하도록 하는 것이 좋다.

1) 실물

실물은 직접적이고 입체적인 교육이 가능하므로 가장 효과적인 시각교육자료이다. 그림이나 사진 속의 식품보다는 실제 식품을 보여주고, 조리과정을 관찰하도록 하면서 음식 맛을 보게 하는 것이 좋다. 그러나 휴대가 불편하고, 계절적으로 구하기 어려운 경우도 있으며 부서지기 쉬워 그 실용성이 부족하므로 이러한 단점을 보완한 모형을 많이 활용하고 있다.

2) 모형

모형은 실물이나 표본을 원형 그대로 또는 알맞은 크기로 만들어 놓은 것이다. 대상자들이 직접 만져 보면서 크기나 색상, 모양 등을 제대로 인식하여 구체적인 경험을 얻을 수 있도록 한다.

모형의 재료에는 나무, 금속, 진흙, 파라핀, 석고, 플라스틱 등이 있는데, 실물의 자연색을 그대로 재현하기에 용이한 재료는 파라핀과 플라스틱이다.

모형은 그 활용되는 특성에 따라 형태모형, 단면모형, 조립모형, 무크업으로 나눌 수 있다.

조립모형은 실물로는 직접 조립하거나 분해하기 어려운 경우, 실물의 각 부분을 단순화시켜서 전체와 각 부분 간의 상호관계를 알기 쉽게 만들어 놓은 것이다. 무크업이란 직접 작동시켜 볼 수 있는 모형으로 조작모형이라고도 한다.

그림 6-11 식품모형의 예

3) 인형

인형은 어린이들에게 동화적인 세계를 다양하게 경험시키고 상상력을 자극하며 부드럽고 친밀한 정서를 키우는 등 그 교육적 가치가 큰 교육매체이다. 어린이들에게 교육내용에 대한 흥미를 더해주고 교

평면적인 인형　　입체적인 인형

그림 6-12 인형의 종류

육적 활용에 용이하며 다양한 주제를 다룰 수 있다. 인형의 종류로는 조작방법에 따라 손가락 인형, 손 인형, 그림자 인형, 탈 인형 등이 있다.

4) 페프사트

페프사트는 여러 가지 식품, 큰 유아, 작은 유아 등을 종이에 크게 그려서 오린 후에 손에 들거나 머리에 붙이거나, 또는 고무 밴드로 손에 붙여 노래를 하거나 극에 활용한다.

5) 디오라마

디오라마diorama는 전시자료의 일종으로서 실제 장면과 사물을 축소하여 입체감 있게 제시해 놓은 것으로 현실감을 줄 수 있다. 또한 제작이 어렵지 않고 제작비가 저렴하여 쉽게 제작할 수 있고, 제작과정에 어린이들을 참여시킬 수 있어서 흥미를 불러일으킨다. 배경으로 이용되는 그림이나 사진과 같은 평면매체와 모형이나 표본과 같은 입체 매체를 함께 제시함으로써 입체감·원근감을 나타낼 수 있다.

그림 6-13 디오라마

6. 각종 게임

대상자가 직접 참여하는 퍼즐, 퀴즈, 색칠하기, 시장놀이, 숨은그림찾기 등의 매체는 흥미도를 높일 수 있다.

1) 퍼즐 게임

대상으로 다양한 식품들이 한데 어우러진 모습을 그린 후 다양한 모양으로 오려내고, 오려낸 모양을 모아서 다시 원래의 그림이 되도록 하는 게임이다.

그림 6-14 어린이 영양 관련 게임
자료 : 식품의약품안전처

2) 색칠하기

다양한 식품이 그려져 있는 종이에 색칠하면서 식품군별 식품을 알게 하는 학습 놀이이다.

3) 식품구성 알기

식품구성자전거의 모형과 각 식품의 그림이나 사진을 만들어 붙였다 떼었다 하는 등 자유로이 움직일 수 있으므로, 융판 자료의 형식으로 볼 수 있다. 또한 게임 및 모형이용, 동영상 게임으로 교육할 수 있다.

4) 주사위놀이

건강한 식행동의 경우에는 전진을, 올바르지 못한 식행동의 경우에는 후퇴를 명령하여, 즐겁게 영양정보를 받아들이게 한다. 또한 놀이판에는 다양한 내용의 메시지를 넣어서 주사위판의 말을 옮길 때마다 자연스럽게 읽을 수 있게 하고, 좋은 식행동에서는 사다리를 타고 여러 단계를 뛰어넘거나 나쁜 식행동에서는 뱀을 타고 뒤로 다시 내려가는 변화를 준다.

5) 시장놀이

음식 모형이나 실제 음식을 진열하고, 교육대상자가 선택하게 한다.

참여하는 대상자들을 식품을 파는 팀과 사는 팀으로 나누고 시장놀이를 하고, 그다음 다시 상인 팀과 식품을 사는 팀을 바꿔 시장놀이를 계속해서 실시한다.

6) 길 찾기

건강에 해로운 식행동과 관련된 그림 속에서는 도착지에 갈 수 없도록 고안하여 바람직한 식생활과 관련된 길만 따라가도록 유도하는 그림을 이용한 방법이다그림 6-15.

그림 6-15 건강한 길 찾기

자료 : 식품의약품안전처 홈페이지; 서정숙 외, 2021

7. 전자매체

1) 비디오테이프

비디오테이프는 교육현장에서도 쉽게 활용할 수 있는 장점을 가지고 있다. VTR videotape recorder은 비디오테이프에 영상과 음향을 전자적으로 기록하고, 필요에 따라 이를 재생하는 녹화기로 현재 많이 사용되고 있다. VTR은 어떤 동작이나 움직임을 사실적으로 나타내 줄 뿐만 아니라 음향, 색채, 조명 등 여러 가지 입체적인 효과로 현실성 있는 경험을 줄 수 있고, 어떠한 현상이나 연속된 사건에서 그 시간적 요인을 조작할 수 있다.

테이프는 단순히 기록만 할 것이 아니라 테이프 토론회의 형식도 갖출 수 있다. 토론, 회의, 강연회 등을 녹음을 해두면 필요한 부분을 재생해서 나중에 사용할 수 있고, 슬라이드 및 영화를 해설할 때 사용하면 도움이 된다.

2) 동영상과 CD-ROM

CD-ROM과 동영상 매체를 활용하는 경우 다양한 색상과 움직임을 묘사하는 컴퓨터 그래픽과 효과음 등으로 현실성 있는 교육기회를 제공하므로 대상자가 호기심을 갖게 되고 교육에 대한 흥미가 지속되며, 주의집중에 효과적이다. 또한 게임 등으로 개발되어 교육자와 대상자 사이의 상호작용을 도모하고 교육효과를 강화할 수 있다.

그림 6-16 동영상과 CD-ROM

자료 : 식품의약품안전처

3) 라디오와 방송

라디오는 다른 일을 하면서 청취할 수 있으므로 영양과 건강 등의 교육매체로 활용할 수 있다. 학교 및 공장 등의 방송설비가 있거나 유선방송이 있는 농촌에서는 방송에 의해 영양지도가 가능하다. 라디오 프로그램은 음원파일로 인터넷에서 재생이 가능하다.

4) 텔레비전·대중매체

대중매체인 텔레비전은 다양한 정보를 많은 사람에게 전달하는 방법이 된다. 텔레비전이 기대했던 만큼의 성과를 거두지는 못하였지만 보건교육의 수단으로의 활용도는 좋은 편이다. 그러나 현재로서는 적절한 프로그램이 부족한 것이 문제이다. 15장 '대중매체'에서 자세히 다룬다.

5) 컴퓨터와 인터넷, 앱

컴퓨터와 인터넷의 발달은 다양한 프로그램을 만들어 영양교육에 활용할 수 있다. 컴퓨터 매체를 교육기술로 생각하기 쉬우나 이는 하나의 도구로 생각하는 것이 좋다. 컴퓨터와 인터넷 매체는 제9장에서 다루도록 한다.

연구과제

1. 보육시설, 학교, 보건소, 산업체 등에서 수행하고 있는 영양교육 프로그램에 대하여 알아보고 이 프로그램에서 사용하고 있는 매체들을 수집하여 정리해 보자.

2. 학생과 청소년 · 노인을 위하여 영양교육을 계획할 때 사용할 매체를 만들어 보자.

CHAPTER

7

영양판정

학습 목표

1. 영양판정을 위한 영양검진의 필요성과 기준을 설명할 수 있다.
2. 다음 영양상태를 판정하기 위한 방법을 열거할 수 있다.
   - 개인별 직접 평가 방법 • 인구집단의 간접 평가 방법
3. 다음 식사조사법의 특징을 설명할 수 있다.
   - 식사기록법 • 24시간 회상법 • 식품섭취 빈도법 • 식사력 조사
4. 다음 신체계측법의 특징을 설명할 수 있다.
   - 신장, 체중, 머리둘레, 가슴둘레 측정 • 체중 변화 • 신체지수 • 체지방조직 측정
5. 임상조사법의 특징을 안다.
6. 다음 생화학검사법 2가지 종류의 특징을 열거할 수 있다.
   - 성분검사 • 기능검사
7. 집단에 적합한 영양판정 방법을 계획할 수 있다.
8. 국민건강영양조사의 목적과 자료의 활용방안을 설명할 수 있다.

I 영양판정의 의의

1. 영양판정의 정의와 목적

영양판정은 식품과 영양소의 섭취수준과 영양과 관련된 건강지표의 측정을 통해 영양상태 손상 여부와 정도 및 손상 특징을 평가한다.

궁극적으로 질병 예방을 통한 건강상태의 개선이며, 영양판정의 구체적인 목표는 영양교육이나 상담이 요구되는 영양문제를 식별해 내고, 문제해결을 위한 영양개선 계획의 방향 설정 등에 관련된 정보를 얻는다. 또한 영양개선 계획의 시행 후 그 효과평가를 위해 또는 모니터링이나 추후관리에 영양판정이 필요하다.

2. 영양판정의 활용

영양판정은 국가에서 국민의 영양상태 파악과 영양정책의 계획수립에 이용된다. 또한 지방자치단체의 보건소, 학교, 산업체, 병원 등에서 주민·학생·근로자·환자들의 영양관리 시 계획, 실행, 효과 판정에 이용된다. 마지막으로 식사와 질병의 상관성을 분석하고, 식사와 관련된 질병을 감소시키기 위한 다양한 연구에서도 중요한 도구로 이용된다.

영양교육 현장에서 모든 피교육자의 영양상태를 판정하는 것은 쉽지 않다. 대부분 시간과 인적·물적 자원이 제한되어 있다. 그러므로 우선 전체 피교육자의 간략한 영양상태 선별검사nutritional screening를 통하여 영양적으로 취약하거나 위험한 대상자를 선별해 내고 그들만을 대상으로 상세한 영양상태를 판정하는 것이 효율적일 수 있다.

영양판정의 방법 선택 시 고려해야 할 요인

- 영양상태를 평가하는 이유
- 조사자료 분석의 용이성
- 평가도구의 신뢰도와 타당도
- 비용, 인력, 시간 등
- 평가할 내용의 종류(질적 평가, 양적 평가)와 양
- 조사대상자(수, 부담, 능력 또는 기술 등)
- 조사자의 훈련 필요성

II 영양판정의 분류 및 방법

영양판정이 정확하려면 직접 및 간접 평가의 결과들이 종합적으로 검토되어야 한다. 개인을 대상으로 하는 직접 평가로는 신체계측anthropometry, 생화학적 검사biochemical test, 임상조사clinical observation 및 식사조사dietary survey가 있으며 흔히 이들을 ABCD 접근법이라고 부른다.

반면 간접 평가는 주로 집단 전체를 대상으로 하며 보건통계분석, 식품공급 상황 조사 및 영양 관련 환경인자를 평가하는 식생태 조사로 이루어진다. 식생태 조사는 개인별 영양판정 방법의 하나로 포함되기도 한다.

1. 직접평가

1) 신체계측법

(1) 신체계측법의 특징

체격 크기와 신체 조성을 측정하고 이들로부터 여러 신체지수를 산출하여 기준치와 비교 평가하는 것이 신체계측법이다. 영양은 신체의 성장과 신체 조성(지방, 근육, 체수분량 등)에 지대한 영향을 미친다. 그래서 신체계측법은 성장기 아동뿐만 아니라 성인의 영양상태 판정에도 유용하다. 영양상태 판정을 위해 신체계측을 할 때에는 체중, 신장, 머리둘레, 가슴둘레, 허리둘레, 상완위, 피부두겹두께 등이 주로 측정된다.

신체계측

- **장점** : 측정방법이 간단하고 안전하며 조사대상에게 부담이 적음
  측정비용 저렴
  표준화된 기술만 사용하면 측정자료가 정확하며 재현성 우수
  과거의 장기간에 걸친 영양상태를 반영하는 신뢰성 있는 정보 제공
  영양불량의 위험률이 높은 개인을 분류해 내는 선별검사로 이용 가능
- **단점** : 개개 영양소에 비특이적이며 덜 민감함
  단기적 영양상태는 반영되지 않으며
  질병, 유전, 하루 변동, 에너지 소비 감소 등 다른 인자들의 영향받음

(2) 신장, 체중, 머리둘레, 가슴둘레, 허리둘레 측정

신장과 체중은 가장 중요하고 기본적으로 계측되는 것으로 영유아의 성장 정도를, 성인의 경우 신장은 과거, 체중은 현재의 영양상태를 반영한다. 특히 성장기의 신장과 체중은 발육의 정상 여부뿐만 아니라 신체 조성 또는 조직의 소모 여부도 판정해 준다. 그러나 신장의 경우 유전적 요인도 작용하므로 영양만으로 해석하기에는 어려움이 있고, 체중은 체성분을 반영하지 못한다는 단점이 있다. 신장과 체중은 우리나라의 소아청소년 발육표준치의 5~95퍼센타일에 속하면 정상으로 판정한다.

머리둘레와 가슴둘레는 영유아의 성장 및 영양판정에 유용하다. 머리둘레는 생후 36개월 이내에 영유아에게 적용되는 평가도구로서 특히 12개월 이내에는 성장속도가 빨라서 연령별 기준치를 참고로 두뇌 성장의 이상 여부 판정에 유효하다. 가슴둘레는 근육, 피하지방의 발달에 따라 좌우되며 가슴둘레의 증가는 체중과 거의 평행관계에 있는데, 질병이나 영양불량이 되면 체중보다 민감하게 감소하고 회복속도도 체중보다 빠르다. 만 1세 때 가슴둘레/머리둘레비가 1보다 작으면 영양불량 혹은 성장부진을 의미한다.

최근 늘어 성인 비만이 증가하고 복부비만과 심혈관 질환의 관련성이 높아짐에 따라 허리둘레의 중요성이 증가하고 있다. 성인 남자의 경우 90cm, 성인 여자의 경우 85cm(대한비만학회 기준)를 넘어가면 심혈관 질환과 관련성이 높아진다.

(3) 신체지수

신체지수는 영양지수라고도 하며 체격의 모양이나 신체 밀도를 반영하여 영양적 충실 정도, 비만 여부를 판정하는 지표로 이용된다.

① **비체중**(**체중**kg/**신장**cm)

1~5세에서는 연령과 관계없으며 연령을 알기 어려운 개발도상국에서는 연령별 기준치 대신 사용된다.

② **표준비체중지수**(WLI, Weight Length Index)

$$WLI=(A/B)\times 100$$

A=실제체중(kg)/실제신장(cm), B=그 나이의 50백분위 체중(kg)/50백분위 신장(cm)

WLI에 의한 영양판정 기준
90 미만 : 저체중군
90~110 : 정상체중군
110~120 : 과체중군
120 이상 : 비만군

BMI에 의한 영양판정 기준
18.5 미만 : 저체중군
18.5~22.9 : 정상체중군
23~24.9 : 과체중군
25~29.9 : 비만 1단계
30~39.9 : 비만 2단계
40 이상 : 비만 3단계

Kaup지수에 의한 영양판정 기준
13 미만 : 고도 수척
13~15 : 수척
15~18 : 정상
18~20 : 경도 비만
20 이상 : 비만

자료 : 대한비만학회

표준신장과 체중은 소아·청소년 표준성장도표(질병관리본부, 2007) 50백분위percentile를 표준체중으로 하여 사용한다.

③ **체질량지수**(Kaup지수, BMIbody mass index)

영유아, 특히 2세 미만의 영양상태 진단(Kaup지수)과 20세 이후의 체질량지수BMI로 쓰인다.

카우프지수=체중g × 10/신장cm^2

체질량지수=체중kg/신장m^3

체질량지수는 성인의 비만판정에 가장 적합한 것으로 인정되고 있으며, 신장에 따른 판정 오류가 가장 적고 사망위험률 등의 건강 관련 지표와 상관성이 높다.

그러나 판정기준은 식사, 흡연, 신체활동 등이 영향을 주어 나라마다 다양하다.

④ Röhrer**지수**(**신체충실지수 : 체중**kg/**신장**cm^3 × 107)

청소년기 영양상태 판정에 많이 쓰인다.

Röhrer 지수에 의한 영양판정 기준

- 92 미만 : 고도 수척
- 92~110 : 수척
- 110~140 : 정상
- 140~156 : 경도 비만
- 156 이상 : 비만

- 신장이 110~130cm : 지수 180 이상은 비만
- 신장이 130~150cm : 지수 170 이상은 비만
- 신장이 150cm 이상 : 지수 160 이상은 비만

(4) 제지방조직 측정

제지방조직fat free mass이란 주로 근육을 말하고 이외에 연조직과 골격이 포함된다. 근육조직은 주로 단백질로 구성되므로 제지방조직의 평가는 체단백질 보유상태의 지수가 될 수 있다.

상완위 측정은 피하지방 두께 측정과 함께 지역주민이나 병원 환자의 만성적 영양부족 또는 과잉 여부 평가와 장기적 영양보충에 의한 체성분 변화 점검에 적용될 수 있다.

(5) 체지방 측정

체지방은 생리적으로 필수적인 지방과 저장지방으로 나뉘며, 저장지방은 근육 내 또는 사이에, 내장을 둘러싸거나 피하에 존재한다. 이 중에서 특히 저장지방은 가장 변화가 많은 성분으로서 장기간의 에너지 결핍 또는 과잉을 예민하게 반영한다.

① **피부두겹두께**skinfold thickness

피하지방 두께로서 캘리퍼를 사용하여 상완삼두근 후면, 복부, 견갑골 아래의 등, 장딴지, 옆구리 부위의 피부두겹두께를 측정한다. 계측 부위에 따라 차이가 있으나 상완삼두근 후면이 가장 흔히 계측되며 연령별 기준치와 비교 평가된다. 저장에너지의 지표로 사용된다. 연조직을 눌러 측정하므로 계측자에 따른 오차가 큰 단점이 있다.

② **허리둘레**waist circumference

피하지방과 복강지방 내 지방 분포를 반영하는 것으로 성인 남자의 경우 90cm, 성인 여자의 경우 85cm 이상을 비만으로 판정한다. 과거 국민건강영양조사에서 허리-엉덩이 둘레비waist-hip-ratio: WHR을 복부비만의 판정지표로 사용된 적이 있으나 현재는 허리둘레를 사용하고 있다.

③ **목둘레**neck circumference

목둘레는 심혈관계 질환 및 비만, 당뇨의 위험인자로 연구되고 있다. 허리둘레는 측정 시 숨을 쉬거나 식사로 배가 부를 때 영향을 받을 수 있지만 목둘레는 이의 영향이 없는 것이 장점이다. 목둘레의 측정은 똑바로 서서 머리를 숙이고 집게손가락으로 가장 튀어나온 목뼈를 찾은 뒤 고개를 든다. 가장 튀어나온 목뼈를 둘러서 잰다(한국인 인체치수조사Size Korea, 목 부위 기준점).

국민건강영양조사에서 2019년도(8주기 1차년도)부터 연령이 40세 이후인 경우를 대상으로 신체계측을 실시하고 있다. 그러나 아직 기준치는 설정되지 않았다.

④ 정밀기기를 이용한 체지방의 측정

최근 과학 측정기기의 발달로 보다 새롭고 직접적인 측정기기 등이 개발되어 체지방 측정에 사용되고 있다, 체지방 함량뿐만 아니라 체지방의 분포도까지도 정확한 측정이 가능한 기기들이 많으나, 장비가 매우 고가이므로 사용에 제한이 따른다.

- 초음파ultrasound 이용법 : 기계로부터 초음파가 방출되어 지방조직에 침투하면 지방조직과 근육조직의 경계면으로부터 초음파가 반사되는 원리를 이용하여 체지방 조직의 두께를 측정 할 수 있으며, 이는 화면에 투영되므로 체지방의 두께 및 분포도를 알 수 있다.
- 전기저항법 : 체내에서 전해질은 주로 제지방조직에 존재한다. 지방조직이 제지방조직에 비해 전기저항이 크다는 사실에 근거하여 체지방량을 측정한다. 주로 사용되는 생체 전기저항법은 대상자의 손발에 작은 전류를 흐르게 한 후 그 저항을 측정하여 체지방을 측정한다. 측정방법이 비교적 편리하며, 측정기기가 운반 가능하고 상대적으로 다른 기기에 비하여 범위가 넓은 집단을 조사할 경우에 적당하다. 인바디InBody 사의 제품이 널리 사용되어 제품명이 일반 명칭으로 사용되고 있다.
- 컴퓨터 단층촬영Computerized Tomography : CT : 복부를 컴퓨터 단층 촬영하면 지방을 내장형과 피하형으로 구분할 수 있어 좋은 방법이다. 심혈관 질환에 좀 더 직접적으로 영향을 주는 내장형 지방량을 알 수 있는 장점은 있으나 비용이 많이 든다는 단점이 있다.
- 핵자기공명영상법Magnetic Resonance Imaging : MRI : 자기장을 이용한 고주파를 쏘여 인체 내 각 조직과 구조물들의 공명 현상의 차이를 계산하여 영상을 구성하는 것으로, CT에 비해 영상이 좋으나 촬영시간이 오래 걸리고 비용이 많이 든다.

2) 생화학적 방법

생화학적 검사란 혈액, 소변 또는 조직을 채취하여 이에 함유된 영양소나 영양소의 대사산물의 농도, 영양소에 의존적인 효소활성이나 면역기능들을 분석하고 정상치와 비교하여 영양판정을 하는 것이다. 이외의 시료로 대변, 머리카락, 골수, 타액 등을 이용하기도 한다.

섭취 부족에 따른 생화학적 변화는 체내 저장이 고갈되는 초기부터 일어나지만 임상증상이 발견되기 전에 일어나므로 생화학적 영양소 섭취수준을 반영하는 유용한 지표가 된다. 생화학적인 분석방법은 영양상담에 있어서 피상담자가 가장 객관적으로 받아들이며 상대적으로 다른 방법에 비하여 높은 신뢰도를 갖게 되므로 상담자는 분석수치에 대한 이해와 해석을 정확히 해야 한다.

생화학적 검사는 다른 방법들에 비해 가장 객관적이고 정량적인 영양판정법이지만 시설과 기기, 전문요원, 비용, 시간, 시료 채취의 어려움 등이 있고 더욱이 판정을 위한 지역기준치의 확보도 쉽지 않아 검사의 수행과 결과 해석에 제한점이 많다.

생화학적 분석 시 고려해야 할 점

- 시료는 채취에서부터 정확하고 표준화된 방법이 설정되어야 함
- 시료의 채취 · 분석에 관여할 의료 종사요원이 확보되어야 함
- 대상자로부터 검사물 채취 시 사전에 이유 설명과 함께 승낙을 받을 것
- 분석방법에 따라 소요 비용, 분석치에 차이가 있으므로 자격을 갖춘 사람에 의하여 실시할 것

생화학적 검사 방법에는 기능검사와 성분검사 2가지가 있다.

- 기능검사 : 시료의 효소활성, 면역기능 등을 분석
- 성분검사 : 혈액, 소변, 조직 등 시료 내 영양소와 그의 대사물 농도를 측정

표 7-1 장기별 기능검사 항목

장기	항목
간	혈청단백질/알부민비, ALP, ALT, AST
신장	혈중비단백질소(BUN), 소변 내 크레아티닌, 혈중요산, 혈중 인, 혈청단백질/알부민비
심장	CK, LDH, sGOT
갑상선	혈중 T4, 혈중 PBI

표 7-2 생화학적 검사의 항목 및 판정 기준치

영양소	측정항목	정상기준치
단백질[*1]	혈청단백질(g/dL)	1세 미만 : 5.0 1~5세 : 5.5 6~7세 : 6.0 성인 : 6.5 임신후기 : 5.5
	혈청알부민 (g/dL)	1세 미만 : 2.5 1~5세 : 3.0 6~7세 : 3.5 성인 : 4.0 임신후기 : 4.5
	요 중 요소질소/크레아티닌(mg/mg)	모든 연령 : 12
지질[*2]	혈청총콜레스테롤 (mg/dL)	고콜레스테롤혈증 : ≥240 경계치 : 200~235 정상 : < 200
	혈청LDL콜레스테롤 (mg/dL)[1)]	매우 높은 LDL 콜레스테롤혈증: ≥190mg/dl 고 LDL 콜레스테롤혈증: 160~189mg/dl 경계치 : 130~159mg/dl 정상 : 100~129mg/dl 적정 : <100mg/dl
	혈청HDL콜레스테롤 (mg/dL)	저 HDL 콜레스테롤혈증 : <40mg/dl 고 HDL콜레스테롤혈증 : 60mg/dl
	혈청중성지방 (mg/dL)	고중성지방혈증 : 200mg/dl 경계치 : 150~199mg/dl 정상 : <150mg/dl
비타민 A[*1]	혈청레티놀(μg/dL)	성인 : ≥30
비타민 C[*1]	혈청 총비타민 C(mg/dL)	성인: ≥0.3

영양소	측정항목	정상기준치
철	헤모글로빈 (Hb, g/dL)[*3]	0.5~5세 : 11.0 6~14세 : 12.0 > 14세(남) : 13.0 > 14세(여) : 12.0 임신기 : ≥11.0
	헤마토크릿 (Hct, %)[*4]	0.5~5세 : 32 5~9세 : 33 10~14세 : 37 > 14세(남) : 42 > 14세(여) : 36 임신기 : 30
	적혈구수 (백만개/mm^3)[*4]	성인(남) : 3.5~5.6 성인(여) : 4.2~5.8
	평균적혈구 헤모글로빈 농도 (MCHC, gdL)[2)*4]	성인 : ≥32
	평균적혈구 용적 (MCV, fL)[3*5]	1~2세 : ≥73 3~4세 : ≥75 5~10세 : ≥76 11~14 : ≥78 15~74세 : ≥80
	혈청철 (μg/dL)[*4]	성인 : ≥50
	총 철결합능 (TIBC, μg/dL)[*4]	성인 : 250~410 결핍시 : 410
	트렌스페린포화도(%)[*4]	10세 이상 성인 : ≥15
	혈청페리(μg/L)[*6]	3~14세 : <10 15~74세 : <12

1) LDL 콜레스테롤=총콜레스테롤-(HDL 콜레스테롤)-(중성지방)×1/5

2) MCHC(g/dL)=Hb(g/dL)/Hct(%)×100

3) MCV(fL)=Hct(%)/적혈구수($10^6/mm^3$)×10 fL=femtoliter 10-15 liter

*1 : Sauberlich 등(1974), Gibson(1990)

*2 : 한국인 고지혈증 치료지침(2003)

*3 : WHO(1972)

*4 : WHO(1968)

*5 : Pilch와 Senti(1984), Gibson(1990)

*6 : Worwood(1979), Gibson(1990)

3) 임상조사

영양불량과 관련된 신체적 징후를 시각적으로 진단하는 방법이다. 임상증세는 주로 영양결핍이 만성적으로 심해진 단계에서 발견되므로 임상조사로는 영양결핍의 초기단계는 파악되기 어렵다. 또한 일부 임상증세는 특정 영양소에 특이적이지 않고 몇가지 영양소 결핍과 관련되며 더욱이 기후, 위생, 질병과 관련되어 나타날 수도 있다. 따라서 임상조사는 특정 영양소의 전형적인 결핍증이 현저하게 나타나는 경우를 제외하고는, 단독적인 영양상태 판정보다는 체위조사나 생화학적 검사, 식사조사 등의 다른 영양판정 방법의 결과와 함께 검토되는 것이 바람직하다.

표 7-3 영양상태를 나타내주는 신체적 징후

신체 부위	영양이 좋은 상태	영양이 좋지 않은 상태
전반적인 외모	주의력이 좋음	게으르고 무관심함, 건강이 안 좋음
몸무게	키, 나이, 체격에 적당한 몸무게	과체중, 저체중
자세	체격이 똑바르고 팔과 다리가 곧게 뻗음	어깨가 처지고 몸통이 빈약함, 등이 굽음
근육	근육이 잘 발달하고 단단하며, 색깔이 건강해 보임 피부 밑에 어느 정도의 지방이 있음	근육이 잘 발달되어 있지 않으며 연약하고, 무기력하고, 색이 건강해 보이지 않고 소모된 듯한 모양임 근육활동이 좋지 않음
신경조절	주의력이 좋고 침착함 반사작용이 정상적임 정서적으로 안정됨	주의가 산만하여 침착하지 못함 손발에 지각이상paresthesia으로 다른 자극이나 감각이 온 위치를 알지 못함 근육이 약함(심한 경우 걷지 못함) 무릎과 발목의 반사작용이 줄거나 없음
소화기관의 기능	식욕과 소화기능이 좋음 규칙적인 배변, 복부에 만져지는 혹 같은 것이 없음	식욕감퇴, 소화불량, 변비나 설사, 복부 촉진시간이나 지라의 비대가 관찰
순환계 기능	정상적인 맥박-잡음이 없음, 정상 혈압	너무 빠른 맥박(100/분 이상), 비대한 심장, 비정상적인 맥박, 고혈압
신체의 생동감	활기차 보이며, 원기가 좋으며 잠을 잘자고 건강함	쉽게 피로하고 원기가 없으며, 잘 졸고 피곤해 보이며 만사에 무관심함

(계속)

신체 부위	영양이 좋은 상태	영양이 좋지 않은 상태
머리카락	윤기가 흐르고 단단하며 잘 뽑혀지지 않고, 머리 밑의 피부가 건강함	윤기가 없고 건조해 보이며 머리카락이 가늘고, 쉽게 빠지며, 머리색깔이 변하였음
피부	부드럽고 약간 촉촉하며 피부색이 좋음	거칠고 말랐으며 각질화되었거나, 창백하고 피부색이 변해 있음 염증이 있음 멍이 있고 붉은색 부분들이 있음
얼굴과 목	피부색이 균일하고 부드러우며 건강한모습이며 붓지 않음	기름기가 흐르거나 색이 변해 있으며 피부가 벗겨지기 쉬움 뺨 위나 눈 밑의 피부가 검고, 코와 입 주위의 피부가 벗겨지거나 부스럼 같은 것이 있음
입술	부드럽고 색깔이 좋으며 터지거나 붓지 않았으며 습기가 촉촉함	건조하여 껍질이 벗겨지고 부어 있음 구각염이 있으며 입 주위에 상처가 있거나 터진 자리가 있음
입과 입안의 피부, 잇몸	입안은 보기 좋은 붉은색이 도는 분홍색임. 붓거나 피가 나지 않음	입안의 점막이 붓고 구멍이 있음 푸석푸석하고 피가 잘 나며 붉은 기가 적고, 염증이 있으며, 잇몸이 가라앉음
혀	보기 좋은 분홍색이며 붓거나 너무 반반하지 않음 상처 난 부위가 없고 표면이 오돌오돌함	부었고, 주황색이 나는 붉은색이며, 혀의 돌기가 충혈되거나 이상 비대하거나, 돌기의 크기가 적음

자료 : 보건사회부. 영양교육용 지침서, 1990

표 7-4 영양소 결핍 및 과잉과 관련된 신체 징후

신체징후	결핍영양소	과잉영양소	발생빈도
머리카락/손톱			
띠 모양의 머리카락 탈색	단백질		드묾
쉽게 빠지는 머리카락	단백질		흔함
머리카락 숱이 적음	단백질, 비오틴, 아연		가끔
나사모양의 머리카락과 감긴 머리	비타민 C	비타민 A	흔함
손톱의 가로지르는 융기	단백질		가끔
피부			가끔
비늘 모양	비타민 A, 아연, 필수지방산	비타민 A	가끔
셀로판처럼 반질한 피부	단백질		드묾
갈라짐	단백질		가끔
모낭각화증	비타민 A, C		가끔
자반증	비타민 C		흔함
색소 침착, 태양에 노출된 부위의 박리	비타민 C, K		드묾
황색색소 침착	니아신	carotene	흔함

(계속)

신체징후	결핍영양소	과잉영양소	발생빈도
눈			
시신경원판의 울혈유두			드묾
야맹증	비타민 A	비타민 A	드묾
비토반점	비타민 A		
안구건조증	비타민 A		
입주위			
구각염	비타민 B_2, 비타민 B_{12}, 니아신		가끔
구각증(입술의 점막과 구각의 균열)	비타민 B_2, 비타민 B_{12}, 니아신		드묾
구강			
위축성 설유두(혀유두의 수축으로 매끈한 혀)	비타민 B_2, 니아신, 엽산, 비타민 B_{12}, 단백질, 철		흔함
설염(주홍색, 겉피부가 벗겨진 혀)	비타민 B_2, 니아신, 비타민 B_{12}, 엽산, 비타민 B_{12}		가끔
미각감퇴증, 후각감퇴증	아연		
잇몸이 붓고, 출혈	비타민 C		
뼈, 관절			
늑골주상형상, 골단팽윤, 휘어진 다리	비타민 D		드묾
연화(어린이의 골막과 출혈)	비타민 C		드묾
신경			
두통			드묾
졸음, 기면, 구토		비타민 A	드묾
치매현상	니아신, 비타민 B_{12}	비타민 A, D	드묾
각화감, 부위김각 상실	비타민 B_2		가끔
안면근육 마비	비타민 B_4, 인		가끔
말초신경증	비타민 B_4, 비타민 B_4, 비타민 B_{12}	비타민 B_4	가끔
테타니(teeany)	칼슘, 마그네슘		가끔
기타			
이하선 비대	단백질		가끔
심부전	비타민 B_4(습성각기), 인		가끔
급성신부전	비타민 C		드묾
간비대	단백질		드묾
부종	단백질, 비타민 B_4	비타민 A	흔함
상처회복이 더딤	단백질, 비타민 C, 아연		흔함

자료 : Weinsier RL, Morgan SL, Pweein VG, 1993, 이영미 · 이민준. 영양교육 재인용

4) 식사조사

식사조사는 영양불량의 첫 단계를 평가할 수 있는 방법으로서 영양판정 방법의 중심이 된다. 식사조사는 섭취한 식품의 종류와 양을 조사하고 영양소 함량을 산출함으로써 식품의 섭취양상이나 영양소 섭취상태를 판정하는 것이다.

개인을 대상으로 하는 식사조사 도구로는 식사기록법, 24시간회상법, 식품섭취빈도법, 식사력diet history 등이 있다. 집단을 대상으로 할 때는 가구나 동일 소집단을 위한 식품계정법food account, 식품목록회상법food list-recall 및 식품재고조사법food inventory이 있고, 국가 단위의 식사조사로는 식품수급표를 이용할 수 있다.

(1) 식사 섭취량 조사방법

① 24시간회상법

24시간 전에 섭취한 음식의 종류와 양을 조사대상자가 기억해 내어 조사하는 방식이다. 훈련된 면접관이 조사대상자가 기억하는 바를 목측하여 기록하며 기억을 돕기 위해 그릇, 컵, 계량기기 등이나 사진, 크기를 가늠할 수 있게 하는 도형이나 식품모형 등을 보조자료로 사용할 수 있다그림 7-1. 대개 조사기간은 1, 3, 5, 7일을 하고 3일 이상이면 주중과 주말을 일정 비율 포함한다. 일회의 회상법으로는 응답자의 평상시 식사상태를 반영하기엔 부적절하다. 대개 집단의 영양상태 평가에 이용된다.

수행시간이 20분 내로 소요시간이 적고, 조사대상자의 부담이 없고, 인력경비가 적게 들어 경제적이다. 그러나 기억이 분명하지 않거나 면접상태에 따라 섭취한 식품의 종류와 양 측정에 정확도가 떨어질 수 있으므로 기억력이 약한 어린이, 노인, 장애우에게는 적합하지 않다.

② 식사기록법

조사대상자 본인이 하루 동안 섭취하는 모든 음식의 종류와 양을 섭취할 때마다 스스로 기록하는 방법이다. 이는 각각의 음식을 실측하여 기록할 수도 있으며, 눈대중량(목측량)을 이용할 수도 있다. 실측하는 방법을 실측량 기록법이라고 하고, 눈대중량을 이용하는 방법을 추정량 기록법이라고 한다.

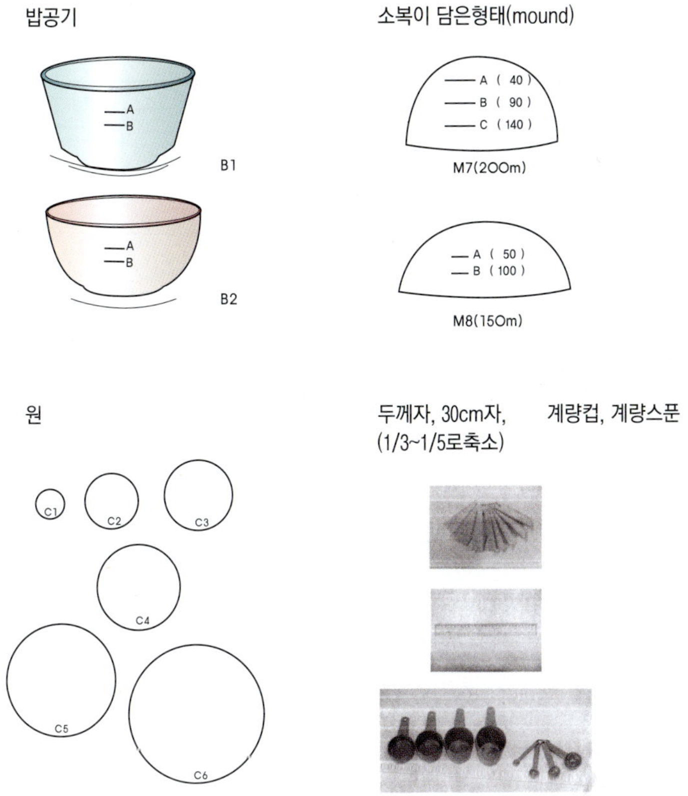

그림 7-1 24시간 회상법에 이용할 수 있는 도구들

이 방법은 식품섭취에 대한 정확한 양적 정보를 제공하며 많은 수의 조사원이 필요 없으나, 조사대상자들에게 심리적 부담을 주고 시간 소비가 많아 기록자의 적극적인 협조가 필요하며, 교육수준이 높아야 한다. 또한 조사 사실을 미리 알려주므로 의도적으로 식사량을 조절할 수도 있다.

③ 식품섭취빈도법

식품섭취 빈도법은 식품에 대한 섭취횟수를 조사함으로써 영양소의 섭취에 대한 정보를 구할 수 있다. 대개 100여 종류의 식품을 정해 놓고 일정기간에 평상적으로 섭취하는 빈도(횟수)를 조사하는데, 조사대상 집단에서 많이 소비하는 식품에 대한 자료가 미리 준비되어야 한다.

표 7-5 식사기록지의 예

[별지 제5호서식]

승인 번호
제11702호

국민건강 · 영양조사
식품섭취조사표 I
(음식조리자 기록지-조사자용)

구분	조사구 번호	주거 번호	가구 번호	가구원 번호	조사표 번호
10					

응답자성명: ( )
전 화 번 호: ( ) -
조 사 일: 년 월 일
조 사 원: 서명

식사 구분	음식명	음식 총량			식품 재료명 (상품명)	식품 상태	식품 재료량			음식코드	식품코드	비 고
		눈대중 분량	부피 (ml)	중량 (g)			눈대중 분량	부피 (ml)	중량 (g)			

표 7-6 24시간회상법에 이용할 수 있는 기록지의 예

[별지 제5호의2서식]

승인 번호
제11702호

국민건강 · 영양조사
식품섭취조사표 Ⅱ
(24시간 회상법 조사지)

구분	조사구 번호	주거 번호	가구 번호	가구원 번호	조사표 번호
11					

응답자성명: ( )
전 화 번 호: ( ) -
조 사 일: 년 월 일
조 사 원: 서명

※ 하루에 물(생수, 보리차, 결명자차, 옥수수차 등)을 몇 컵이나 마십니까? ( ) 컵 (20㎖)

※ 현재 만성 또는 급성질환으로 인해 식이요법을 하고 계십니까? 예(병명:), 아니오( )

식사구분	시 간	식사장소	매식여부	음식명	조리음식			섭취음식			식품 재료명 및 식품상태	식품재료			음식코드	식품코드	비 고
					눈대중분량	총부피(ml)	총중량(g)	눈대중분량	부피(ml)	중량(g)		눈대중분량	총부피(ml)	총중량(g)			

표 7-7 식품섭취빈도 조사표의 예

[별지 제4호서식] (제 1 쪽)

승인 번호
제11702호

국민건강 · 영양조사
식품섭취빈도조사표 (12세 이상)

구분	조사구 번호	주거 번호	가구 번호	가구원 번호	조사표 번호

응답자 성명 : ( )
전 화 번 호 : ( ) –
조 사 일 : 년 월 일
조 사 원 : 서명

	섭취빈도 / 식품 및 음식명	1일(회)			1주(회)			한달(회)		1년	거의 안먹음	비고	전산 처리용
		3회	2회	1회	4–6회	2–3회	1회	2–3회	1회	6–11회			
		1	2	3	4	5	6	7	8	9	0		
곡류	1. 쌀												1
	2. 보리												2
	3. 라면(인스턴트 자장면 포함)												3
	4. 국수(냉면, 우동, 칼국수 포함)												4
	5. 빵류(모든 빵 포함)												5
	6. 떡류(각종 떡, 떡볶이, 떡국 포함)												6
	7. 과자류												7
두류 · 서류	8. 두부(국, 찌개, 부침, 조림, 순두부 포함)												8
	9. 콩류(콩밥, 콩자반 포함)												9
	10. 두유												10
	11. 감자(국, 볶음, 조림, 튀김, 찐 감자 포함)												11
	12. 고구마 (찐 고구마, 튀김, 찐 감자 포함)												12
육류 · 난류	13. 쇠고기(국, 탕, 찌개, 편육, 장조림, 구이, 볶음, 비프가스, 튀김, 찜 포함)												13
	14. 닭고기(삼계탕, 백숙, 찜, 튀김, 조림, 볶음 포함)												14
	15. 돼지고기(찌개, 구이, 제육, 볶음, 돈가스, 튀김 포함)												15
	16. 햄, 소시지(핫도그 포함)												16
	17. 달걀(국, 찜, 부침, 조림, 말이 포함)												17

210㎜×297㎜

이 방법은 피조사자의 부담이 거의 없고 빠른 시간 내에 큰 집단에 대해 조사할 수 있어 비교적 경제적인 방법이다. 조사방법이 간단하여 편지를 통해서도 가능하다. 그러나 이 방법으로 양적 정보를 얻기는 어렵다.

④ 식사력조사법

개인의 장기간에 걸친 과거의 일상적 식이 섭취 경향을 설문지를 통해 조사하는 방법으로 오랜 기간의 양적인 식품섭취를 조사할 수 있어 상세한 자료조사가 가능하다. 그러나 시간과 경비가 많이 들고 대상자의 협력이 요구되며 숙달된 조사원이 필요하다.

(2) 영양소 섭취량에 따른 영양상태 평가방법

① 한국인 영양소 섭취기준을 이용한 영양판정

식사섭취 상태 평가와 관련하여 평균필요량EAR은 개인 일상섭취량의 부적절한 확률을 조사하는 데, 그리고 집단 내에서 부적절한 섭취의 정도를 파악하는 데 사용할 수 있다. 개인의 일상섭취량이 평균필요량EAR 이하이면 섭취량이 부족할 확률이 50% 이상이며, 평균필요량EAR보다 낮아질수록 부족할 확률이 높아진다. 집단의 경우 일상적 섭취량이 평균필요량EAR 이하인 사람의 비율에서 섭취량이 부족한 사람의 비율을 추정한다. 반면 상한섭취량UL은 과잉섭취 가능성 조사에 사용할 수 있다. 개인의 섭취량이 상한섭취량UL보다 높을수록 건강장애의 위험도는 높아지며, 상한섭취량UL 이상 섭취자의 비율은 과잉섭취에 따른 건강장애의 위험을 가진 사람의 비율과 일치한다. 개인과 집단의 영양섭취 상태평가를 위해 영양소 섭취기준의 활용을 표 7-8에 설명하고 있다.

표 7-8 DRI의 활용: 개인과 집단의 영양섭취 상태 평가

	개인	집단
평균필요량EAR	• 일상섭취량이 부적절한 확률을 조사하는 데 사용함 • 일상섭취량이 EAR 이하이면 섭취량이 부족할 확률이 50% 이상이며, EAR보다 낮아질수록 부족할 확률이 높아짐	• 집단 내에서 부적절한 섭취자의 비율을 추정하는 데 사용함 • 일상적 섭취량이 EAR 이하인 사람의 비율에서 섭취량이 부족한 사람의 비율을 추정함
권장섭취량RDA	• 일상섭취량이 RDA 이상이면 부족하게 섭취할 확률은 낮음	• 집단의 영양섭취 상태를 평가하는 데 사용하지 않음
충분섭취량AI	• 일상섭취량이 AI 이상이면 섭취량이 부족할 확률이 낮음	• 일상섭취량의 중앙값이 이 기준이면 섭취량이 부족한 사람의 비율이 낮은 것을 의미함
상한섭취량UL	• 과잉섭취 가능성 조사에 사용함 • 일상섭취량이 UL보다 높으면 과잉섭취로 인한 건강장애 증상이 일어날 수 있음 • 섭취량이 UL보다 높을수록 건강장애의 위험도는 높아짐	• 영양과잉으로 인산 건강장애 위험도를 추정하는 데 사용함 • 집단 내에서 UL 이상을 섭취하는 사람의 비율은 과잉섭취에 따른 건강장애의 위험을 가진 사람의 비율과 일치함

2. 간접평가

지역사회의 사회·경제 및 문화적 환경과 보건상태에 관한 모든 자료, 소위 비영양적 자료로부터 지역주민 전체의 영양불량 여부와 내용을 간접적으로 평가하는 것을 간접평가라고 한다. 영양상태의 간접평가 방법은 다음과 같다.

1) 보건통계조사

(1) 인구동태 자료

인구의 연령 및 성별 구성, 인구 밀도, 출생률, 사망률

(2) 건강의학 통계 및 보건시설

질병 통계, 영유아 사망률, 병원이나 보건소 시설, 민간 치료법

2) 식품공급 상황

식품의 수급실태, 식품가격과 계절 변동, 식품광고, 식품구매 여건 등의 식품공급 상황

3) 식생태 조사

(1) 사회경제적 자료

소득수준, 교육, 주거환경, 교통, 사회보장제도

(2) 사회적·문화적 자료

생활양식, 지역사회의 공동생활 방식, 관습, 종교, 전통적인 식습관, 식품금기, 식행동과 식품에 대한 신념 등

(3) 지리적 조건

식량 생산과 관련된 모든 자연환경 실태

III 국민건강영양조사

1. 국민건강영양조사의 이용

1) 영양감시 감독

영양적 위험이 높은 집단이나 지역의 분류, 국민의 체위 향상 파악, 식량 생산과 유통 감시, 식품소비 구조 파악

2) 영양관련 프로그램 계획

영양교육과 식사지침, 식품보조 프로그램, 영양중재 프로그램, 만성질병 예방 및 관리 프로그램, 공중보건 프로그램, 식량수급 계획

3) 영양관련 제도 및 정책 수립

식품영양표시, 식품의 영양소 강화, 식품의 안전성

4) 학문적 연구

영양권장량 책정, 식이와 건강관계 분석, 영양지식과 식이행동의 상관성, 식품성분 분석, 식품소비의 경제, 영양교육 연구

2. 국민건강영양조사 방법과 조사항목

1969년부터 실시된 국민영양조사가 1998년부터 국민건강영양조사로 확대·개선되어 실시되고 있는데, 3년 단위로 기를 표시하고 매년 차로 표시하여 조사하고 있다(예: 제8기 3차년도, 2021).

다음은 국민영양조사 장소이다.

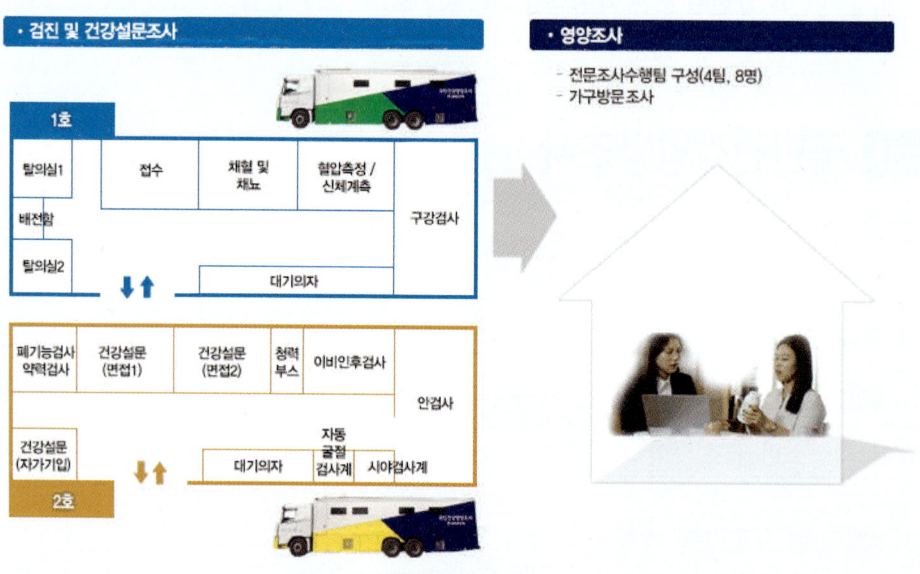

그림 7-2 국민건강영양조사 장소

자료 : 국민건강양조사 홈페이지(https://knhanes.kdca.go.kr/knhanes/sub02/sub02_02.do#none)

표 7-9 건강설문조사 항목〔제8기 3차년도(2021) 조사 기준〕

구분	조사항목	조사대상자	조사방법
가구조사	성, 연령, 결혼상태, 가구원수, 세대유형, 가구소득, 건강보험 가입, 민간보험 가입	가구원 중 성인 1인	면접조사
성인용	이환, 의료이용, 예방접종 및 건강검진, 활동제한 및 삶의 질, 손상(사고 및 중독), 입원 및 외래 이용, 신체활동, 정신건강, 수면건강, 여성건강, 교육 및 경제활동	만 19세 이상	면접조사
	흡연, 음주, 비만 및 체중조절, 안전의식, 정신건강, 구강건강		자기기입
청소년용	이환, 의료이용, 예방접종, 활동제한, 손상(사고 및 중독),입원 및 외래 이용, 신체활동, 정신건강, 수면건강, 여성건강, 교육 및 경제활동	만 12~18세	면접조사
	흡연, 음주, 비만 및 체중조절, 안전의식, 정신건강, 구강건강		자기기입
소아용	이환, 의료이용, 예방접종, 손상(사고 및 중독), 여성건강**	만 1~11세	면접조사 (보호자 대리 응답)
	비만 및 체중조절*, 안전의식, 구강건강, 교육수준		자기기입 (보호자 자기기입식 대리응답)

*만 6세 이상, **만 10세 이상

자료 : 국민건강영양조사 홈페이지(https://knhanes.kdca.go.kr/knhanes/sub02/sub02_02.do#none)

표 7-10 영양조사 항목〔제8기 3차년도(2021) 조사 기준〕

구분	조사항목	조사대상자
식생활조사	• 끼니별 식사빈도 • 끼니별 동반식사 여부 및 동반대상 • 식이보충제 복용 경험 여부 • 외식빈도 • 채소·과일 섭취빈도 • 현재 복용중인 식이보충제	만 1세 이상
	• 영양교육 및 상담 수혜 여부 • 영양표시 인지 및 이용 여부, 영양표시 관심영양소, 영양표시 영향 여부 • 음료별 섭취빈도	초등학생 이상
	• 음료 섭취빈도 및 1회 섭취량	만 6~29세
	• 모유 수유 여부, 수유 기간 • 이유보충식, 시판우유 섭취 시작 시기 • 조제분유 수유 여부, 수유 기간 • 영아기 영양제 복용 여부 및 복용 영양제 종류	만 1~3세
식품섭취조사	• 조사1일전 섭취 음식의 종류 및 섭취량(24시간 회상법)	만1세이상
	• 조사1일전 가구에서 섭취한 음식에 대한 조리 내용	조리자
식품안정성조사	• 가구별 식품안정성 확보 여부	식품구매자

자료 : 국민건강영양조사 홈페이지(https://knhanes.kdca.go.kr/knhanes/sub02/sub02_02.do#none)

표 7-11 검진조사 항목

구분		조사항목	조사대상자	비고
신체계측		신장, 체중	만 1세 이상	
		허리둘레		
		목둘레	만 40세 이상	
혈압측정		수축기혈압, 이완기혈압, 맥박수	만 6세 이상	3회 측정
근력검사		악력(양손)	만 10세 이상	3회 측정
혈액 검사	이상지질혈증	총콜레스테롤, 중성지방, 고밀도저단백콜레스테롤, 저밀도저단백콜레스테롤	만 10세 이상	※ 혈액검사 시, 조사전날 저녁식사 이후부터 금식
	신장기능	혈중요소질소, 크레아티닌		
	당뇨병	공복혈당, 당화혈색소, 인슐린		
	간기능 및 간염	B형간염표면항원, C형간염항체, AST, ALT		
	빈혈	헤모글로빈, 헤마토크리트		
	일반검사	적혈구수, 백혈구수		
	기타	요산		
소변 검사	일반검사	단백, 당, 잠혈, 유로빌리노겐, 케톤, 빌리루빈, 비중, 산도, 아질산염, 나트륨, 칼륨, 알부민	만 10세 이상	
		코티닌, 크레아티닌	만 6세 이상	
구강검사		치아우식, 치주질환	만 1세 이상	
폐기능검사		만성폐쇄성폐질환	만 40세 이상	최소 3회~최대 8회 시행
안검사		시력 및 굴절검사, 시야검사, 생체계측검사, 빛간섭단층촬영, 안저검사, 안압검사, 콘텍트렌즈 착용 경험	만 10~59세	
이비인후검사		소음노출, 순음청력검사, 임피던스청력검사, 비디오두부충동검사, 음성측정	만 40세 이상	만 10~39세 설문 항목만 조사

※폐기능검사: 코로나19 확산 예방을 위하여 검사를 수행하지 않을 수 있음

자료 : 국민건강영양조사 홈페이지(https://knhanes.kdca.go.kr/knhanes/sub02/sub02_02.do#none)

연구과제

1. 같은 날 24시간회상법과 식사기록법에 의한 식사조사를 시행하고, 결과의 편차를 비교 설명해 보자.

2. 어린이집 어린이를 대상으로 영양평가를 하려고 할 때, ABCD에 대해 적절한 평가방법을 계획하라.

CHAPTER

8

영양교육의 교육과정과 수업설계

I. 교육과정과 영양교육

II. 영양교육의 수업설계

III. 영양교육 수업지도안의 실제

학습 목표

1. 영양교육에서 교육과정의 중요성을 안다.
2. 수업설계의 고려사항을 파악한다.
3. 수업설계의 원리와 교수기법을 안다.
4. 영양교육 학습지도안을 작성할 수 있다.

I 교육과정과 영양교육

1. 교육과정의 정의와 이론

1) 교육과정의 정의

교육과정은 교육에서 가르쳐야 할 내용을 항목으로 나열한 교수요목이다. 즉, 각 학급별·학년별·과목별로 가르치고 배워야 할 내용을 항목에 따라 나열해 놓은 것이다.

오늘날의 교육은 학생을 중심에 두고 주도성과 자율성, 창의성의 신장 등 학습자의 성장을 지원하는 교과과정을 중시하고 있다. 그리고 교육자 중심의 교육에서 교육대상자 중심의 교육으로 전환되고, 지식에 대한 개념과 교육방법이 변화하고 있으며, 과정을 중시하는 과정지향 교육과정으로 바뀌는 등 변화하고 있다. 이러한 교육의 동향은 사회문화의 모든 측면뿐만 아니라 교육에 대한 관점에도 중대한 영향을 미치고 있다.

2) 교육과정의 이론

교육과정 개발 원리와 방법은 이러한 교육동향이나 교육과정 이론에 의해서 영향을 받는다. 교육과정 이론은 개념 중심 접근법, 능력형성 중심 접근법과 실천문제 중심 접근법의 세 가지로 구분할 수 있다. 접근방식의 차이는 교육과정의 기본원리, 목적을 위한 내용선정에서 전체 구성에 이르기까지 전 교육과정 구성에 영향을 준다.

브라운P. Brown이 제창한 실천문제 중심 접근법에 의한 교육관점 이론은 민주사회에서의 능동적 학습을 통해서, 자율적·능동적 또는 창의적인 사고력을 가진 교육대상자를 육성하고, 실천문제를 해결하는 것을 의도한 교육과정이다.

실천문제 중심 접근법은 지식, 기능 및 그것을 주어지는 정의적 측면(관심, 태도, 가치 등)과의 복합적인 학습과정에 착안하고 있다. 따라서 실천문제 해결에서의 사고과정 규명, 사고와 행동의 통일적 파악으로부터 실용적인 능력 육성을 목표로 하고 있다.

우리나라의 초·중등 교과과정은 이론적으로 실천문제 중심 접근법을 토대로 하여 통합적 접근법을 적용하고 있다. 따라서 영양교육의 교육과정에서 이를 근거로 교육과정을 구성할 필요가 있다.

2. 우리나라 초등학교 교육과정

1) 초·중등학교 영양교육 관련 교육과정

현재 초·중등학교 교육과정은 2022년 개정되어 2024년부터 실시하고 있다. 국민공통 교육과정이며, 학년별 또는 단계 개념에 기초하여 일관성 있게 구성되어 있다. 모든 교육 활동이 학생 중심으로 이루어져야 하는 기본 방향을 제시하고 있다.

초등학교와 중등학교의 교육과정의 체계는 표 8-1과 같다.

표 8-1 초등학교 및 중학교의 식생활 교육 체계

	유아교육	초등학교			중학교
		1-2학년	3-4학년	5-6학년	1-3학년
해당 교과	누리교육과정	즐거운 생활	실과/체육	실과	가정
영양교육 내용	건강하게 생활하기 (표 8-4,5,6,7)	• 건강과 안전이 포함되었으나 구체적인 영양교육 내용은 없음	• 실과: 식생활 관련 교과 내용은 없음 • 체육: 건강한 생활습관	포함(표 8-2)	포함(표 8-2)

자료 : 교육부, 초·중등학교 교육과정 총론, 2022

(1) 초등학교, 중등학교의 영양교육 교육과정

2022년도에 개정된 우리나라 교과 과정상 영양교육 내용은 표 8-2와 같이 포함하고 있다. 초등학교 1~2학년 과정은 즐거운 생활에 건강과 안전 영역을 다루고 있으나 구체적인 식생활 교육과 관련된 내용은 포함되어 있지 않고 있다. 3~4학년 과정에서 체육 등의 과목에서 비만 예방이나 건강한 식생활 관련 내용이 언급되고 있으나, 식생활 교육 내용이 명확히 언급된 과정은 5~6학년 과정의 실과 교과 과목으로 균형잡힌 식사, 바람직한 식습관, 식재료의 생산과 음식 마련, 함께하는 식사의 즐거움, 식사예절 등의 내용을 포함하고 있다. 중학교에서는 가정교과에서 영양과 청소년의 바른 식생활 실천, 식품 선택, 건강을 추구하는 생활 습관 등의 교육 내용을 포함하고 있다.

표 8-2 교과과정 중 영양교육 내용 체계

	초등학교	중학교
학년	5~6학년	1~3학년
교과 과목	실과	가정
인간 발달과 주도적인 삶	• 균형잡힌 식사 • 바람직한 식습관 형성하기 • 일상생활 속 올바른 생활습관과 예절을 실천하는 태도	• 영양과 청소년의 식생활 • 발달 특성에 따른 식생활 실천하기
생활환경과 지속가능한 선택	• 식재료의 생산과 선택 • 음식의 마련과 섭취 • 음식을 마련하는 과정 체험하기 • 함께하는 식사의 즐거움 • 식사 예절을 실천하는 태도	• 식품선택과 식생활 안전 • 식사계획과 조리원리 • 생활 및 습관적 행동 관찰하기 • 의식주 생활에서 건강을 추구하는 태도 • 창의적인 의식주 소비생활을 실천하는 태도

자료 : 교육부, 초·중등학교 실과, 가정 교육과정, 2022

(2) 특별활동 교육

특별활동은 개성 및 소질 개발을 강화하는 실천 교육의 장이다. 학교에 따라 특별활동 시간에 실과부, 가사부 등을 조직하여 주 1회 1~2시간씩 영양, 조리지식뿐 아니라 식사생활 예절, 전통음식의 중요성과 간단한 음식 만들기 등의 실습을 통해 영양교사가 다양한 영양교육을 실시한다.

최근에는 비만아동반, 편식아동반, 영양정보반, 식생활문화반 등으로 나누어 보다 효과적으로 운영되고 있다.

2) 초등학교 영양교육의 목표

영양교육의 체계를 통합 교육과정으로 정립하기 위하여 교육과정에서의 영양교육 목적을 네 가지로 분류, 제시하고 있다.

표 8-3 초등학교 영양교육 교육목표

구분	교육목표
1	자신의 소중함을 알고 건강한 생활습관을 기르며, 풍부한 학습경험을 통해 자신의 꿈을 키운다.
2	학습과 생활에서 문제를 발견하고 해결하는기초능력을 기르고, 이를새롭게 경험할 수 있는 상상력을 키운다.
3	다양한 문화활동을 즐기고 자연과 생활 속에서 아름다움과 행복을 느낄 수 있는 심성을 기른다.
4	규칙과 질서를 지키고 협동정신을 바탕으로 서로 돕고 배려하는 태도를 기른다.

자료 : 교육부, 초·중등학교 교육과정 총론, 2015

이러한 목표를 달성하기 위하여 영양교육의 목표와 내용은 다음과 같은 근거로 선정 배열되는 교육과정을 제시한 바 있다.

1. 목적, 목표, 내용 면에서 일관성이 있는가?
2. 내용, 범위 면에서 포괄적인가?
3. 어린이의 발달 단계에 적합한가?
4. 주제의 전개가 학년별로 적합한가, 순서가 맞는가?
5. 현재 교과의 주제와 연계성이 있는가, 통합적인가?
6. 실제적으로 어린이의 영양지식, 식태도, 식습관 변화에 중점을 두고 있는가?

3) 영유아 교육과정과 영양교육

보육시설의 운영은 영·유아보육법과 시행령, 시행규칙에 근거하여 운영되고 있다. 보육시설의 보육은 보건·교육·영양·건강·안전·부모에 대한 서비스·지역사회와의 교류 등을 기본으로 이루어진다. 보육계획은 영양관리·건강관리·안전관리·사회복지 도모 등을 포함한다.

표준교육과정이 2007년에 제정되어 운영되다가 2012년에 개정되었으며 유치원과정인 누리과정이 포함되었다. 2020년에 개정된 누리과정은 신체운동과 건강, 의사소통, 사회관계, 예술경험, 자연탐구 등 5개 영역으로 이 중 영양교육은 신체운동과 건강 영역 내 '건강한 생활하기'에서 다루고 있다.

표준보육과정		누리과정
기본생활	←	신체활동과 건강
신체운동		의사소통
의사소통		사회관계
사회관계	←	예술경헌
예술경험		자연탐구
자연탐구		

2020년 개정 어린이집 표준보육과정은 0~1세표 8-4, 2세표 8-5, 3~5세 보육과정, 3~5세 연령별 누리과정표 8-6으로 구성되어 있다.

표 8-4 표준보육과정 영역의 0~1세 영아의 기본생활영역 수준별 내용

<table>
<tr><th>내용 범주</th><th>내용</th><th>1수준</th><th>2수준</th><th>3수준</th><th>4수준</th></tr>
<tr><td rowspan="10">건강하게 생활하기</td><td rowspan="3">몸을 깨끗이 하기</td><td colspan="4">몸이 깨끗해졌을 때 기분이 좋음을 안다.</td></tr>
<tr><td colspan="4">도움을 받아 손을 씻는다.</td></tr>
<tr><td></td><td colspan="3">도움을 받아 이를 닦는다.</td></tr>
<tr><td rowspan="3">즐겁게 먹기</td><td>편안하게 안겨서 우유(모유)를 먹는다.</td><td>이유식에 적응한다.</td><td>고형식에 적응한다.</td><td>다양한 음식을 먹어 본다.</td></tr>
<tr><td colspan="2"></td><td colspan="2">도구로 음식을 먹어 본다.</td></tr>
<tr><td colspan="4">즐겁게 먹는다.</td></tr>
<tr><td rowspan="4">건강한 일상 생활하기</td><td colspan="4">수면을 충분히 취한다.</td></tr>
<tr><td colspan="4">편안하게 쉰다.</td></tr>
<tr><td colspan="4">하루 일과에 편안하게 참여한다.</td></tr>
<tr><td colspan="2"></td><td colspan="2">배변 의사를 표현한다.</td></tr>
</table>

표 8-5 표준보육과정 영역의 2세 영아의 기본생활영역 수준별 내용

<table>
<tr><th>내용범주</th><th>내용</th><th>1수준</th><th>2수준</th></tr>
<tr><td rowspan="10">건강하게 생활하기</td><td rowspan="2">몸을 깨끗이 하기</td><td colspan="2">스스로 손과 몸 씻기를 시도한다.</td></tr>
<tr><td colspan="2">스스로 이 닦기를 시도한다.</td></tr>
<tr><td rowspan="3">바르게 먹기</td><td colspan="2">음식을 골고루 먹는다.</td></tr>
<tr><td colspan="2">도구를 사용하여 스스로 먹는다.</td></tr>
<tr><td colspan="2">정해진 자리에서 먹는다.</td></tr>
<tr><td rowspan="4">건강한 일상생활 하기</td><td colspan="2">일과에 따라 규칙적으로 잠을 잔다.</td></tr>
<tr><td colspan="2">정해진 시간에 알맞게 휴식한다.</td></tr>
<tr><td colspan="2">하루 일과에 즐겁게 참여한다.</td></tr>
<tr><td>정해진 곳에서 배변한다.</td><td>화장실에서 배변한다.</td></tr>
<tr><td>질병에 대해 알기</td><td colspan="2">질병의 위험을 안다.</td></tr>
</table>

표 8-6 누리과정 신체활동·건강 영역의 내용 범주 및 내용

내용 범주	내용	초등학교 1학년 교육과정
건강하게 생활하기	• 자신의 몸과 주변을 깨끗이 한다. • 몸에좋은 음식에 관심을 가지고 바른 태도로 즐겁게 먹는다. • 하루 일과에서 적당한 휴식을 취한다. • 질병을 예방하는 방법을 알고 실천한다.	바른생활 슬기로운 생활 즐거운 생활 안전한 생활

누리교육과정은 3~5세 유아의 심신의 건강과 조화로운 발달을 도와 민주시민의 기초를 형성하는 과정으로 신체운동·건강생활·의사소통·사회관계·예술경험·자연탐구 등 5개 영역으로 나누어져 있다. 이 교육과정의 건강생활 영역 가운데 신체의 내용별 세부 내용은 표 8-7과 같다.

유아 시기에서 보면 건강과 안전의 개념은 성장·발달·청결관리, 바른 식생활과 건강한 생활하기, 질병 예방하기를 포함한다. 영양교육 내용은 음식을 골고루 먹기, 몸에 좋은 음식에 대한 관심 갖기, 바른 태도로 식사하기 등이며 구체적인 예는 식품의 종류와 요리명 알기, 음식과 몸, 음식과 건강, 보건과 위생 등으로 나눌 수 있다.

표 8-7 3~5세 연령별 누리과정의 내용

내용 범주	내용	3세	4세	5세
건강하게 생활하기	몸과 주변을 깨끗이 하기	손과 이를 깨끗이 하는 방법을 알고 실천한다.		스스로 몸을 깨끗이 하는 습관을 기른다.
		주변을 깨끗이 한다.	주변을 깨끗이 하는 습관을 기른다.	
	바른 식생활 하기	음식을 골고루 먹는다.		적당량의 음식을 골고루 먹는다.
		몸에 좋은 음식에 관심을 갖는다.	몸에 좋은 음식을 알아본다.	몸에 좋은 음식을 선택할 수 있다.
		바른 태도로 식사한다.	음식을 소중히 여기고 식사예절을 지킨다.	
	건강한 일상생활 하기	규칙적으로 잠을 자고, 적당한 휴식을 취한다.		
		하루 일과에 즐겁게 참여한다.		
		스스로 화장실에서 배변한다.	바른 배변습관을 가진다.	규칙적인 배변습관을 가진다.
	질병 예방하기	질병의 위험을 알고 주의한다.	질병을 예방하는 방법을 알고 실천한다.	
		날씨에 맞게 옷을 입는다.	날씨와 상황에 알맞게 옷을 입는다.	

유아 영양교육은 다양한 교과시간을 통해서 통합적으로 이루어질 수 있다. 즉 수학, 언어, 과학, 동시, 동화, 신체활동, 놀이, 율동, 게임 등을 통하여 건강과 음식과의 관계를 이해할 수 있게 한다. 유아 영양교육의 통합 활동망의 예는 그림 8-1과 같다.

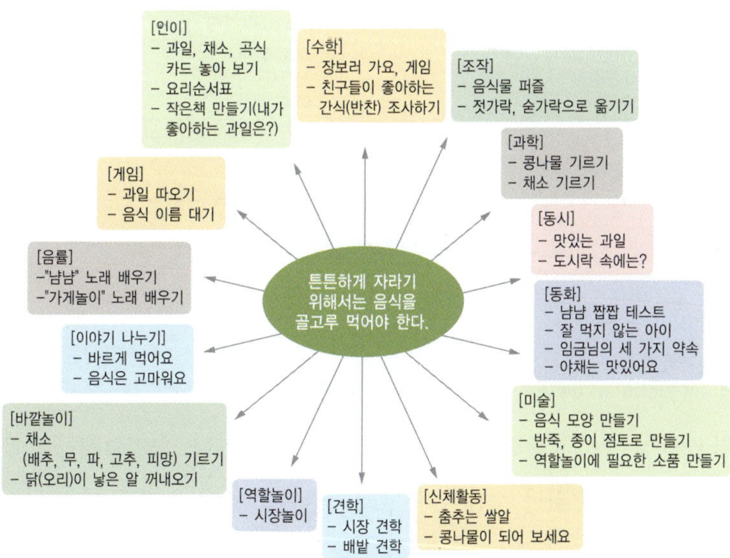

그림 8-1 유아 영양교육의 통합 활동망

II 영양교육의 수업설계

1. 수업설계 의의와 요소

1) 수업설계의 의의

효과적인 영양교육을 하기 위해서는 수업설계가 중요하며, 이는 학습지도안으로 구체화된다. 영양교육을 실시하기 위해서 교육대상자에게 교육목표가 분명하게 제시되어야 한다. 따라서 교육내용과 전개하는 방법, 절차 등을 사전에 계획하는 것이 필요하다.

모든 영양교육은 수업을 통해 이루어진다. 수업은 교수가 적절한 학습활동을 통해 지식을 전달하고 경험을 제공하며, 학습이 촉진되도록 하는 일련의 계획된 활동들을 말한다. 수업은 교수teaching보다는 포괄적인 개념으로, '교수'가 가르치는 행위를 말한다면, '수업'은 가르치는 행동뿐만 아니라 다양한 교육매체(교재, 그림, TV, 프로그램, 컴퓨터 등)에 의해 제공되는 모든 경험도 포함한다.

체계적인 수업설계의 의의

- 교육대상자에게 필요한 교육목표를 명확히 할 수 있다.
- 교육목표에 맞는 체계적이고 과학적인 교육과정을 개발할 수 있다.
- 수업을 설계해 봄으로써 설정된 학습목표와 그에 맞는 내용, 방법, 매체 등의 유기적 통합을 통해 학습효과를 극대화할 수 있다.
- 수업에 관한 전체적인 큰 그림을 제공해 줌으로써 수업설계, 개발, 실행에 관련된 모든 사람들 간에 의사소통이 가능하게 한다.
- 수업과정 중에 일어날 수 있는 오류나 잘못을 사전에 찾아내어, 이를 교정할 수 있게 해준다.
- 교육대상자의 입장에서 수업을 계획함으로써 교육대상자에게 동기부여를 할 수 있다.

수업설계instructional design란 교육 시 발생하는 학습요구나 학습문제를 해결할 목적으로 일련의 계획을 수립하고 프로그램을 개발하는 과정이다. 수업설계는 효율적이고 효과적인 수업을 성취하기 위한 수단이며, 효과적인 수업계획 수립을 위해 학습과 수업에 관한 이론 및 지식들을 유기적으로 통합시키는 체계적인 과정이다. 체계적으로 수업설계를 하면 효과적 교수전략을 탐색할 수 있게 된다. 따라서 수업이 효과적이고 효율적으로 흥미롭게 진행될 수 있도록 하고, 서로 관련된 내용으로 진행되며 일관성을 갖게 한다.

2) 수업설계의 단계

수업설계의 과정은 일정하게 정해진 틀은 없지만 일반적으로 학습목표의 설정, 진단(교육대상자, 학습환경, 선행학습 등), 수업절차, 학습평가 등을 고려해야 한다. 이러한 요소를 고려하여 Carey의 교수의 수업설계 모형을 살펴보면 다음과 같다.

수업설계의 단계

교육대상자 목표 설정 → 수업분석 → 교육대상자 환경분석 → 수행목표 진술 → 도구개발→ 수업전략 개발 → 수업자료 선택 및 개발 → 형성평가 설계 및 실시 → 총괄평가

이 모형에서 평가는 다음과 같다.

① 학습목표 : 교육대상자는 무엇을 학습해야 하는가?

② 학습전략, 학습활동, 학습자료, 매체 : 학습목표를 어떻게 달성할까?

③ 학습평가 : 교육대상자가 수업목표를 달성하였는가?

2. 수업설계의 원리와 교수기법

1) 수업체계

수업을 실시하기 위하여 수업설계를 할 때 구체적인 수업지도안을 작성하게 된다. 한국교육개발원은 수업체계를 세분화하여 수업 전을 '계획단계', 수업활동을 '진단단계', '지도단계', '발전단계', 그리고 수업 후를 '평가단계'로 구분하여 단계별로 제시하였다그림 8-2.

1. 기획단계	2. 진단단계	3. 지도단계	4. 발전단계	5. 평가단계
• 한 단원, 한 시간의 수업준비 • 교재연구 • 수업계획 짜기	• 학습자의 단원학습 능력 진단	• 수업목표 달성 • 수업	• 학습자의 학습정도 확인 • 심화·보충학습 기회 제공	• 단원목표 달성도 평가 • 단원수업 정리

그림 8-2 수업체계와 단계별 내용

① 계획단계 : 교사가 한 단원 혹은 한 제재의 수업을 위해 그 준비로서 교재 연구를 하거나 수업계획을 짜는 단계이다.

② 진단단계 : 교육대상자들이 새로운 단원의 학습에 필요한 능력을 갖추고 있는지를 진단하고, 그에 따라 적절한 조치를 취하는 단계이다.

③ 지도단계 : 해당 단원의 수업목표를 달성시키거나 본 수업이 이루어지는 단계이다.

④ 발전단계 : 지도단계에서 교육대상자들이 학습한 정도나 그 과정을 중도에 확인(혹은 평가)하고, 그 성과에 따라 심화 또는 보충학습의 기회를 제공하는 단계이다.

⑤ 평가단계 : 그 단원에서 의도한 단원의 목표를 교육대상자들이 어느 정도 달성하였는지를 평가하기 위해 필요한 활동을 하는 단계이다. 따라서 이단계가 끝나면 한 단원의 수업이 끝나고 다음 단원으로 나아가게 된다.

2) 수업설계의 원리

수업설계 시 포함되어야 하는 원리를 어린이 비만교육 수업설계의 예로 살펴보면 다음과 같다.

수업설계 시 고려해야 할 교수원리

- 학습목표 제시
- 학습동기 유발
- 교육대상자의 학습상태 분석
- 수준별 학습내용 제시
- 연습 및 교육대상자 참여도 증진
- 학습과정 확인과 피드백
- 전이와 일반화 등

(1) 학습목표 제시

교육대상자가 왜 이 학습을 해야 하는지, 무엇을 해야 하는지 등 학습목표를 인지하고 절차를 이해하면 학습이 촉진되므로, 교육대상자에게 학습목표와 학습과정을 알려준다.

> 비만아가 체중을 감소시켜야 하는 이유, 체중감소 방법, 얼마나 감소시킬 것인가 하는 목표를 알려준다. 이를 통해 아동은 학습목표를 분명히 알게 되며 어떠한 과정을 거쳐야 하는지 학습과정도 알게 된다.

(2) 교육대상자의 동기유발

교육이 가장 효과적으로 이루어지는 것은 교육대상자가 스스로 주도적으로 학습에 참여할 때이다. 또한 교육대상자가 학습과제에 집중하면 수업진행이 용이해진다. 따라서 수업 도입부에 교육대상자가 학습목표와 학습과제에 대한 호기심과 흥미를 갖도록 학습동기를 높이는 방법을 계획한다.

> 비만아동에게 자신이 체중조절을 해본 경험이 있는지 발표하게 해본다. 뚱뚱해진 이유를 설명하게 하거나, 비만했다가 날씬해진 유명인 등과 같이 아이들의 흥미를 유발할 수 있는 사람의 체형을 얘기해 보게 한다. 따라서 스스로 학습의욕을 높일 수 있게 된다.

(3) 학습결손의 발견과 처치

교육대상자의 선행학습내용을 알아보고 수업을 계획한다. 만약 학습결손이 있다면 그 정도를 진단하고 교정학습을 실시한다. 또한 필요할 경우 학습의 결손을 초래하는 근본적인 원인을 규명하여 이를 개선하도록 지도한다.

> 비만에 대해 무엇을 알고 있는지, 건강과 영양지식은 있는지 등을 알아보고 학습진도 내용을 따라 오지 못할 경우 선행학습을 시키는 내용을 포함한다.

(4) 수준별 학습내용의 제시

교육대상자의 수준에 알맞게 교육대상자료와 활동을 개별화시켜 주며, 개개인에 맞는 학습지도 방법을 선택한다.

> 수업참가자인 교육대상자가 소규모일 경우, 각자 수준에 알맞게 설명을 하고 학습자료와 식이섭취, 운동 종류 등을 개별화시켜 실시할 수 있게 한다.

(5) 연습과 교육대상자의 참여

교육대상자가 수업 참여도를 높여 학습내용을 완전히 이해할 수 있도록 연습할 내용을 수업설계 시 계획하고, 교육대상자를 어떻게 참여시킬지 계획한다.

> 일방적인 교수의 설명으로 영양지식을 전달하기보다는 실제 식품 그림 붙이기, 역할놀이, 인형극, 노래 등 다양한 활동을 통해서 교육대상자가 참여할 수 있도록 계획한다. 특히 어릴수록 교육대상자 참여 유도는 필수적이다.

(6) 학습과정의 확인과 피드백

학습결과에 대해 즉각 알려 주고, 그에 따른 강화가 있을 때 학습은 효율적으로 이루어지므로 수시로 형성평가를 실시하여 학습과정을 확인한다.

교육대상자에게 수업 전에 평가기준을 알려주고, 교육대상자 자신이 학습결과를 평가할 수 있는 기회를 주며, 학습과제를 소단위로 나누어 각 단위의 마지막에 평가하고 교육대상자에게 결과를 알려준다.

> 에너지를 많이 내는 식품이나 요리 등을 구분할 수 있는지, 혹은 에너지가 얼마 정도가 들어 있는지를 질문을 통하여 평가한다.

(7) 전이와 일반화

학습이 완료되었을 때 기대되는 결과나 모델을 관찰하고 모방하면 학습이 촉진된다. 또한 학습자료는 간단한 것에서 복잡한 것으로, 친숙한 것에서 친숙하지 않은 순으로 제시하며, 단순암기나 공식에 의한 학습보다 이해를 중심으로 한 학습을 하고, 학습한 행동을 익숙한 주변생활 문제에 적응해 보는 경험을 하도록 한다.

> 소그룹으로 나누어 에너지가 적은 식품들을 선택하게 하고, 그것으로 하루 먹고 싶은 간식, 식사를 하게 한 후 서로 평가해 보도록 한다.

3) 교수기법

영양교육의 학습효과를 높이기 위해 영양교육자들은 수업현장에서 사용할 수 있는 효율적인 교수기법을 알아두도록 한다. 효율적으로 가르치기 위한 교수기법에는 태도, 조직화, 의사소통, 주의집중, 피드백, 모니터링, 점검과 정리, 질문하기 등이 있다그림 8-3. 수업내용이 교육대상자에 적절하게 구성되었다 하더라도 잘 가르치지 못하면 전달되는 교육효과는 줄어들 수 있다. 따라서 교육효과를 높이기 위하여 교수기법의 요소들을 어떻게 사용할 것인지 고려해야 한다.

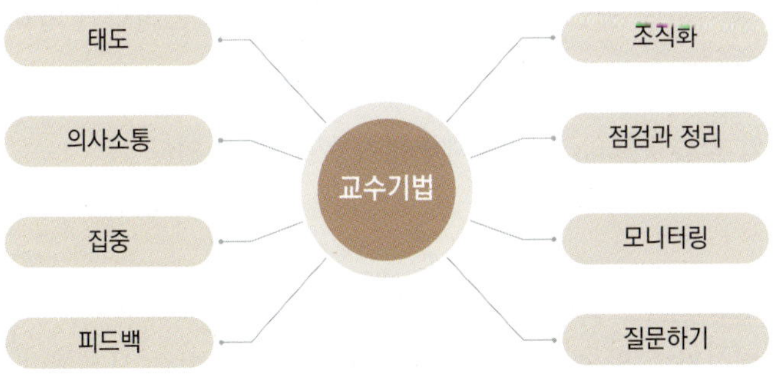

그림 8-3 수업설계 시 고려해야 할 교수기법

(1) 적극적인 자세

교육자의 태도는 교수기법은 아니지만, 효과적인 수업을 이끄는 데 중요한 밑거름이 된다. 교육자가 적극적인 태도를 취하면 교육대상자가 수업에 적극적으로 동참하고 싶은 동기를 부여받게 된다.

교육대상자는 깨끗하면서도 멋지고 유머러스한 사람에게 배우기를 원한다. 따라서 옷매무새나 몸을 가꾸는 것도 필요하다.

학습동기를 유발하는 교육자의 자세

- 자상함과 애정을 가짐
- 교육대상자에게 좋은 모델이 됨
- 적절한 몸가짐과 옷차림 하기
- 교육대상자에게 대한 기대가 큼
- 적극적이고 열성적인 태도를 보임

(2) 조직화

교수기법 중 조직화는 시간을 매우 효과적으로 활용할 수 있도록 하는 것이다. 교실관리 면에서 학생의 문제행동을 예방하고 학생들의 학습효과를 높이도록 하는 것이다. 시간관리 면에서 보면 수업시간의 효율적 활용, 사전 자료준비, 체계적인 수업 진행, 혼란의 최소화 등이 조직화에 포함된다. 또한 학생이 분명하고 논리적인 형태로 학습을 개념화할 수 있도록 구체적인 사물을 통한 학습을 실시하는 것이다. 따라서 조직화를 하면 학생의 이해를 도와 학습정보의 기억과 재생에 도움을 줄 수 있다.

(3) 의사소통

수업내용을 효율적으로 전달하기 위해서는 교육대상자와 의사소통 기술이 중요하다. 수업 시에 교육대상자에 맞는 적절하고 정확한 단어와 용어를 사용해야 한다. 수업내용의 이해를 돕기 위해 수업과 관련된 여러 가지 사례나 자료를 제시하고, 수업내용이 전환되거나 다음 단계로 진행될 때는 적절한 전환신호를 보내야 하며, 중요한 내용은 강조하도록 한다. 이때 언어나 수화 등에 의한 내용 전달만이 의사소통이 아니며, 넓게는 교육

매체나 활동을 적절히 사용하는 것도 의사소통에 속한다.

(4) 집중시키기와 질문하기

교육대상자의 주의집중을 유도하고 지속시키기 위한 수업기법을 이용한다.

아동이나 성인, 노인들은 주의집중할 수 있는 시간이나 집중내용이 다르다. 그러므로 시선이나 귀를 기울이도록 흥미를 유발할 수 있는 이야기, 그림, 매체 등의 활용을 계획하도록 한다.

또한 질문을 통해서 교육자는 교육대상자의 주의를 집중시키고, 교육대상자 의 자기평가와 강화, 그리고 적극적인 학습참여 등을 증가시킬 수 있다.

(5) 모니터링과 피드백

모니터링은 수업과정 중 교육대상자의 언어행동, 비언어행동 반응에 관심을 두고, 계속적으로 관찰하면서 수업의 진행상황과 교육대상자의 수행수준을 파악하여, 교육대상자들에게 필요한 조언이나 격려를 하는 것을 말한다.

수업 중의 적절한 피드백은 학습증진에 긍정적인 역할을 한다. 피드백을 할 경우에는 즉각적으로 하는 것이 좋으며, 똑같은 방법으로 하는 것보다는 각 상황마다 적절하고 특별하게 하는 것이 좋다. 피드백은 긍정적인 감성적 어조로 하는 것이 좋다.

> 유아나 아동에게 "아주 잘했어요, 멋지게 했어요" 등의 칭찬은 피드백이면서, 대상이 더욱 학습에 열중하게 하는 효과를 가진다.

(6) 점검과 정리

점검은 전체 시간의 학습내용을 다시 요약하고 이전 학습내용과 앞으로 배울 학습내용을 연결하는 과정으로서, 학습의 도입 부분이나 종결 부분에서 주로 사용된다. 정리는 일반적으로 학습의 마지막 부분에 이루어지는 재검토의 한 방법이다.

> 지금까지 배운 내용을 정리하면 비만은 왜 해로운가, 비만을 일으키는 식이와 다른 요소들은 어떤 것이 있는지를 보았다. 식품 중 에너지가 적은 식품은 어떤 식품이 있는지 다음 시간에 배우게 된다.

III 영양교육 수업지도안의 실제

1. 수업지도안의 단계별 내용과 방법

수업지도안은 정해진 단위의 학습을 예상하는 목표에 도달시키기 위한 것으로, 교수활동과 학습활동을 하나로 통합시킨 학습과정의 계획서이며 설계도이다.

일반적으로 모든 교육에서와 마찬가지로 영양에 관한 교육 또한 사전에 교육대상자의 교육수준과 식생활, 영양, 건강 등의 기초적인 실태 파악을 하며 문제점을 찾아내어 분석을 한 후 교육계획을 수립해야 한다.

따라서 수업지도안의 작성은 수업 후에 기대되는 학습결과로서의 수업목표를 설정하고 수업활동의 기본적인 특성과 수업의 조직은 어떻게 할 것인가에 대하여 결정하는 것이다. 이때 지도안은 학습도입단계, 전개단계, 정리단계로 나누어 계획하게 된다.

수업지도안 작성 시 고려사항

- 학습과제 분석표의 하위 단계에서 상위 단계 수준으로 가르친다.
- 단순하고 쉬운 과제를 먼저 제시하고, 복잡하고 어려운 과제는 나중에 제시한다.
- 한 수업목표의 학습이 다음 수업목표의 학습에 최대한 전이될 수 있도록 배열한다.
- 공통요소는 가능한 한 초기단계에서 가르친다.
- 한 수업목표가 다른 수업목표의 선행학습능력이 될 때는 그 선행학습능력이 되는 것부터 먼저 가르친다.
- 작업의 의존성에 따라 순서를 결정한다.

1) 학습도입 단계

새로운 학습을 시작하려고 할 때는 학습의 필요한 목적 또는 학습내용의 개관이나 학습방법에 대한 개요를 인식할 수 있도록 해주어야 한다. 이러한 도입단계의 방법은 다음과 같다.

도입은 2~3분, 길어야 4~5분 정도를 차지하는데 도입단계 시간이 길어지면 학습의욕도 상실되고 전개과정의 시간이 부족하게 되므로 주의해야 한다. 이때 도입단계에서는

표 8-8 도입 단계의 지도수단의 분류

교사의 설명	학습내용과 관련된 과거의 경험을 상기시키는 설명을 한 후 문제의식과 학습의욕을 불러일으킨다.
전 시간에 배운 학습	전 시간에 배운 내용을 반복 설명하거나 교육대상자에게 요점이나 내용을 발표시킨다.
교사의 질문	교사의 본시 관련 질문에 대한 교육대상자의 대답에 따라 학습방향을 정하고 전 시간과 연결되는 학습내용을 환기시킨다.
자료준비	본시 학습에 대한 자료준비 등을 예고하고 주의사항을 설명하면서 의욕을 고취한다.
교과서 내용	교과서 내용을 읽어주면서 교육대상자 관심을 환기시킨다. 시청각 교구를 이용 또는 교육대상자의 발표나 질문으로 학습의욕을 유도한다.

효율적인 교육을 위해 아동들에게 적합한 식생활, 영양, 건강 등의 문제점에 대한 흥미를 유발하며 본교육에 들어가야 한다.

2) 학습전개 단계

교육의 내용은 교육대상자들이 배워야 할 단원의 개념·원리·지식·기능이 포함되어야 하는데, 이때 학습을 하기 위한 교재이자 도구로 교과서를 사용하게 된다.

널리 사용되고 있는 교재의 범위로는 교과서, 실물, 표본, 모형 사진이나 그림, 괘도, 칠판, 융판, 게시판, 시연, 전시, 견학, 슬라이드, 영화, 투시환등기, 실물환등기, 라디오, 텔레비전을 비롯한 최신의 컴퓨터 등이 있다. 학습 시 교육대상자로 하여금 실질적인 경험을 해볼 수 있도록 예를 들어 역할극, 그림동화 이야기, 인형극, 놀이, 실습 등의 수업을 전개하면 교육의 효과는 더욱 증대된다.

(1) 학습전개 단계의 학습활동 분류

- 관찰적 활동 : 시청각 교구 관찰, 견학, 답사, 조사 등
- 담화적 활동 : 발표, 보고, 방송, 토의 등
- 청취활동 : 강의, 강연, 면접, 라디오 청취 등
- 독서활동 : 낭독, 묵독, 정독, 속독 등
- 표현활동 : 지도, 도표, 그래프, 포스터, 회화 등
- 실천적 활동 : 구성, 실험, 실습, 사육, 재배 등

또한 교육효과를 높이기 위해서는 교과서 이외의 보조교재를 선택하게 되는데, 보조교재를 효과적으로 개발하고 이용하면 교육효과를 증대시킬 수 있다.

3) 학습정리 단계

교육실시에 따른 교재나 자료의 수집과 학습 후 기대되는 행동의 장기·단기적 학습목표를 고려하며, 교육 후의 피드백은 교육의 성취도를 높일 수 있다. 학습내용을 결론짓는 종결의 단계가 정리단계인데, 정리단계의 구체적인 방법은 다음과 같다.

정리단계의 구체적 방법

- 학습한 사실의 기술에 대한 활동을 강조한다.
- 수업의 교육목적을 얼마나 달성했는가 평가한다.
- 중요한 부분을 구두로 약술하고 수업을 마친다.
- 다음 시간의 학습문제를 예고하고 숙제를 낸다.
- 그 시간에 배운 개별적 학습을 종합한다.
- 교육자가 주요점을 요약한다.
- 교육대상자에게 주요점을 요약해 보게 한다.
- 다음 시간의 학습의 중요 연관성을 미리 일러둔다.
- 학습내용이 실제 생활에 어떻게 활용되고 있는가 보여준다.
- 이해도 측정을 위해 학습활동 요점을 교육자가 질문한다.

2. 학습지도안의 작성양식

1) 학습지도안 양식의 예

학습지도안에는 일정한 틀에 박힌 형식이 있는 것은 아니다. 왜냐하면 학습의 성격, 학습의 형태, 학습의 내용, 교육대상자의 준비도나 교육자의 개성, 교육관에 따라 달라지기 때문이다. 일반적으로 많이 쓰이고 있는 학습지도안의 양식은 다음과 같다.

표 8-9 학습지도안의 작성 양식

Ⅰ. 단원명

대단원

소단원

Ⅱ. 단원 설정이유

1. 학습심리상(학습필요와 흥미상의 적부)
2. 학습경험상
3. 사회적 요구상

Ⅲ. 단원의 최종 수업목표

Ⅳ. 학습과제 분석과 학습지도 내용

1. 학습과제 분석체계표를 작성한다.
2. 학습지도 내용을 항목별로 명기한다.

Ⅴ. 단원의 수업목표

1. 이해면 : 인지적 영역목표
2. 태도면 : 정의적 영역 목표
3. 기능면 : 운동기능 영역 목표

Ⅵ. 단원 학습지도 계획

주제	시간배당		자료	교과 관련			준비물
				단원명 관련	타교과 관련	특별활동, 행사, 생활관련	

Ⅶ. 본시의 학습활동 지도안

1. 본시의 수업목표

   본시의 수업목표를 진술한다.

2. 지도순서

수업 단계	수업상태	지도내용	교수-학습활동		교수-학습자료	시간배정
			학생	교사		
도입	1. 선행학습 재생의 자극 2. 주의 포착 3. 수업목표의 명시 통보 4. 자극자료 제시					
전개	5. 학습안내 및 지도 수업목표 Ⅰ 수업목표 Ⅱ 수업목표 Ⅲ					
정리	6. 성취행동 유발 7. 오류 수정 및 피드백 제공 8. 파지 및 전이 9. 차시 수업 예고					

2) 초등학교 영양교육 구성안 예

다음은 초등학교 영양교육 구성안의 급식교육이나 실과 교과에서 참고할 수 있는 가공식품에 대한 교육안이다.

표 8-10 가공식품에 대한 교육안의 예(5~6학년)

<table>
<tr><td>과목</td><td>실과</td><td>대상</td><td>초등 5~6학년 학생</td><td>지도교사</td><td></td></tr>
<tr><td>학습주제</td><td colspan="5">우리가 즐겨 먹는 가공식품! 더 건강하고 안전하게 먹는 방법은?</td></tr>
<tr><td>학습목표</td><td colspan="5">1. 가공식품 안에는 어떠한 첨가물이 들어 있는지 알아본다.
2. 가공식품 안의 첨가물을 줄여 먹는 방법을 알아본다.
3. 가공식품 안의 첨가물을 안전하게 먹을 수 있는 식생활 개선을 유도한다.</td></tr>
<tr><td rowspan="2">수업전략</td><td colspan="2">학습 집단 조직</td><td colspan="3">집단 학습 후 소집단 학습</td></tr>
<tr><td colspan="2">활동내용</td><td colspan="3">강의, 실험시연, 리플릿 만들기</td></tr>
<tr><td rowspan="2">학습단계</td><td colspan="3">수업활동</td><td rowspan="2">시간(분)</td><td rowspan="2">자료 및 준비물</td></tr>
<tr><td colspan="2">내용</td><td>방법</td></tr>
<tr><td>도입</td><td colspan="2">• 인사하기
• 내가 자주 먹는 가공식품에 대해 발표하기</td><td>• 학생과 학부모님의 흥미를 유도하기 위해 내가 자주 먹는 가공식품 물어보기</td><td>5분</td><td>'다양한 가공식품' 정리해 놓은 패널 사용</td></tr>
<tr><td>학습활동</td><td colspan="2">• 〈강의〉 가공식품의 첨가물을 줄여 먹는 방법에 대해 알아보기</td><td>• 강의 - 가공식품(예 : 비엔나 소시지, 옥수수콘, 어묵, 맛살 등)에 첨가된 첨가물을 데치기 등의 다양한 방법을 이용하여 줄여 먹는 방법에 대해서 알기</td><td>30분</td><td>'다양한 가공식품의 첨가물 줄여 먹는 방법' 알아보기 PPT 자료</td></tr>
</table>

(계속)

<table>
<tr><th rowspan="2">학습단계</th><th colspan="2">수업활동</th><th rowspan="2">시간(분)</th><th rowspan="2">자료 및 준비물</th></tr>
<tr><th>내용</th><th>방법</th></tr>
<tr><td></td><td>• 〈실험시연〉 가공식품 안의 첨가물 줄이는 방법 시연하기 (1)
1) 소시지의 첨가물 줄이는 방법
2) 옥수수콘 통조림 첨가물 줄이는 방법

• 〈리플릿 제작〉 식품 첨가물 안전하게 먹는 방법에 대해 익히고 다짐하며 '가공식품 안전하게 먹는 실천 방법' 간단한 리플릿 제작하기</td><td>• 〈실험시연〉
1) 비엔나 소시지
→ 포장지 원료명에서 식품첨가물 확인
→ 비엔나 소시지 칼집내기
→ 끓는 물에 데치기
2) 옥수수 콘 통조림
→ 포장지 원료명에서 식품첨가물 확인
→ 통조림의 콘과 액을 분리
→ 팔팔 끓인 물로 헹궈내기
• 첨가물 줄여 먹는 방법 실험 후 그 재료를 이용해서 해 먹을 수 있는 요리 소개 (피자)
• 준비된 색지를 접어 리플릿 책자의 모양을 만든 후 준비되어 있는 '식품첨가물 줄여 먹는 방법'에 대한 자료를 이용하여 각자의 리플릿 제작하여 제공</td><td></td><td>실험도구 및 기구

색지, 풀, 리플릿에 붙일 자료</td></tr>
<tr><td>종결 및 평가</td><td>• 수업내용 확인하기
• 영양교육 후 가공식품 식품첨가물 줄여 먹는 식생활 개선을 위한 노력, 다짐하기
• 끝인사 하기</td><td>• 각자 만든 '식품 첨가물 줄여 먹는 방법' 리플릿을 보며 하나씩 차례로 말해본다.</td><td>5분</td><td>'식품 첨가물 줄여 먹는 방법' 리플릿</td></tr>
</table>

표 8-11 편식아동 영양교육 학습지도안의 예(편식 2주차 교육안)

<table>
<tr><td>단원</td><td colspan="3">편식과 바른 식습관</td><td>차시</td><td>2/6</td></tr>
<tr><td>주제</td><td colspan="5">편식의 문제점과 올바른 식품 선택</td></tr>
<tr><td rowspan="2">학습목표</td><td colspan="3" rowspan="2">1. 음식을 골고루 먹는 태도를 갖는다.
2. 올바른 식사태도를 익힌다.</td><td colspan="2">학습준비물</td></tr>
<tr><td colspan="2">스케치북, 색연필</td></tr>
<tr><td>수업구조</td><td colspan="5">원숭이 나라 동화 듣기 ⇨ 편식의 정의, 증상, 원인, 교정법 알기 ⇨ 원숭이 나라 동화 듣기</td></tr>
<tr><td>단계</td><td>시간</td><td>학습내용</td><td colspan="2">학습활동</td><td>자료 및 유의점</td></tr>
<tr><td>도입</td><td>15분</td><td>• 원숭이 나라 동화 듣기</td><td colspan="2">• 「원숭이 나라」에 대한 동화를 들려주어 흥미를 유발시킨다.

〈질문〉
1. 게으름이는 맛있는 것을 많이 먹었는데 왜 몸이 아프고 살만 쪘을까요?
2. 튼튼이는 어떻게 대장원숭이가 될 수 있었을까요?
3. 게으름이는 왜 대장원숭이가 못 되었을까요?
• 학부모님용 설문지를 제출하게 한다.</td><td>OHP</td></tr>
<tr><td>전개</td><td>15분</td><td>• 올바른 식품 선택하기
• 음식물 안 남기기
• 식사태도 알아보기</td><td colspan="2">• 많은 음식물이 있는데 이 중에는 우리 몸에 이로운 음식과 해로운 음식이 있다.
- 영양신호등으로 이로운 음식과 해로운 음식에 대하여 설명한다.
• 동화에서 만약 우리가 음식물을 버리지 않았다면 게으름이는 무엇을 먹었을까?
- 우리가 먹고 버리는 음식물이 썩어 강물과 산 등 자연을 오염시켜 비정상적인 모습의 생명체가 나타난다.
• 올바른 식사태도 익히기에 대해 배운다.
- 아동들에게 발표하게 한다.
• OHP필름의 그림을 보고 올바른 식사태도에 대해서 복습한다.</td><td>보드판
OHP</td></tr>
<tr><td>정리</td><td>10분</td><td>• 노래 배우기</td><td colspan="2">• 튼튼이가 될거야(개사곡) 노래를 부른다.
• 다음 시간에 배울 내용을 예고한다.</td><td>개사악보
보드판</td></tr>
</table>

연구과제

1. 영유아나 초등학생을 대상으로 수업 주제를 선택하여 실제 수업지도안을 작성해 보자.

2. 노인의 건강관리를 위한 8주간의 영양교육과정을 계획해 보고 8주간의 수업지도안을 작성해 보자.

CHAPTER

9

영양상담

학습
목표

1. 상담의 개념과 이론을 설명할 수 있다.
2. 상담 유형과 특성을 알고, 실제 상담에 효과적으로 적용할 수 있다.
3. 상담의 절차와 기술을 이해하고 설명할 수 있다.
4. 영양상담을 상담 절차와 기법에 맞게 계획할 수 있다.
5. 영양상담을 실시할 수 있다.

I 영양상담의 개념과 이론

영양상담은 현재 영양문제가 있는 사람이나, 앞으로 영양문제의 가능성이 있는 사람 혹은 건강증진이 필요한 사람에게 실시할 수 있다. 영양상담을 하기 위해서는 영양지식은 물론, 일반적인 상담에 대한 이해와 기법을 알고 내담자의 성장과 긍적적인 변화에 도움을 주어 영양문제 해결에 도움을 주도록 하여야 한다.

1. 영양상담의 개념

상담counseling은 내담자(도움을 필요로 하는 사람)와 상담자(도움을 줄 수 있는 사람) 간에 구조화된 관계를 형성하고, 이 관계 속에서 내담자의 성장과 발전을 도모하는 것이다. 상담을 통해 내담자는 바람직한 행동의 변화, 건강의 증진, 문제의 해결, 효과적인 의사결정과 같은 결과를 기대할 수 있으며, 상담에서 내담자가 자발적인 요구에 의해 스스로 문제를 해결하도록 하는 것이 필수적이다.

교육과 상담은 교육대상자 혹은 내담자의 지식, 태도, 행동의 성장 및 변화를 촉진한다는 점에서는 같다. 그런데 교육에 비해 상담은 상담자와 내담자 간에 긴밀한 신뢰관계 속에 상호이해의 폭과 깊이가 더욱 크게 작용하는 상호 역동적인 관계이며, 상담자는 내담자의 문제해결에 도움을 줄 수 있다.

상담의 개념을 영양상담에도 적용시켜 보면, 영양상담이란 현재 영양문제를 가지고 있거나 혹은 그럴 가능성이 있는 사람에게 본인이 스스로 새로운 식생활을 해나가도록 하는 과정이다. 그러므로 영양문제를 가졌거나 그럴 가능성이 있는 사람 혹은 자신의 식행동을 변화시켜서 영양적 문제가 생기는 것을 사전에 예방하고자 하는 사람들이 내담자가 된다. 상담자는 내담자에게 영양상담을 제공하는 영양학에 관한 전문적 지식을 충분히 갖춰야 할 뿐 아니라, 인간행위에 대한 이해가 있어야 한다.

2. 상담의 이론과 영양상담 접근법

상담이론에는 여러 가지가 있으며, 그 이론에 따라 영양상담 접근법도 다양하다.

1) 내담자 중심요법client-centered therapy

칼 로저스Carl Rogers 등이 정립한 인간중심 상담 이론은 내담자가 스스로 자신의 문제를 충분히 이해할 수 있을 뿐만 아니라, 자신의 문제를 스스로 해결할 수 있는 능력을 지니고 있음을 강조한다. 따라서 내담자 중심으로 상담을 진행하며 내담자의 삶에 간섭하지 않고, 내담자에게 힘을 행사하지 않으며, 그 존재가 자유롭게 되도록 도와야 한다고 말한다. 상담의 목표는 내담자가 자기 자신이 되는 것이며, 관계를 중시하여 친밀한 관계 형성을 중요하게 생각한다. 이를 위해 상담자는 내담자의 존재와 모든 표현을 수용한다. 상담기법으로 경청, 긍정적 존중, 진실성 있는 자세, 공감적 이해 등이 중요하다.

2) 합리적 정서요법rational emotive behavior therapy: REBT

엘리스Ellis의 합리적 정서요법은 합리적인 정서행동치료라고도 한다. 엘리스는 인간의 불안한 감정은 사건 때문이 아니라 사건을 보는 관점 때문에 불안해진다고 보았다. 인간의 사고, 감정, 행동은 상호작용한다고 하며 그중에서도 인지가 감정이나 행동보다 우선한다고 보았는데, 인간의 비합리적 사고는 일상에서 벌어지는 힘들거나 곤란한 사건들에 대해 불안, 우울, 분노, 죄책감, 소외감 등 부정적 감정을 지나치게 유발한다고 보았다. 따라서 비합리적 사고를 합리적으로 생각할 수 있게 도와준다면 부정적인 정서나 행동이 줄어들 수 있다고 강조한다. 비합리적 사고의 요소로는 당위적 사고, 과장적 사고, 좌절의 불포용, 인간 가치의 총제적 비하 등이 있는데, 상담기법으로는 있는 그대로 수용하기, 비합리적 신념의 수정, 내담자의 언어 변화시키기 등을 활용할 수 있다. 예를 들면, '당연히 해야 한다'를 '그렇게 되면 더 낫다'로, '절대 그래서는 안 된다'를 '그럴 때도 있다'로 등으로 훈련시킬 수 있다. 또한 자신에 대한 무조건적 수용과 역할놀이, 주장훈련, 실행적인 숙제 해오기 등의 상담기법을 통해 행동변화를 유도할 수 있다.

3) 행동요법behavioral therapy

울프Wolpe, 솔터Salter 등이 주장한 행동주의 상담이론에서는 내담자의 바람직한 행동은 증진시키고 바람직하지 못한 행동은 약화 또는 감소시켜 내담자의 적응력을 높이게끔 도와주는 재학습 과정을 목표로 한다. 행동주의 상담은 과거보다는 내담자의 현재 문제와 그에 영향을 주는 요인을 다루며 구체적인 행동으로 변화를 가져올 수 있도록, 자신의 행동을 관찰·관리하고, 대처기술을 배우고, 새로운 행동을 연습한다. 따라서 행동수정을 목표로 하고, 목표는 실제 삶에서 구체적이고 세부적으로 세운다. 상담자는 내담자가 바람직한 행동을 할 수 있도록 돕고, 이 행동을 지속적으로 하도록 유도, 지지, 격려 등을 해야 하며 바람직한 행동은 강화시킨다. 따라서 강화 자극 기법으로 행동계약서, 자기관찰, 자기보상, 모방학습, 긍정적 강화(보상) 등을 사용 할 수 있다.

4) 가족요법family therapy

보우웬Bowen 등이 제시한 가족요법은 내담자 가족 모든 구성원이 치료에 참여하는 것을 강조한다. 가족요법은 가족 구성원 사이에 어떤 문제가 발생하고 작용하고 있는지에 대한 진체적인 형태와 상황을 탐색하여 가족 전체가 좀 더 생산적인 방향으로 나아가도록 한다. 개인보다는 가족체제에 초점을 맞추어 상담이나 치료를 한다. 주로 개인치료가 효과가 없거나, 개인치료 후에 재발이 잦은 경우, 가족 내에 어려운 문제에 부딪힐 때 등에 사용하면 좋다. 가족치료 기법은 여러 상담이론에 입각하여 정신분석적 가족치료, 가족체계치료, 구조적 가족치료, 가족 커뮤니케이션 치료, 가족행동치료, 경험주의 가족치료, 해결중심 단기 가족치료 등 여러 치료기법이 사용되고 있다.

5) 자기관리접근법self-management therapy

자기관리는 자신의 행동을 바람직하게 변화시키려고 행동적 합습 원리를 활용하는 것을 말한다. 즉 자기관리접근법은 내담자들이 자신의 행동을 바람직하게 관리하고 통제할 수 있도록, 또한 자신의 행동에 책임질 수 있도록 하는 것이 핵심이다. 자기관리접근법에서 목표의 설정은 스스로 구체적인 바람직한 행동을 설정하고 이를 잘 시행하며, 계속 할 수 있도록 자기관리를 하고 스스로 자기 강화를 해 나가 긍정적인 결과를 얻을 수 있도록 하는 것이다.

6) 인지행동치료cognitive behavior therapy: CBT

행동수정과 인지치료 등 여러 상담이론을 통합하여 상담치료를 하고자 하는 상담기법이다. 인지행동치료는 다음의 핵심 개념으로 설명할 수 있는데 사고는 감정과 행동에 영향을 주며, 또한 행동양식은 사고나 감정에 영향을 준다. 따라서 바람직한 방식으로 사고하게 되면 행복감을 높이고 문제 행동을 줄일 수 있으며, 부적응적 사고는 부적응적 감정이나 부적응적 행동을 낳을 수 있다고 보았다. 이 이론의 상담 목표는 내담자가 보다 효과적으로 기능하고 사고의 편견이나 인지 왜곡을 제거하여 내담자의 문제 행동에 바람직한 대안을 찾도록 도와 적응적 행동으로 유도하는 것이다. 인지행동치료에 행동변화법으로 자기관찰, 새로운 내적 대화의 시작, 새로운 대처 기술의 학습 등의 기법이 있으며, 새로운 행동 학습을 위해 모델링, 대리학습, 행동 형성, 사회기술 훈련, 임시 계약 등이 사용될 수 있다.

7) 기타

위의 이론 이외에 상담이론으로 정신분석 상담이론, 현실요법 상담이론, 교류분석 상담이론 등 다양한 상담이론이 있는데, 이러한 상담이론은 인간의 의식과 무의식, 인지와 정서, 심리, 행동 등에 관심을 갖고 내담자의 내면적 성장을 위해 다양한 각도에서 연구하고 이론을 정립하였다.

위의 이론들을 통합해 보면, 결국 상담은 내담자의 자아성찰과 자기관찰 등을 통해 문제의 원인을 찾고, 상담자는 내담자의 문제를 공감하고 수용하여 문제를 함께 공유하며 내담자 스스로 문제를 해결하고 바람직한 행동을 할 수 있도록 도와주는 과정이다. 따라서 영양상담 시에도 영양사는 내담자가 내담자 스스로 문제를 찾고, 문제를 해결할 수 있도록 조력하고 협력하는 과정을 거쳐야 한다.

II 영양상담의 원칙과 기술

영양상담의 효율을 높이기 위해서는 주요 기법과 기본원칙을 알고, 상담을 계획하고 실행할 필요가 있다.

1. 영양상담의 기본원칙

성공적으로 상담이 진행되려면 상담자는 적절한 환경을 제공해야 하며, 사전에 적절한 훈련을 해야 한다. 진실하게 내담자를 받아들이려는 태도로 내담자가 자발적으로 상담에 참여하도록 유도해야 한다.

- 내담자가 믿고 마음을 열 수 있게 신중한 태도를 갖는다.
- 상담내용의 기밀성 유지에 대해 강조하며 지킨다.
- 내담자에 대해 긍정적인 태도를 갖는다.
- 현재의 문제에 대해 공감대를 형성한다.
- 내담자가 자유롭게 의사를 표시할 수 있도록 상담환경을 조성한다.
- 내담자가 스스로 밀힐 수 있도록 하며, 내답을 강요하지 않는다.
- 내담자의 부정적 감정표시에 대해 적절히 지지 및 수용을 한다.
- 내담자에 대해 지시, 충고, 명령, 훈계, 직접적인 권고 등은 가능한 한 피하도록 한다.

2. 영양상담의 기술

1) 상담의 진행원리와 진행과정

상담이 성공적으로 수행되기 위해서는 먼저 내담자의 이야기를 경청하고, 공감해 가며 친밀한 신뢰를 형성한 후 행동절차를 제시하거나 조언을 해주는 순서를 취해야 한다. 이를 위해서는 내담자의 이야기를 수용하고 반영해 가면서 경청하고 공감해 주며, 내담자의 문제해결을 해주기 위한 행동절차를 제시해 주어야 한다.

2) 상담의 기술

(1) 경청

상담은 내담자의 말을 듣는 것부터 시작한다. 따라서 상담자는 내담자의 말을 가로막지 않으면서 내담자의 이야기 흐름을 잘 따라가며 들어야 한다. 실제 상담은 상담자보다는 내담자의 말이 더 큰 비중을 차지한다. 내담자는 자기의 생각과 감정, 상황을 자유롭게 표현하는 과정에서 자신의 문제를 더 명확하게 잘 들여다볼 수 있다. 경청을 잘하려면 상담자는 부드러운 시선으로 내담자를 바라보며, 자세는 내담자를 향해야 하고 끄덕이는 몸짓, '으흠, 그렇군요'라는 받아주는 추임새 등으로 경청하고 있음을 표현한다.

(2) 수용

수용受容이란 내담자를 있는 모습 그대로 인정해 주는 상담자의 태도를 나타내는 것이다. 또한 "이해가 갑니다", "그렇군요"와 같은 반응은 내담자로 하여금 자기 이야기를 계속해 나갈 수 있도록 강화하는 효과가 있으며, 내담자에게 시선을 주는 주목행동이나 상담자의 안면표정과 고개를 끄덕이는 행동, 상담자의 어조와 억양도 중요한 행동 단서가 된다.

- 내담자 : 저염식을 먹으려니 너무 힘들었어요.
- 영양사 : 그러셨군요, 혹은 저염식이 아주 힘드셨군요.

(3) 반영

반영은 내담자의 말과 행동에서 표현된 기본적인 감정, 생각 및 태도를 상담자가 다른 참신한 말로 부연해 주는 것이다. 이것은 내담자의 자기 이해를 도와줄 뿐만 아니라, 내담자로 하여금 자기가 이해받고 있다는 느낌을 갖게 된다.

상담자는 내담자의 말뿐만 아니라 자세, 몸짓, 목소리의 어조, 눈빛 등에 의해 표현되고 있는 것도 반영해 주는 것이 필요하다.

- 내담자(다이어트 중인 환자) : 지난번 회식 때에 다이어트를 한다고 했더니 김대리가 그게 다이어트 한 거면 그냥 먹으라니까 다들 웃고 놀리더라구요.
- 영양사 : 동료들이 다이어트를 한다는 이야기에 웃고 놀리는 기분이 들어 당황스럽고 속상하셨겠어요.

(4) 명료화

명료화는 내담자의 말 속에 포함되어 있는 의미나 감정 등에 대해 내담자가 스스로 모호하고 혼동스럽게 느껴 미처 깨닫지 못하고 있는 것을 상담자가 명확하게 해주는 것을 뜻한다. 이로써 내담자의 핵심적인 욕구나 갈등을 분명하게 제시해줄 수 있고, 이 과정을 통해 내담자는 자기가 이해받고 있으며, 상담이 잘 진행되고 있다는 느낌을 받게 된다.

- 내담자 : 이야기가 불분명하고 애매할 때
- 영양사 : 그것이 정확하게 무엇을 뜻하는 것이지요?
  방금 ~이 마음에 들지않는다고 했는데, 어떻게 마음에 들지 않는지요?

(5) 질문

상담에서 질문의 형태는 답이 예, 아니오로 끝나는 폐쇄형 질문보다는 가능한 개방형 질문이어야 한다. 또 질문은 되도록 간결하고 명확하여 알아듣기 쉬워야 한다. 개방적 질문은 답변이 열려 있어 내담자의 관점, 의견, 사고, 감정까지 끌어내 친밀감을 형성할 수 있다. 그러나 폐쇄형 질문은 '예' 혹은 '아니오'의 명백한 사실만을 요구하여 상담 진행이 어렵게 된다. 한 번에 한 가지 질문만을 하며 '왜'라는 질문은 가급적 피한다. '왜'보다는 '어떻게'라는 표현을 사용하면 한결 대화가 부드럽다.

- 개방형 질문 : 평소의 아침 식사를 어떻게 하는지 이야기 해줄래?
- 폐쇄형 질문 : 아침에 밥 먹니?

(6) 요약

요약은 내담자의 여러 가지 생각과 감정을 간략하게 정리하는 것이다. 내담자가 많은 말을 긴 시간 장황하게 늘어놓을 때, 가능하면 내담자의 주요 핵심 생각이나 감정에 초점을 맞출 기회를 제공해 줄 수 있고 특정 주제를 탐색할 수 있는 자극이 되기도 한다. 또한 내담자의 이야기를 상담자가 얼마나 이해하였는가를 알려줄 수 있어 상호 소통을 증진시킬 수 있다.

- 내담자 : 보건소를 방문한 당뇨병력의 할머니께서 식사에 대해 말씀하시다가, 주제와 관련 없는 이야기 등을 장황하게 늘어놓으실 경우...
- 상담사 : 어르신, 어제 저녁 식사에 자녀들이 방문하여 식사량이 평소보다 ..... 만큼 많이 드시게 되셨군요.

(7) 조언

인간은 보다 확실한 관점이나 이해를 위해 다른 사람으로부터 조언이나 정보를 구하게 된다. 상담자의 조언은 자칫하면 내담자에게서 반발과 저항을 초래하게 되므로 내담자가 조언을 요구할 때 하는 것이 좋다. 그러므로 내담자에게 타당한 정보를 제공하되, 상담자 자신의 주관적인 판단에 따른 조언은 가능한 한 제한하고, 조언하더라도 암시적으로 해야 한다.

(8) 직면

직면은 상담자가 장기간 내담자의 말에 충분히 경청하고, 반영하고, 요약하고, 수용하는 등 시간을 가진 후에 사용하면 좋은 기법이다. 내담자의 마음속에 갈등이 있거나 양가감정이 있을 경우, 말이나 행동에 혹은 생각이나 표현된 말 등에 모순이나 불일치가 일어난 경우 등에 사용할 수 있다. 직면은 내담자를 비판하거나 꾸짖기 위한 것이 아니다. 직면은 적극적으로 변화를 추구하려는 목적을 가진다. 따라서 내담자의 부정적인 사고방식이나 주저함, 방어, 비합리적 생각 등에 대해서 알아차릴 수 있도록 도와주며 꼭 필요한 경우에만 사용하도록 한다.

3. 상담의 결과에 영향을 주는 요인

상담의 결과에 영향을 주는 요인으로는 내담자와 상담자의 특성은 물론 양자간의 상호 작용, 즉 상담관계의 질 또한 상담의 결과를 달라지게 할 수 있다.

1) 내담자 요인

상담에 대한 기대, 문제의 심각성, 상담에 대한 동기, 지능, 정서상태, 방어적 태도, 자아강도, 사회적 성취수준과 과거의 상담 경험, 자발적인 참여도 등이 상담의 결과에 영향을 준다.

2) 상담자 요인

상담자의 경험과 숙련성, 상담자의 성격, 상담자의 지적 능력, 내담자에 대한 호감도, 태도 등도 상담의 성공 여부에 영향을 준다.

3) 상담자와 내담자의 상호작용 요인

성격 측면의 상호 유사성, 상담자와 내담자의 공동 협력, 상담자와 내담자의 의사소통 양식이 상담결과에 영향을 주므로 상담자와 내담자 사이에 의사소통 및 협력관계는 매우 중요하다.

III 영양상담의 실시과정

1. 영양상담의 의의

우리나라는 급격한 경제성장으로 국민소득이 증가하고, 식생활이 서구화되면서 동맥경화증·당뇨병·암·비만 등의 만성퇴행성질환의 발생률이 증가하고 있으며, 순환기계 질환과 악성 종양으로 인한 사망률이 증가하고 있다. 만성퇴행성질환의 원인으로는 열량과 동물성 식품의 과다한 섭취, 운동부족, 흡연, 각종 식품첨가물의 남용 등을 들 수 있다. 사람들의 건강에 관한 관심이 증가함에 따라 건강보조식품들이 범람하고 있으며, 건강보조식품의 남용으로 인한 건강상의 피해와 개인의 경제적 손실도 크다.

사람들은 대부분이 식생활에 대한 정보를 유튜브 등 SNS 매체나 텔레비전 등을 통해서 주로 얻고 있다. 따라서 각 지역사회 주민들에게 올바른 영양정보를 전달하고 영양상담과 교육을 실시하여, 식습관과 생활습관을 개선하도록 하는 것이 매우 중요하다. 그러므로 지역사회 영양전문가들에 의한 영양교육과 상담이 확대되어야 한다.

지역주민을 위한 영양상담과 교육은 반드시 자격 있는 영양전문가에 의해서 제공되어야 한다. 이때 내담자들의 개별적 특성을 인정해야 하며, 식습관을 변화시키는 것이 매우 힘들고, 그들이 새로운 식행동을 습득하는 데 시간이 걸린다는 것을 이해해야 한다. 또한 사람들이 불만을 음식으로 충족시키려는 경향이 있으므로, 내담자가 가지고 있는 음식과 관련된 감정적·사회적·경제적 요인을 분석해야 한다. 이렇게 함으로써 올바른 영양정보를 전달하고, 식습관과 생활습관을 효과적으로 개선시킬 수 있다. 바람직한 식행동 변화를 위해서는 내담자의 말을 적극적으로 경청한 후 실현 가능한 영양목표를 세우고, 개별적인 식사계획을 마련해 주고, 지속적인 추후관리를 통해 문제해결 방안을 제시해 주는 것이 필요하다.

좋은 영양을 위해서는 올바른 식습관 형성이 필요하고, 올바른 식습관이 정착되려면 상당한 시간의 노력이 필요하다. 따라서 영양상담자는 새로운 식행동(좋은 식습관)을 오래 유지시키기 위해 상당한 시간이 요구된다는 것을 인식하고 반복적인 추후관리를 실시해야 한다.

2. 영양상담의 실시과정

영양상담의 실시 과정은 그림 9-1과 같이 친밀관계 형성, 자료 수집, 영양판정, 목표 설정, 실행, 효과 평가의 순서로 실시된다. 일반적으로는 실시 과정 순서를 따르나 상담의 종류에 따라서는 어떤 단계는 생략할 수도 있고, 또는 중복하거나 순서를 역행할 수도 있다.

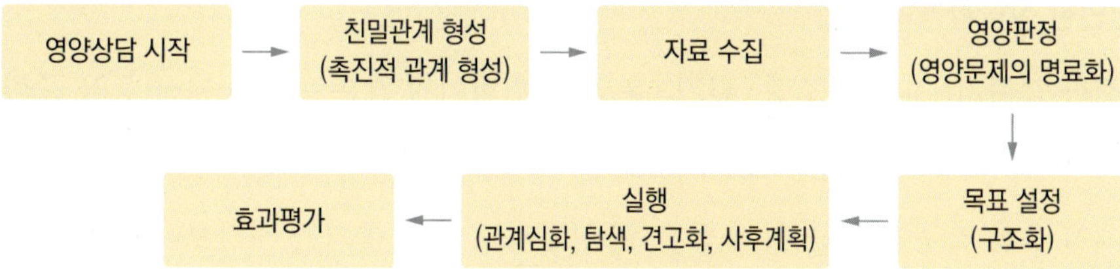

그림 9-1 영양상담 실시 과정

1) 친밀관계 형성

상담은 상담자와 내담자 간에 의사소통이 매우 중요한 부분이므로 상담자와 내담자 간의 친밀하고 신뢰도 높은 관계가 매우 중요하다. 내담자가 상담자를 신뢰하고 좋아한다면 상담에 기꺼이 호응하고 상담에 실패하지 않으려고 노력하게 된다. 영양상담에 성공하려면 영양사는 다음과 같은 배려가 필요하다.

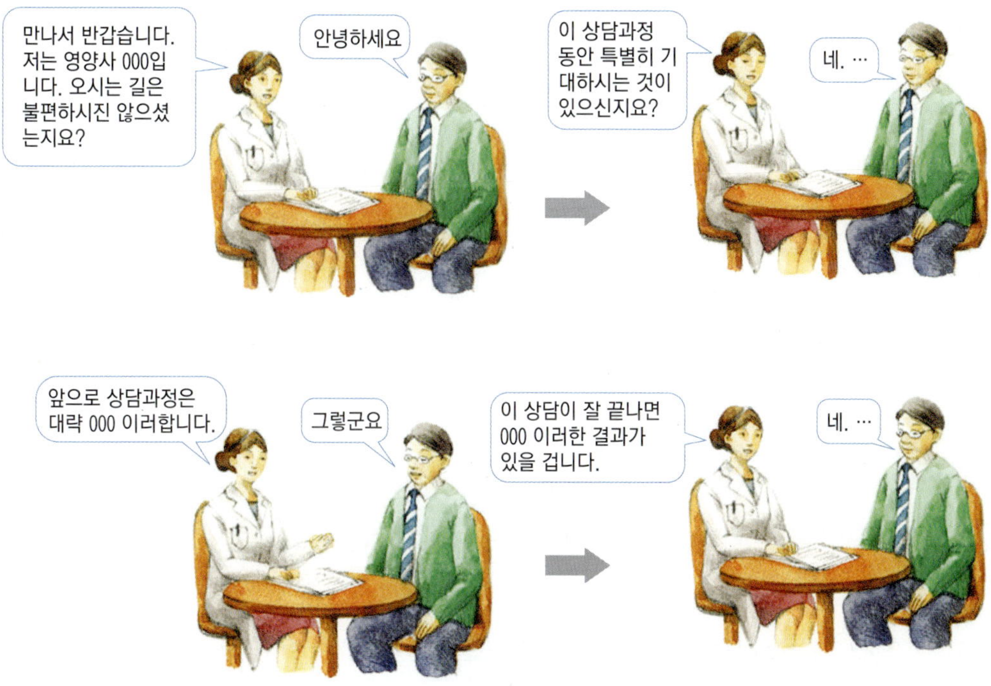

그림 9-2 친밀한 관계 형성

(1) 편안한 상담환경과 시간

쾌적한 분위기, 적절한 조명·환기·온도, 권위적이지 않은 편안한 가구 등을 준비하며 소음이나 전화벨소리, 방문객 등의 방해 없이 비밀성이 보장되도록 한다. 상담시간은 내담자에게 우선 맞추어 주는 것이 좋으며, 상담자도 너무 쫓기는 시간보다는 편안한 시간을 갖는 편이 좋다.

(2) 처음 내담자를 만날 때

내담자를 편안하게 환대하여야 한다. 웃으며 인사하고 자신을 소개한 후, 사소한 이야기부터 시작하여 내담자의 긴장을 완화시킨다. 내담자의 상담에 대한 기대와 동기, 원하는 결과 등을 파악하고, 상담과정을 개략적으로 알려주고, 내담자로 하여금 상담효과에 대해 희망을 갖게 한다.

(3) 내담자의 비언어적인 행동을 관찰

얼굴 표정, 시선 맞춤, 음성의 높낮이, 말하는 습관, 몸짓과 자세 등에 주목하고, 거기에 내재된 의미를 파악한다.

(4) 상담기술의 활용

경청, 반영, 개방형 질문 등을 적절히 사용하여 내담자를 수용하고 공감하여 친밀한 관계를 형성한다.

2) 자료 수집

영양상담에 필요한 내담자에 관한 자료는 내담자와의 면담, 체위측정, 상담자의 관찰, 의무기록, 식사기록 등으로 얻을 수 있다**그림 9-3**. 정확한 자료를 얻으려면 내담자가 솔직하게 상담자에게 자신의 상태를 정확하게 말할 수 있어야 한다.

- 식습관 자료 : 6가지 기초식품군, 24시간회상법, 식품빈도 등
- 체위 자료 : 키, 체중, 평소체중, 피부두겹집기 등
- 생화학적 자료 : 혈당, 콜레스테롤, 헤모글로빈 등
- 임상 자료 : 진단명, 약물, 신체증후, 혈압 등

건 강 검 진 표

소속지사		사업장명		영업소명	
성 명		주민번호		증 번 호	

구분	검 사 종 목	결 과		참 고 치	
		년	년	정상A (건강양호)	정상B (건강에 이상 없으나 자기관리 및 예방조치 필요))
체위 검사	신 장	cm			
	체 중	kg			
	비 만 도	%		90-110	
	시 력 (좌 / 우)	/	/		
	청 력 (좌 / 우)	/	/		
	혈압(최고/최저)	/ mmHg	/	139이하/89이하	140-159/90-94
요 검 사	요 당			음성	약양성±
	요 단 백			음성	약양성±
	요 잠 혈			음성	약양성±
	요	pH		5.5-7.4	5.0-5.4, 7.6-8.0
혈액	혈 색 소	g/dL		남:13-16.5 여:12-15.5	남:12-12.9, 16.6-17.5 여:10-11.9, 15.6-16.5
	혈 당 (식 전)	g/dL		70-100	111-120
	총콜레스테롤	mg/dL		230 이하	231-250액
	혈 청 지 오 티	U/L		40 이하	41-50
	혈 청 지 피 티	U/L		35 이하	36-45
	감 사 지 피 티	U/L		남:11 · 63, 여:6 · 35	남:64-77, 여:36-45
간 염 검 사					
흉부방사선검사				정상, 비활동성	
자궁질도탈세포병리 검사(자궁암검사)	유 형 별			정상	유형1, 유형2
	기 타 소 견			정상	
심 전 도 검 사				정상	
진찰 및 상담	과 거 병 력		외상 및 후유증		
	생 활 습 관		일반실태		
판 정			판정 의사	면허번호	
				의사명	
소 견 및 조 치 사 항					
요 양 기 관 기 호		검진기관명			
검 진검 일		판 정 일		통 보 일	

식 사 기 록 지 의 예

대 상 자		성 명		일 시	
등록번호					

식사			먹은 장소	음식명	재료명 (상품명)	섭취량 (부피실측량)	중량(g)
끼니	먹음	안먹음					
아침							
점심							
저녁							
간식							
건강식품(종류와 제품명, 섭취량)							
영양보충제(종류와 제품명, 섭취량)							

그림 9-3 건강검진표와 식사기록지

• 기타 : 교육정도, 가족상황, 직장, 술, 담배, 영양제, 운동, 활동 정도, 영양교육 경험, 식사준비자, 외식 빈도 등

3) 영양판정

영양상담 계획을 세우기 위해 대상자별 영양상태를 정확하게 판정하는 것이 필요하다.

• 식생활 평가 : 섭취열량, 섭취영양소 비율, 식습관 등

• 체위 평가 : 저체중, 비만, 최근 현저한 체중변화 등

• 대사적 이상 : 혈당, 콜레스테롤, 헤모글로빈 등

- 임상적 평가
- 기타 : 생활습관, 영양지식, 의욕 정도, 가족의 지지도 등

영양판정을 통해 영양문제를 진단하고 영양문제 중에서 중재(식행동 수정)의 우선순위를 결정하고, 영양지식 학습의 필요 여부를 결정한다. 아울러 내담자가 현재 가지고 있는 식습관의 장점을 파악하여 중재에 활용한다. 각각의 영양문제를 해결하기 위해서는 식행동의 수정이 필요한데, 내담자의 행동변화 단계는 어떠한 위치인지 파악하고, 그 단계에 맞게 상담을 실시해야 한다. 아울러 행동변화의 장애물을 예측하고, 이에 대한 대처를 하도록 한다.

표 9-1 행동변화 단계

1. 무관심	2. 자각	3. 계획	4. 행동	5. 유지
영양문제를 전혀 자각하지 못함	영양문제를 자각하고는 있으나 방치	행동을 변화시키려 함	영양문제 극복을 위해 행동수정을 시도	수정된 행동을 지속적으로 유지 (6개월 이상)

4) 목표 설정

내담자 자신이 현실적으로 실천 가능하고 측정 가능한 구체적인 목표를 세워야 하며, 목표 설정에 상담자와 내담자의 공동참여가 효과적이다. 장기적으로는 진단된 영양문제를 극복하는 총체적인 목표를 설정하며, 단기목표로는 장기목표를 향하여 영양상담에 의해 내담자가 할 수 있는 단기적으로 기대되는 식행동 변화의 정도를 설정한다.

- 목표체중, 체위 설정
- 영양요구량 설정
- 대사 목표 설정 : 혈당·헤모글로빈·콜레스테롤 등의 범위에 대해서 실현 가능한 현실적인 목표
- 식행동 변화 설정 등

5) 실행(상담 실시)

영양목표를 달성하기 위하여 식행동을 변화시키는 데 필요한 학습을 수행하는 과정으로, 식행동을 변화시키는 데 필요한 정보를 제공하며 내담자의 교육수준 및 의욕 정도에 알맞은 학습방법과 교육자료를 선택해야 한다.

또한 영양사와 내담자 간의 관계를 더욱 돈독히 하고 문제해결을 위해 바람직한 행동을 더욱 강화해야 하며 통합적이고 합리적인 사고를 촉진해야 한다.

(1) 문제 제기

영양판정 결과 식생활, 체위, 질병 내용 중에서 문제가 되는 것에 대해 상담한다.

식습관 중에 장려해야 할 점과 개선해야 할 점을 알려 주며, 식습관 중 생화학적 검사나 체위측정 결과와 연관되는 점을 알려주고, 성인병 위험요인을 알게 한다.

(2) 동기유발

식습관과 생활방식의 개선으로 얻어지는 이익을 강조하고, 개선되지 않을 때 초래될 수 있는 장기적인 불이익을 설명하여 동기를 부여한다.

(3) 영양교육 및 정보 제공

한 번에 너무 많은 내용을 가르치려고 하지 말고 '꼭 알아야 할 것'을 가르친 후 시간이 있으면 '알게 되면 좋은 것'을 가르치도록 한다.

교육자료 및 상담도구로는 영양섭취기준, 식사구성안과 기초식품군, 식사지침, 식품교환표, 식사구성안, 영양상담기록지, 컴퓨터, 식품모형, 사진, 슬라이드, 비디오, 각종 인쇄매체 등을 사용한다.

(4) 식행동의 변화 유도

식행동의 변화를 위해서는 먼저 식사일기표 9-2를 통해 자신의 식생활을 관찰하는것부터 시작한다. 영양교육의 효과는 식행동의 변화에 의해 나타나므로 피상담자가 기꺼이 변화시킬 수 있는 식행동 한두 가지부터 식행동 변화에 필요한 구체적인 방법을 제시하여 변화를 유도한다.

행동변화를 효과적으로 유도하려면 한 번에 하나씩, 내용이나 방법을 내담자의 수준에 맞게, 내용을 가시적으로 표현하고 구체화한다. 이러한 식행동 변화는 행동계약서 표 9-3를 작성함으로써 보다 바람직한 방향으로 유도할 수 있다. 또한 식행동을 수정한 사람을 모델로 제시하여 그의 경험을 듣거나 보고 배우도록 하는 것도 좋으며, 식행동을 어떻게 변화시키는지 그 방법을 실제적으로 가르치고 흥미롭게 교육한다.

식행동 변화 및 실천을 위한 행동요법 강화방법

- 자기 감시 : 식사 · 운동일지, 체중 그래프 작성
- 자극 조절 : 문제가 되는 식행동을 유발하는 요인이나 상황들을 가급적 줄이고 바람직한 식행동을 유발하는 요인들을 자극하고 늘림
- 긍정적 강화 : 보상체계 협의 및 보상받기, 격려
- 식행동 만들어가기 : 식행동을 쉬운 것부터 차례로 단계별로 변화되도록 하여 최종적으로 원하는 식행동을 익히게 함
- 주장 훈련 및 모델링 : 음식 거절하기, 역할극
- 서약 : 행동서약서(약속장) 쓰기
- 행동 대치 : 문제되는 식행동을 바람직한 식행동과 교환
- 인식의 재구조화 : 문제되는 행동과 관련된 사고를 재구조화함

표 9-2 식사일기

식사	시간	장소/사람	음식명	재료명	분량	특이사항, 식사 전후 상태, 기분 등
아침	결식	-	-	-	-	
간식	10:20	학교카페/혼자	카페라테		1잔	아침 결식으로 오전 내내 기운이 없었음
점심	12:10	학교식당/친구	밥 돈가스 김치		1공기 대 1조각 소 1접시	식사 후 배부르고 기분이 좋았음
간식	4:00	학교카페/친구	카페라테 초코머핀		1잔 중 1개	간식 열량이 많아 후회됨

(계속)

식사	시간	장소/사람	음식명	재료명	분량	특이사항, 식사 전후 상태, 기분 등
저녁	6:00	집/어머니, 동생	현미밥 삼겹살 파절이 김치찌개 콩나물무침	쌀+현미 삼겹살 파 두부 김치 콩나물	2/3 공기 10조각 소 1접시 1/8모 10조각 3 술	
간식	9:30	호프집/친구	치킨 맥주		대 2조각 500CC	친구를 만나게 되니 치킨과 맥주를 먹게 됨
오늘의 평가	하루 종일 튀긴 것과 열량이 높은 것이 너무 많이 먹어서 후회됨. 간식과 야식을 줄이는 것이 필요.					

표 9-3 행동계약서

행동계약서

이름 ________________　　　　일시 ________________

계약기간 ________________

나는 아래의 행동을 실천할 것입니다.

1.
2.
3.
4.

위의 사항을 실천할 경우 나는 다음 사항을 나 자신에게 보상해 주겠습니다.
(특별한 보상 내용)

1.
2.

서명(내담자) ________________　　　　일시 ________________

서명(상담자) ________________　　　　일시 ________________

(5) 영양상담의 기록

영양상담 시 영양상담 과정의 기록은 중요하다. 상담의 각 단계에서 내담자와 관련된 모든 상담내용과 정보를 기록하여 추후관리가 가능하도록 한다. 영양상담의 기록은 상담내용을 주관적 정보subjective data, 객관적 자료objective data, 평가assessment, 계획plan으로 나누어 하면 편리하다. 이를 SOAP 형식이라고 한다.

주관적인 정보는 내담자가 말 혹은 행동으로 표현하고 제공하는 각종 정보, 식사량, 식습관, 환자의 활동상태, 사회경제적 여건, 심리적 상황 등을 참고하여 주관적으로 판단하는 정보이다. 객관적인 정보는 과학적 혹은 수치로 계측 가능한 사실적 정보로서 신체계측치, 생화학적 검사치, 영양소 평가 결과 등을 토대로 얻는 정보이다. 평가는 전문가가 주관적·객관적 정보를 가지고 내담자의 영양문제나 건강문제를 평가하고 해석한 것을 말한다. 이때는 상담자의 개인적 견해보다는 환자의 객관적인 정보로 상태를 분석하여 현재의 영양 및 건강상태를 제공한다. 계획은 주관적 객관적 정보와 평가자료를 근거로 하여 영양 및 건강상 문제점을 해결하기 위하여 앞으로의 영양계획을 세우는 것을 말한다. 영양상담기록지그림 9-5에는 이러한 SOAP 내용이 모두 담겨 있으며, 주로 객관적인 정보, 그다음 주관적인 정보, 그리고 영양평가 혹은 영양판정, 앞으로의 영양상담 계획 등이 포함되어 있다.

그림 9-4 영양상담

영양상담기록지

등록번호		성별	남		여	
성명		연령				세

상담횟수	제 회	일시장소		
직업				

내담자의 의욕 상실(상 · 중 · 하)　영양교육 경향(유 · 무)　영양지식 정도(상 · 중 · 하)

신체계측결과/신체증후(Anthropometry/Physical Sign)

1. 인체계측결과

키 ______cm　현재체중______kg　표준체중______kg　조정체중______kg　% 표준 체중 BMI ______

2. 체중력 : 평소체중 ______ kg　체중변화 ______ kg　증가 · 감소 체중 변화 이유 ______________

3. 신체증후 : □ 매우여윔　□ 여윔　□ 비만　□ 부종　□ 복수　□ 기타

검사결과

BP ________　T.Pro/S-ab________　T.Cho ________　HDL-Chol ________TG ________

FBS ________　BUN/Cr. ________　GOT/GPT________　Hgb/Hct ________　Na/KCl________

질병여부 (유 · 무)

병명 ______________________________

약물처방 ______________________________

식사처방 ______________________________

식생활/활용도(Dietary Habit/Activity)

1. 식사시문제점

□ 식욕불량　□ 저작곤란　□ 연하곤란　□ 소화불량　□ 만복감　□ 공복감　□ 구토

□ 메스꺼움　□ 설사　□ 변비　□ 기타 ______________

2. 현재섭취량 : 주식 ______________ 부식 ______________

3. 식사력

□ 식사횟수____회　□ 아침식사 결식　□ 불규칙한 식사시간　□ 빠른 식사속도　□ 과식

□ 가공식품 과다섭취　□ 단순당 과다섭취　□ 염분 과다섭취　□ 포화지방 과다섭취　□ 콜레스테롤 과다섭취

□ 불균형된 식사　□ 외식=주______회

□ 음주 ______________　□ 흡연 ______________

□ 영양제 복용 ______________　□ 건강보조식품 복용 ______________

4. 1일 영양소섭취량(평소, 현재) : 칼로리 ______ kcal/ 단백질______________ g

5. 활동도 : 생활강도　□ 안정　□ 가벼움　□ 보통　□ 심함　□ 격심함　□ 운동

주관적평가 및 관찰 :

그림 9-5 영양상담 기록지(앞면) (계속)

영양판정 (Nutrition Assessment)

1. 식습관평가

장점

단점

2. 영양적위험요인

☐ 연령 ☐ 진단명/치료 ☐ 식사 ☐ 체중 ☐ 약물 ☐ 검사결과 ☐ 대사적/기계적 문제

☐ 기타 ______________________________

3. 영양상태평가

☐ 양호

☐ 영양부족 부족 영양소 또는 식품군 (______________________)

☐ 영양과잉 과잉 영양소 또는 식품군 (______________________)

4. 영양필요량

칼로리__________ kcal/일(__________ kcal/kg 현재체중, 표준체중, 조정체중)

단백질__________ g/일일(__________ g/kg 현재체중, 표준체 중, 조정체중)

영양상담계획 (Nutrition Care Plan)

목표

☐ 목표체중__________ kg

☐ 체중(감소/유지/증가)__________ kg/month

☐ 혈압__________ mmHg ☐ Albumin__________ g/dl

☐ TG__________ g/dl ☐ cholesterol__________ mg/dl

☐ blood glucose__________ g/dl ☐ Hemoglobin__________ mg/dl

☐ 기타 1

2

영양상담 및 교육내용

☐ 식사 계획 및 기본 지침 ☐ 자가 혈당 관리 및 단순당 제한

☐ 염분 섭취 제한 ☐ 아플 때 식사관리

☐ 단백질 섭취 관리 ☐ 식품 교환표

☐ 기타 ☐ 기타

영양상담 내용:

추후관리:

기타:

그림 9-5 영양상담 기록지(뒷면)

6) 영양상담 효과평가

효과평가는 상담계획에 따라 일정 기간 상담 후 내담자의 인지 정도, 태도 또는 행동변화 정도를 측정하는 것이다.

다음의 식행동 개선 평가표표 9-4는 고혈압이나 비만자를 대상으로 한 식행동 자가진단표로서 상담 후 효과평가를 하며 식행동의 변화과정을 평가할 수 있다.

상담 평가는 내담자와 함께 평가하며, 단기목표가 달성되었으면 다음 단계의 단기목표를 설정하고 내담자 스스로 자기관리를 하여 목표에 도달하도록 다음 상담을 계획한다. 목표에 도달하지 못한 경우엔 그 원인을 검토하여 반복 시도하거나 실행 계획을 수정하여 새로운 중재실행을 시도한다.

영양상담 효과평가 방법

- 식행동 및 식생활 변화 평가
- 신체계측치 및 실험분석자료 평가
- 생화학적 대사이상 평가
- 임상 평가
- 그외 사회심리적 분석 평가
- 내담자의 지식, 이해, 태도 평가
- 추후 방문을 통한 문제해결방안 평가 등

7) 상담의 종결

내담자의 변화된 식행동이 어느 정도 지속되고 자기관리에 대한 자신감과 실천능력을 보이면 상담을 종결한다. 상담을 종결한 후 1개월 또는 3~6개월이 지난 뒤 추후 상담을 함으로써 변화가 지속되고 있는지 파악한다.

표 9-4 식행동 개선 평가표

	항목	제1단계 월 일	제2단계 월 일	제3단계 월 일
1	보통 결식할 때가 많다(1일 3식을 기준으로).			
2	식사시간은 불규칙할 때가 많다.			
3	빨리 먹을 때가 많다(10분 이내).			
4	식사 후 휴식을 거의 하지 않는다.			
5	음식물에 대한 편식이 심한 편이다.			
6	간식은 거의 매일 먹는다.			
7	과자나 단 음식을 잘 먹는다.			
8	저녁식사 후 취침 사이에 야식을 잘 먹는다.			
9	배 부를 때까지 먹는다.			
10	과음할 때가 많다.			
11	밥을 하루에 평균 6공기 이상 먹고 있다(빵, 면류도 밥으로 환산).			
12	커피, 홍차(설탕 포함)는 매일 3잔 이상 마신다.			
13	과식할 때가 많다.			
14	음식물은 잘 씹지 않고 먹는 편이다.			
15	육·어류 및 가공품은 별로 먹지 않는다.			
16	우유는 거의 마시지 않는다.			
17	달걀은 거의 먹지 않는다.			
18	콩, 두부 등 콩제품은 잘 먹지 않는다.			
19	당근, 시금치 등 녹황색 야채는 잘 먹지 않는다.			
20	일반적으로 야채는 싫어하는 편이다.			
21	과일은 잘 안 먹는다.			
22	다시마, 미역, 김 등 해조류는 거의 먹지 않는다.			
23	돈가스, 스테이크, 불고기 등은 좋아해서 잘 먹는다.			
24	버터, 라드 등 동물성 유지를 잘 먹는다.			
25	육류는 기름이 많은 부위를 잘 먹는다.			
26	파티, 연회 등에서 차린 음식을 먹을 기회가 많다.			
27	반찬은 기름지게 조미된 것을 좋아한다.			
28	커피, 차 등을 마시면서 짭짤한 스낵 과자를 함께 먹을 때가 많다.			
29	된장국은 하루에 세 그릇 이상 먹는다.			
30	식사는 김치, 장아찌, 젓갈 등으로 간단히 먹을 때가 많다.			
계	× 표의 수 △ 표의 수 ○ 표의 수			

1. 고혈압, 비만자들 대상으로 한 자기진단표이다.
2. 영양교육이나 상담의 진행단계에 따라 개선상황을 정검한다.
   - 제1단계에는 해당하는 것에 모두 다 ×표를 해주세요. 해당하지 않는 것에는 공란으로 비워 두세요.
   - 제2, 3단계에서는 해당되는 것에 ×표, 약간 개선된 것에는 △표, 개선된 것에는 ○표를 해 주세요.

IV 영양상담의 유형과 특성

1. 개인상담

1) 개인상담의 의의

개인상담의 과정은 내담자에게 정보를 제공하고, 그들에게 올바른 선택을 할 수 있도록 가르치고 안내하며 격려해 주는 데 초점을 둔다. 개인상담이 필요한 경우는 다음과 같다.

① 가지고 있는 문제가 위급하고, 원인과 해결방법이 복잡하다고 판단되는 경우

② 자아개념 또는 사적인 내면세계와 관련해서 심리검사 결과를 해석해 주는 면담의 경우

③ 집단에서 공개적으로 발언하는 것에 대한 심한 불안공포가 있는 경우

④ 자신에 대한 탐색 및 통찰력이 극히 제한되어 있는 내담자의 경우

2) 개인상담의 목표

개인상담의 목표는 내담자가 상담을 통하여 기대하는 바에 따라 그 증상을 제거하거나 상황을 개선하는 방향으로 정하게 된다. 개인상담을 통해 내담자는 당면하고 있는 문제의 해결과, 현재의 환경에 대한 적응과 증상의 치료, 예방 및 갈등을 해소할 수 있으며, 상담이 끝나면 내담자가 긍정적인 행동의 변화, 건강한 식생활 실천, 합리적 결정, 전인적 발달, 자아존중감, 개인적 발전의 방향으로 변화되기를 기대한다.

2. 집단상담

1) 집단상담의 의의

집단상담이란 상담자가 가족이 아닌 여러 명의 내담자들과 동시에 상담하는 것을 말한다. 전문적으로 훈련된 상담자의 지도와 동료들과의 역동적인 상호 교류를 통해 각자의 감정, 태도, 생각 및 행동양식 등을 탐색·이해하고 보다 성숙한 수준으로 향상시키는 과정이다. 집단상담은 참가자에게 자신의 감정이나 행동을 다른 참가자와 비교하면서 자신

에 대해 통찰의 기회를 제공하여 다른 사람들과의 긍정적이고 자연스러운 관계를 형성할 기회를 제공하고, 내담자에게 자신 및 타인에 대한 책임을 학습할 기회를 부여한다.

식이장애, 비만, 편식 등의 상담 시 활용하면 효과적이다.

집단상담의 이점

- 특히 아동 및 청소년의 경우 개인상담보다 유리하다.
- 집단 내 상호작용으로 참여자들의 자주적 역할이 극대화된다.
- 집단의 진행을 통해 참여자들은 자아성숙의 과정을 경험한다.
- 참여관찰을 통한 대리학습 및 위안과 지원의 기능이 높다.

2) 집단상담의 목표

집단상담의 목표는 집단 속에서 자신의 문제, 감정 및 태도에 대하여 통찰하고, 보다 바람직한 자기관리와 대인관계적 태도를 터득하는 것에 있다고 볼 수 있다.

3. 가족상담

근래에 들어와서 개인의 문제가 잘못된 가족체계에서 비롯된 것이라는 견해가 대두되기 시작하였다. 그러므로 상담도 개인을 대상으로 하기보다 그가 속해 있는 가족 전체를 대상으로 할 때 더욱 효과적이다.

가족상담은 체계 내에서의 변화 만들기에 역점을 두는 데 반해 개별과 집단상담은 주로 개인 내, 그리고 대인 간의 변화에 중점을 둔다. 가족상담은 한 개인을 다루는 것이 아니라, 가족 전체를 하나의 단위로 다루는 상담으로, 한 가족원의 행동문제나 심리적 장애는 가족 전체가 지니고 있는 문제를 나타내는 것으로 본다. 개인의 문제를 심층적으로 분석하면 부부관계, 부모와 자녀 관계 등의 가족 전체 문제와 밀접하게 연결되어 있음을 알 수 있다. 따라서 가족 간에 이루어지는 전체적 특성을 파악하고 이를 변화시키는 것이 중요하다. 특히 식생활은 주로 가족단위로 많이 이루어지므로 가족단위의 상담은 상담효과를 높일 수 있다.

V 영양상담의 예

다음은 35세의 주부가 보건소를 방문하여 체중감량을 위한 영양상담을 신청한 예이다.

1. 친밀관계 형성(촉진적 관계 형성)

① 상담자와 내담자 간 원활한 의사소통을 위하여 편안한 상담 시간과 장소를 선정

② 내담자 환대 및 상담과정 소개

③ 상담기술을 활용하여 촉진적 관계를 형성 등

2. 자료 수집

① 식습관 조사 : 설문지 이용

② 식사섭취 조사 : 24시간 회상법 이용

③ 체위평가 : 신장, 체중계측

④ 생화학적 검사 : 혈당, 콜레스테롤, 혈압 등 측정

⑤ 임상영양조사 : 변비

3. 영양판정

① 식습관문제 : 저녁 과식, 식사속도 빠름, 외식 잦음, 튀긴 음식·간식 좋아함, 운동 기피

② 식사섭취 : 하루 2,200kcal 섭취

③ 체위 : 신장 158cm, 체중 67kg, BMI 26.8, 비만

④ 생화학적 검사 : 혈압 85/130mm/Hg

4. 목표 설정

① 목표체중 : 58kg(1단계 5개월 감량 목표, 1달에 2kg 감량)

② 1일 열량 섭취량 목표 : 1일 에너지 필요량 2,170kcal − 500kcal = 1,670kcal

③ 1일 운동 증가량 : 1일 250kcal 소모

④ 저녁은 가볍게(500kcal 이하), 6시 이후 간식 금지, 튀긴 음식·간식 피하기

5. 상담 실시(실행)

① 1차 상담

- 신체계측 및 식습관, 열량섭취 등 조사

② 2차 상담

- 1일 에너지 필요량, 표준체중 및 비만도를 조사
- 목표체중 정하기

③ 3차 상담

- 식사일기 쓰기 지도
- 식사교환표와 열량 섭취 지도
- 문제 있는 식습관 지도 : 한 가지 식습관 변화 약속하기

④ 4차 상담

- 식사요법, 행동수정, 운동요법의 중요성 지도
- 행동수정 1개 추가하기
- 운동(1주 5회 이상 운동하기 : 유산소운동, 근력운동, 스트레칭 등)

⑤ 지속적 상담

- 처음 2달간은 1주 1회 상담
- 그 후 2달간은 2주 1회 상담
- 그 후 월 1회 상담

6. 효과 평가

① 체중의 변화

- 상담 전 : 67kg, 상담 후 : 59kg, 감량체중 : 8kg

② 식습관의 변화

- 매끼의 식사를 규칙적으로 하고 과식하지 않음
- 단 음식(초콜릿, 과자, 아이스크림), 튀김의 섭취 줄임
- 간식을 거의 섭취하지 않음

③ 운동으로 피로도 저하, 건강해 보임

④ 변비 개선

⑤ 생화학적 검사 : 혈압 80/120mm/Hg

7. 상담 종결 및 추후 상담 계획

① 현 체중을 59kg 정도로 유지하기 위해 1,900kcal를 섭취하도록 권장

② 식사일기는 매일 기록하고 1달에 1번 영양상담

③ 규칙적 운동 지도

④ 현재의 개선된 식습관 잘 유지 독려

연구과제

>>> 영양교육 실습지

1. 20세의 여대생이 비만상담을 하였다. 키는 158cm이며, 몸무게는 65kg이었다. 내담자는 표준체중까지 감량을 원하였으며, 빨리 체중을 줄이고 싶다고 하였다. 앞으로 체중 감량에 관한 이 내담자의 영양상담을 시작하였다고 생각하자. 영양상담 시 필요한 준비과정 자료 수집은 어떠한 방법으로 할지 계획해 보고, 영양판정 목표를 설정하라. 이 내담자의 영양상담 실시 과정을 고찰해 보고 영양상담 계획을 세워보라.

1) 준비와 시작(자료 수집) :

2) 영양판정 :

3) 목표 설정 :

4) 실행(각 주별로 교육실행 계획) :

5) 효과평가(계획) :

2. 다음은 인터넷에 올라온 상담 건이다. 이 사람에게 상담자로서 답글을 적어보자. 답글은 실제 상담기법과 원리를 생각하며 작성한다.

1) 빈혈에 관한 상담 건

안녕하세요. 빈혈수치가 10~11 정도에서 왔다갔다 합니다. 나이는 27세고요 여성입니다. 지금 이 글을 쓰고 있는데도 좀 어질어질합니다. 식품에서 철을 섭취하고 싶은데. 내 나름대로 일주일에 한 번 순대 한 접시 먹기로 정하였는데. 빈혈에 철 섭취가 도움이 되는지... 비타민 C 섭취를 위해... 키위 같은 과일은 얼마나 많이 먹어야 하는지.. 궁금합니다. 집중력이 떨어지고요. 가슴이 두근두근거리고요 전신쇠약증세가 있는 것 같습니다. 며칠 전 방광염도 있었습니다.

그럼 오늘 하루 즐거운 하루 되세요.

답글 :

2) 소화불량에 관한 상담 건

안녕하세요. 저는 극심한 소화불량으로 고생하고 있는 고3 학생입니다. 제가 생각하기에 신경성이라고 생각되긴 하는데요... 맘대로 쉬운 일은 아니잖아요... 그래서 이렇게 도움을 얻고자 글을 올립니다. 가장 힘든 건 배가 고파도 맘대로 먹을 수 없다는 거예요. 배고플 때 부담 없이 먹을 수 있는 간식 없을까요? 기숙사에서 생활하기 때문에 간단하면서도 소화가 잘되는 거였으면 합니다. 소화가 잘되는 음식과 안되는 음식을 알려주세요...

정말 부탁드립니다....

답글 :

PART 2

영양교육의 실제

CHAPTER

10

영유아 보육시설의 영양교육

학습 목표

1. 영유아의 영양기준과 영양문제를 설명할 수 있다.
2. 영유아 영양교육의 목표와 내용을 열거할 수 있다.
3. 영유아에게 효과적인 영양교육 방법을 다양하게 제시할 수 있다.
4. 부모 영양교육의 내용과 방법을 설명할 수 있다.
5. 영유아 대상의 영양교육 프로그램을 계획할 수 있다.

I 영유아 영양교육의 중요성과 목표

1. 영유아 영양교육의 중요성

1) 영유아 영양교육의 의의

영유아기의 영양은 신체의 정상적인 성장과 발달에 중요하며 지능 발달에도 영향을 미친다. 영유아기는 식습관이 형성되어 가는 시기로 이때 형성된 식습관이 평생 건강의 기초가 된다. 이 시기에 일상생활의 기본적인 행동양식을 습득하게 되며 특히 식사 중의 태도, 식품기호, 청결 지키기 등 기초적인 습관이 형성되고 장래에 미치는 영향도 크다. 만약 유아기에 편식, 결식 등 좋지 못한 습관이 생기면 심신이 건전하게 발달될 수 없다.

영유아에게 영양과 몸과 건강에 대한 교육뿐 아니라, 식사지도를 통한 올바른 식습관 형성 또한 중요하다. 이는 유아교육시설과 가정의 밀접한 유대관계를 통하여 조화롭게 이루어져야 한다. 식품 기호, 편식 등의 식습관은 부모나 양육자, 교사의 영향을 받으므로 부모, 특히 영유아의 보육을 직접 담당하는 어머니나 양육자에 대한 영양교육 또한 중요하다.

2) 양육환경의 변화와 영양교육

여성의 사회진출 증가와 핵가족화 현상으로 인해 가정에서 담당하던 육아와 교육의 기능이 영유아를 위한 어린이집과 유치원으로 상당 부분 이관되었다. 우리나라 영유아들이 어린이집, 유아원 등 보육시설에 가는 비율이 점차 높아지고 있다. 국공립이나 법인보다 민간과 가정보육시설이 큰 비중을 차지하고 있다.

어린이집과 유치원 등 보육시설에서의 영양교육이 강조되고 있다. 급식시간 외에도 관련 교육시간에 영양교육을 실시하여 영양소와 건강, 신체와의 관계 등에 대해 올바르게 이해하고 바른 식사태도를 형성하게 해야 한다.

영유아나 부모, 보육교사들은 TV, 잡지 등 대중매체에서 건강 및 영양정보를 얻고 있으며, 이는 이들의 영양지식이나 건강 관련 인식에 전문적인 영양교육보다 훨씬 더 큰 영향을 미칠 수 있다. 이러한 상황 변화에 맞추어 영유아보육시설에서 적절한 급식제공과 함께, 모든 유아의 연령발달에 알맞은 영양지식의 보급, 바람직한 식사지도와 식사습관을 육성하는 영양교육이 매우 중요하다.

영유아 영양교육은 체계적으로 실시하기 위해서는 영유아 보육시설에서의 교사의 역량 강화와 자료 개발이 중요하다.

영유아보육법에 어린이급식관리지원센터 설립을 명시하였다. 식품의약품안전처 주관 어린이급식관리지원센터를 설립하여 각 지역마다 운영토록 하고 있다. 어린이급식관리지원센터에서 영유아 영양교육 프로그램을 개발하여 보급하고 있다. 보육교사들이 이를 활용하여 영양교육을 효과적으로 수행할 수 있게 하고 있다.

2. 영유아 영양교육의 목표

영유아는 하루 생활 중 상당 시간을 보육시설에서 보내며, 놀이와 식사를 하는 것이 유아교육시설에서의 생활 중심이 된다. 영유아 보육시설에서의 영양교육 목표는 다음과 같다.

① 식생활에 대한 바른 이해, 식품과 건강과의 관계를 이해하게 한다.

② 식품을 다양하게 섭취하도록 하고 올바른 식습관을 갖게 한다.

③ 식사예절과 위생습관을 갖게 한다.

④ 가정, 보육시설 등에서 어른들이 식행동의 모범을 제시한다.

⑤ 유아보육시설을 통해서 어린이의 가정 및 지역사회의 식생활 개선에 기여한다.

1) 식생활에 대한 바른 이해, 식사예절과 위생습관의 형성

이 시기에 청결습관, 바람직한 식사태도와 식습관이 몸에 배도록 어린이의 발육단계와 이해력에 따라 세심하게 지도한다. 이러한 생활지도는 식사하기 전, 식사하는 동안, 식사가 끝난 다음 또는 노는 중에도 교육의 일환으로 실시한다.

2) 올바른 식습관, 건강한 음식 기호의 육성

영유아기는 감수성이 예민한 시기이므로 영양교육과 식사라는 체험을 통해서 식사에 대한 이해와 올바른 식습관, 음식 기호를 몸에 배게 해야 한다. 만약 유아가 한쪽에만 편중된 식단의 식사를 매일 하게 되면 이 유아는 '식사란 이러한 것'이라고 개념화하기 쉽다.

이와 반대로 영양의 균형이 잘 잡히고 여러 식품이 골고루 갖추어진 식사를 바른 태도로 하면 올바른 식습관 형성에 큰 도움이 된다. 좋아하지 않는 음식일지라도 친구와 어울리며 따라 먹거나, 교사와 직원들의 격려에 의해 바람직한 식기호가 형성된다. 조미에 대한 기호는 유아 장래의 건강과 직결된다는 것을 염두에 두고, 식습관 지도를 더욱 강조해야 한다. 특히 짠맛에 대한 감각은 후천적으로 얻어지므로 어려서부터 싱겁게 먹는 습관이 중요하다.

3) 어린이의 가정, 지역사회의 식생활 개선

유아급식은 특히 유아의 가정과 긴밀한 관계하에 부모의 협조를 통해 어린이의 영양을 개선하고 바람직한 생활습관을 육성하도록 노력한다. 유아는 가정에서 먹지 않는 음식을 시설급식 장소에서는 잘 먹는 예도 많다. 유아의 가정 내 식생활을 개선할 수 있는 것은 유아의 요구와 행동에 의한 영향, 유아교육시설에서 가정으로 영향을 주는 것 등이 있다.

II 영유아 영양기준 및 영양문제

1. 영유아의 영양소 섭취기준 및 식사지침

1) 영양소 섭취기준

2020년 한국인 영양소 섭취기준에서 유아기는 1~2세와 3~5세의 두 기간으로 구성되며, 각 영양소의 권장 수준은 표 10-1과 같다.

유아의 탄수화물과 지방의 에너지적정비율은 1~2세의 탄수화물이 에너지의 55~65%, 단백질이 7~20%, 지방이 20~35%, 그리고 3~5세의 경우 탄수화물이 55~65%, 단백질이 7~20%, 지방이 15~30%이다.

표 10-1 유아의 1일 영양소 섭취기준

연령 (세)	에너지 (kcal/일)	탄수화물 (g/일)	단백질 (g/일)	식이섬유 (g/일)	비타민 A (μg RAE/일)	비타민 D (μg/일)	티아민 (mg/일)	리보플라빈 (mg/일)
1~2	900	130	20	15	250	5	0.4	0.5
3~5	1,400	130	25	20	300	5	0.5	0.6
연령 (세)	니아신 (mg NE/일)	비타민 C (mg/일)	칼슘 (mg/일)	인 (mg/일)	철 (mg/일)	아연 (mg/일)	나트륨 (mg/일)	수분 (mL/일)
1~2	6	40	500	450	6	3	810	1,000
3~5	7	45	600	550	7	4	1,000	1,500

(에너지 : 필요추정량 비타민 D, 나트륨, 수분 : 충분섭취량 나머지 영양소 : 권장섭취량)

자료 : 보건복지부·한국영양학회, 한국인 영양소 섭취기준, 2020

표 10-2 탄수화물, 단백질 및 지방의 에너지적정비율

연령	탄수화물	단백질	지방
1~2세	55~65%	7~20%	20~35%
3~5세	55~65%	7~20%	15~30%

자료 : 보건복지부·한국영양학회, 한국인 영양소 섭취기준, 2020

2) 영유아의 식사지침

2009년 보건복지부가 제정한 영유아의 식생활지침은 크게 두 가지로 "유아의 성장과 식욕에 따라 알맞게 먹자"와 "곡류, 과일, 채소, 생선, 고기, 유제품 등 다양한 식품을 먹이자"이며 구체적인 실천 지침을 제시하였다.

영유아 식사지침

- 유아의 성장과 식욕에 따라 알맞게 먹자
  - 일정한 장소에서 먹입니다.
  - 쫓아다니며 억지로 먹이지 않습니다.
  - 한꺼번에 많이 먹이지 않습니다.
- 곡류, 과일, 채소, 생선, 고기, 유제품 등 다양한 식품을 먹이자.
  - 과일, 채소, 우유 및 유제품 등의 간식을 매일 2~3회 규칙적으로 먹입니다.
  - 유아 음식은 싱겁고 담백하게 조리합니다.
  - 유아 음식은 씹을 수 있는 크기와 형태로 조립합니다.

자료 : 보건복지부, 2009

2. 영유아의 식행동

1) 식품기호와 식욕부진

유아기는 기능과 정서의 발달에 따라서 특유의 식행동을 나타내며**표 10-3** 식욕부진이나 식품거질, 편식 등이 나타나기도 한다.식품기호가 나타나는 시기는 남녀 모두 자아의식이 발달되어 심리적으로 변동이 많은 3세 전후부터 7세까지이다. 남아보다는 여아에게서 식품기호가 많이 발현되며, 부모의 과잉보호를 받는 신경질적 어린이에게서 많이 타나난다. 유아기에는 지금까지 좋아하는 음식이 싫어지거나 싫어하던 음식을 좋아하게 되는 등 매우 유동적인 점이 특징이다.

어린이의 발육과정에서 유아기에 일시적으로 식욕, 식품기호가 불안정해지며 그 정도나 기간은 개인차가 있다. 주로 이유기나 4세 전후에 발생한다.

3~4세경에 자아가 발달하여 음식에 대해서도 싫으면 거부반응을 나타내게 된다. 이 경우 무리하게 먹이려고 하면 식욕부진이나 편식이 고착화되기 쉽다.

2) 편식

편식은 이유시기가 늦거나 이유 후 음식을 주는 방법에 문제가 있을 때, 생리적·심리적 요인(감각기의 감수성에 의해 음식 맛, 냄새 등에 익숙하지 않아서), 사회경제적 요인, 가정의 식사환경(부모, 형제의 식습관) 등 다양한 요인에 의해 생긴다. 한 조사에 의하면 60% 이상의 어린이가 편식하며, 주로 채소류, 콩류, 곡류 및 감자류, 어패류 식품을 편식하는 것으로 나타났다.

표 10-3 유아기의 정서적 행동, 식습관, 먹기와 관련된 신체조절행동

연령	정서적 행동	식습관	먹기와 관련된 신체조절행동
만 1~2세	• 공유하기 어려움 • 꾸준한 감독이 요구됨 • 도움 주기를 즐기지만 보호자 없이 혼자 있는 것을 싫어함 • 호기심이 많음 • 때때로 반항적임 • 관심 끌기를 원함	• 까다로운 식사자 • 음식 토하기 • 삼키지 않고 입안에 음식 넣고 있기	(1세) • 특히 배가 고플 경우 몇 가지 기술로 숟가락을 사용 • 컵 사용이 능숙해짐 - 들어올리기, 마시기, 내려놓기, 한 손으로 잡기 (2세) • 팔 대근육 운동 숙련
만 3세	• '나도' 시기-모든 일에 참여하고 싶어함 • 요구보다 선택에 잘 반응함 • 공유하기는 아직 어려움 • 어떤 일을 하는 데 '바른' 규칙을 엄격히 적용	• 몇 가지 야채를 제외하고 대부분의 음식을 먹음 • 무엇을 먹을지에 대해 이야기함	• 준성인용 숟가락 사용 - 포크로 찍을 수 있음 • 소근육 발달 • 배가 고프면 혼자 먹음
만 4세	• 공유하고 나누어 주기를 잘함 • 성인의 승인, 관심을 필요로 함 • 제한이 필요함을 이해 • 대부분의 시간에 규칙을 따름 • 일을 하는 데 '바른' 방식을 여전히 고수 • 공유하고 나누어 주기를 잘함 • 성인의 승인, 관심을 필요로 함 • 제한이 필요함을 이해 • 대부분의 시간에 규칙을 따름 • 일을 하는 데 '바른' 방식을 여전히 고수	• 식사 중에 먹으며 이야기함-이야기하기를 더 좋아함 • 좋은 음식, 싫은 음식이 뚜렷해짐 • 적당한 울음으로 음식을 거절함	• 모든 먹는 도구를 사용 • 소근육, 손가락근육 발달
만 5세	• 일상생활에서 가족을 돕거나 협력을 함 • '바른' 방식을 고수함 • 어머니, 가족, 가정에 대해 매우 애착을 가짐	• 친근한 음식을 좋아하고 생야채를 더 좋아함 • 가족구성원의 음식 혐오를 이해하고 자신도 같다고 선언	• 손가락과 손의 협응이 됨

3) 간식

국민건강영양조사 결과, 3~6세 유아의 간식으로 스낵, 유제품, 과일/주스의 순으로 이용되었다. 스낵은 에너지, 지방, 나트륨 양이 높아서 자주 섭취하는 경우 어린이 비만을 유발하기 쉽고, 어린이들이 짠맛에 길들여지기 쉬우므로 섭취빈도를 줄여야 한다.

3. 유아의 건강 및 영양문제

1) 비만

최근 우리나라는 성인비만은 물론 유아비만도 증가 추세에 있다. 이는 모유수유의 감소와 함께 어렸을 때 너무 일찍 고형 음식을 주거나, 이유식으로 인공 유아용 제조품을 과다하게 사용하는 추세도 유아비만을 초래한 요인이 되고 있다.

2) 충치 및 치아우식증

치아우식증은 영유아의 유치에 충치가 발생하는 증상으로 설탕이 많이 들어 있는 주스·과자·조제유 식사 등 원인이다.

적절한 식사는 유아의 충치 발생을 줄이는 지름길이며, 특히 젖병에 길들여진 유아는 충치가 발생하기 쉬우므로 치아관리를 위한 교육이 필요하다. 우리나라 5세 유아의 젖니 우식증 경험자 비율이 약 50%였으며, 평균 5개가량의 치아우식증이 있었다.

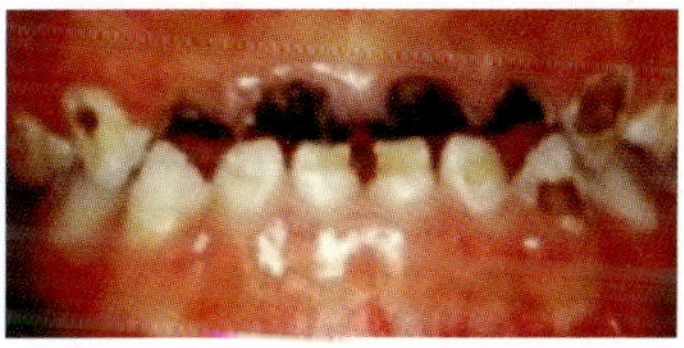

그림 10-1 치아우식증

3) 유아 빈혈

이유기에는 철저장량이 감소하여 철 섭취가 충분하지 않으면 철결핍성 빈혈로 이어지게 된다. 그러나 권장량 이하를 섭취하는 경우에도 바로 철결핍증을 나타내지는 않는데, 이는 개인마다 철을 흡수하고 이용하는 효율에 차이가 있기 때문이다. 지속적인 철 섭취 부족은 빈혈을 초래하게 되며, 특히 3세 이하 어린이에게 발생하기 쉽다. 이유기 이후 빈혈이 나타나는 것으로 보고되었다.

4) 식품알레르기와 아토피피부염

식품알레르기는 아토피피부염, 천식, 두드러기, 아나필락시스 등과 같이 다양한 알레르기 증상을 유발할 수 있다. 식품알레르기는 소아의 약 2~8%를 차지하는 아주 흔한 질환으로 전 세계적으로 증가 추세에 있다.

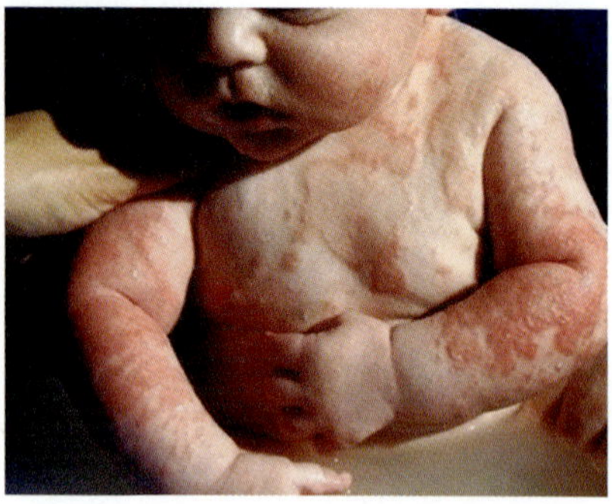

그림 10-2 아토피피부염

영아에게서 나타나는 알레르기성 질환은 대부분이 음식물 섭취에 의한 경우가 많으며 습진, 비염, 두드러기, 호흡곤란, 기침, 구토, 설사 등의 증상을 나타낸다. 우리나라 영아의 20% 이상에서 아토피 피부염이 발생하고 만성질환으로, 가려움이 매우 심하여 아이와 가족의 삶의 질이 저하시킨다. 우리나라 아토피피부염 환자의 50% 이상이 식품과 연관이 있다.

III 영양교육의 내용과 방법

1. 영양교육 내용

1) 영유아 영양교육의 내용

영유아 영양교육의 내용은 식사예절, 음식과 건강, 식습관으로 나누어 다루고 있다. 각 시간의 주제와 내용을 정리하면 표 10-4와 같다.

표 10-4 영유아 대상 영양교육의 주제 및 내용

단원	차시	주제	내용
I. 식사예절	1	손을 깨끗이 씻어요!	언제 손을 씻어야 하는지와 손을 씻지 않으면 어떻게 되는지 등을 알아본다. 눈에 보이지 않는 세균이 우리 손에 얼마나 많은지를 풍선놀이를 통해 확인해 보고, 직접 선생님과 함께 손을 씻어본다.
	2	식사예절을 지켜요!	좋은 식사예절을 가짐으로써 다른 사람들과 좋은 관계를 만들어 갈 수 있도록 가정과 어린이집, 식당에서의 식사예절을 살펴보고 상황별 식사예절을 체험해 볼 수 있도록 구성하였다.

(계속)

단원	차시	주제	내용
I. 식사예절	3	환경을 생각하며 먹어요!	음식물쓰레기로 낭비되는 자원과 환경오염으로부터 지구를 보존하기 위해 음식의 고마움을 생각하고 함부로 버리지 않는 생활습관을 가질 수 있도록 구성하였다.
	4	이를 깨끗이 닦아요!	건강과 직접적인 관련이 있는 치아는 유아기부터 관리가 중요하다. 건강한 치아를 위한 영양관리, 잇솔질을 직접 해보도록 하고 플래시동화 '이 닦기 대장이야'와 노래 '치카치카 이 닦기 대장'을 부르면서 흥미롭게 수업이 진행되도록 구성하였다.
II. 음식과 건강	5	생선을 자주 먹어요!	생선의 비린 맛으로 인해 잘 먹지 않는 유아들이 있다. 생선의 좋은 점을 알려주고, 생선과 친숙해질 수 있도록 하기 위해 생선과 관련된 동화를 들려주고, 낚시놀이를 하면서 생선과 친근감을 가질 수 있도록 유도하였으며, 생선을 이용한 요리를 그려보도록 구성하였다.
	5	채소와 과일을 많이 먹어요!	다양한 채소와 과일을 가라지 않고 먹을 수 있도록 노래를 통해 수업에 대한 호기심을 유발하고 동영상을 통해 색깔채소와 과일들의 이점을 알 수 있도록 하였다. 다양한 채소와 과일들을 색칠해 보고 이것을 이용하여 샌드위치를 만들어보거나 실제 식품을 준비하여 샌드위치를 만들어 보도록 제시하였다.
	7	우유를 매일 마셔요!	소젖을 짜는 장면을 보여주고 흥미를 유발한 후 우유가 몸에 좋은 점을 알려주고 하루에 2컵 이상을 마실 수 있도록 지도한다. 동영상과 노래 배우기를 통해 행동실천을 유도한다.
	8	건강간식을 먹어요!	우리 몸에 좋은 간식과 나쁜 간식을 알려주고, 나쁜 간식을 좋은 간식으로 바꾸어 보는 연습을 하도록 하여 건강간식을 선택할 것을 다짐하도록 구성하였다.
	9	건강음식을 먹어요!	몸에 좋은 음식을 먹는 식습관을 유아기부터 형성시켜주기 위하여 한식 위주 밥상과 패스트푸드 위주 밥상을 제시하고 좋아하는 식단을 골라보게 한 후 동영상 '장금이'를 보면서 어떤 밥상이 건강밥상인지 확인하도록 구성하였다.
III. 식습관	10	꼭꼭 씹어 먹어요!	음식을 몇 번 씹고 삼키는지 자신의 습관을 확인하고, 꼭꼭 씹어 먹으면 좋은 점을 동영상을 이용하여 강조하였다. 꼭꼭 씹어 먹느면 좋은 점과 관련된 동화를 읽어주고 꼭꼭 씹어 먹을 수 있도록 구성하였다.
	11	골고루 먹어요!	편식의 문제점을 다루어 골고루 먹는 식습관을 가질 수 있도록 구성하였다. 동영상을 통해 편식과 골고루 먹었을 때의 차이점을 비교할 수 있도록 하고 식품구성자전거에 해당하는 식품군에 음식스티커를 붙여보면서 골고루 먹도록 구성하였다.
	12	알맞게 먹어요!	모래주머니와 풍선을 이용하여 비만을 간접적으로 체험하도록 하여 동기를 유발하였고, 동영상을 보면서 비만을 예방할 수 있는 식사법을 알도록 구성하였다.
	13	아침을 꼭 먹어요!	아침을 먹지 않으면 우리 몸에서 어떤 일이 일어나는지를 동영상을 통해 일깨워주고, 자신의 아침식사를 평가해 봄으로써 아침을 거르지 않는 식습관을 가질 수 있도록 구성하였다.
	14	싱겁게 먹어요!	먹보공주 만화를 통해 동기를 유발하였고 '싱겁게 먹게 된 피노키오' 동영상을 통해 유아들이 싱겁게 먹는 것의 중요성을 깨치도록 하였다. 영양표시에서 나트륨을 확인할 수 있는 능력을 키우고 노래와 구호로 싱겁게 먹을 것을 다짐하도록 구성하였다.
	15	올바른 간식습관을 가져요!	올바른 간식과 올바르지 못한 간식을 구분하여 선택하도록 하기 위해 동영상을 이용하여 올바른 간식의 중요성을 인식하도록 하였으며, 몸에 좋은 간식으로 바꿀 수 있는 능력을 키우도록 구성하였다.
	16	올바른 식습관을 가져요!	동영상을 통하여 올바르지 못한 식습관으로 인한 문제점을 인식하도록 하였고, 올바른 식사방법을 실천할 것을 약속하는 실천카드를 만들어 약속왕상을 수여하도록 구성하였다.

자료 : 식품의약품안전처, 어린이급식관리지원센터, 2012

(1) 음식과 몸

식품과 음식에 들어 있는 성분이 몸 안에서 어떤 역할을 하는가에 대해 유아의 수준에 맞게 알기 쉽게 가르친다.

① 몸을 움직이는 에너지와 체온을 지켜주는 음식물

② 혈액과 근육을 만드는 음식

③ 이와 뼈를 만드는 음식

④ 몸의 전체가 잘 움직이게 조정하고, 병에 대한 저항력을 만들어주는 음식

⑤ 여섯 가지 식품이 골고루 들어 있는 식사

(2) 음식과 건강

정상적으로 성장하고 건강하게 생활하기 위해서는 제때에, 골고루, 알맞게 식사해야 함을 강조한다. 좋은 식사는 튼튼한 몸을 만들고, 편식이나 결식하면 허약하게 됨을 지도한다.

① 규칙적으로 식사를 한다.

② 여러 식품을 골고루 먹는다.

③ 잘 씹어서 먹는다.

④ 편식을 하지 않는다.

⑤ 결식이나 편식을 하면 자주 아프고 힘도 없어진다.

(3) 식사·위생지도

유아의 식사지도에는 보건·위생이 필수적이다. 즉 식품위생의 관점에서 식사할 때 단정한 자세로 먹고, 식사 전후 또는 화장실에 다녀온 후에 손씻기, 충치 예방을 위한 식후의 양치질, 입안 헹구기 등을 장려한다.

(4) 간식지도

간식을 먹는 방법과 내용에 따라 성장·발육에 장애를 초래하거나 영양과잉이 될 수 있으므로 바른 간식에 대해 교육한다.

간식의 종류와 먹는 방법에서 손씻기, 정해진 시간에 먹기, 오래 계속해서 먹지 않기, 먹은 다음에 입안 헹구기 등을 특히 강조한다. 가장 주의할 것은 간식의 종류이며, 유아

에게 단맛의 과자나 음료만이 간식이 아님을 간식 시간에 되풀이해서 가르친다.

(5) 편식지도

식품기호가 특정 식품에 치중되면 영양 불균형을 초래하며, 유아기의 편식습관은 아동기, 청소년기까지 이어질 수 있으므로 편식 수정을 위한 영양교육을 한다. 그 내용은 다음과 같다.

① 식품을 골고루 섭취해야 하는 이유를 말한다.

② 새로운 음식, 편식하는 음식은 처음에 조금 먹어 보아 맛을 느끼게 하고 점차 양을 늘린다.

③ 편식하는 식품을 아이가 좋아하는 조리방법으로 조리하고 먹여 본다.

④ 싫어하는 음식을 강요하지 않는다.

⑤ 부모가 편식하는 습관을 먼저 수정한다.

2) 영유아 영양교육 주제별 활동

식품의약품안전처와 어린이급식관리지원센터는 영유아 영양교육 프로그램을 개발한 바 있다. 어린이급식관리지원센터 홈페이지에는 각 센터에서 활용할 수 있도록 영유아 교육자료와 교수-학습 과정안을 제공하고 있다. 만 0~2세와 만 3~9세로 나누어 주요 주제와 목표, 활동명 및 누리과정 요소를 제시하고 있다.

영양교육을 하기 위한 연령별·주제별 활동내용과 방법을 표 10-5에 제시하였다.

표 10-5 영아 영양교육 주제별 활동 종합 목록표

연령	주제	활동목표	활동명	활동 유형	표준보육과정 관련 영역
0~2세	1. 골고루 먹어요!	1. 골고루 먹기에 관심을 가진다. 2. 골고루 먹으려는 태도를 가진다.	• 골고루 먹기 동요 들으며 율동하기 • 식품모자 색칠하기	음악, 미술	의사소통 기본생활 예술경험
	2. 식사예절을 지켜요!	1. 식사예절을 표현할 수 있다. 2. 식사예절을 지키려는 태도를 갖는다.	• 뿌요 식사예절 동요 시청하기 • 식사예절 상황별 그림 찾기	음악 게임	의사소통 기본생활 자연탐구
	3. 채소와 과일을 먹어요!	1. 채소와 과일의 이름을 말할 수 있다. 2. 채소와 과일에 관심을 가진다.	• 채소와 과일 이름 알기 • 채소와 과일 단면으로 도장 찍기	이야기 나누기, 미술	자연탐구 의사소통 예술경험
	4. 손을 깨끗이 씻어요	1. 깨끗이 손 씻기에 관심을 가진다. 2. 손을 깨끗이 씻으려는 태도를 가진다.	• 뽀득뽀득 손을 깨끗이 씻을 거예요! 동화구연 • 손 씻기 동요에 맞춰 손 씻기흉내 내기	동화, 음악	의사소통 기본생활 예술경험
3~5세	1. 골고루 먹어요!	1. 같은 식품군에 속하는 식품들을 분류할 수 있다. 2. 음식을 골고루 먹으려는 태도를 갖는다.	골고루 먹기 동요 들으며 율동하기 식품나라 탐험	음악, 게임	의사소통 예술경험 신체운동·건강
	2. 식사예절을 지켜요!	1. 식사예절이 무엇인지 말할 수 있다. 2. 식사예절이 지키려는 태도를 갖는다.	식사예절 상황별 그림 찾기 식사예절 왕 선발 게임	이야기 나누기, 게임	의사소통 신체운동·건강 사회관계
	3. 채소와 과일을 먹어요!	1. 채소와 과일을 먹으면 좋은 점을 말할 수 있다. 2. 채소와 과일을 골고루 먹으려는 태도를 가진다.	채소와 과일의 좋은 점 찾기 과채마블 게임	이야기 나누기, 게임, 음악	의사소통 자연탐구 사회관계 예술경험
	4. 손을 깨끗이 씻어요!	1. 왜 손을 씻어야 하는지 말할 수 있다. 2. 올바른 손 씻기를 실천할 수 있다.	올바른 손 씻기방법 배우기	이야기 나누기, 음악, 신체	의사소통 자연탐구 예술경험 신체운동·건강

자료 : 식품의약품안전처, 2014

2. 영양교육 방법

유아들은 장시간 집중하기 어려우며 복잡한 내용을 이해하는 능력이 부족하다. 따라서 유아 대상의 영양교육과 식사지도에서는 유아가 흥미를 가질 만한 교재를 활용하며, 게임 등 참여도를 높이는 방법을 사용하는 것이 효과적이다.

1) 그림극

그림극은 제작이 간단하고 경제적이며, 교사 혼자서 그림극 속의 모든 인물을 맡아서 할 수 있어서 연출하는 데 신경을 많이 쓰지 않아도 된다. 한 장면에 오랜 시간과 주의를 집중시키고 싶을 경우 특히 그 장면을 강조할 수 있다.

텔레비전이나 컴퓨터의 영향으로 움직이지 않는 화면에 대해 유아들이 조금 아쉬움을 느끼기는 하나, 그 대신 상상력에 호소하는 추상적인 표현이 가능하다.

그림극이 너무 길면 유아들이 싫증을 느끼므로 10~20분 정도가 바람직하다. 그림극의 주제로 식량 생산 관련 사람의 일, 식사예절, 편식과 건강의 관계, 골고루 먹기 등이 있다.

2) 인형극

인형극은 유아들이 흥미를 갖고 참여하는 영양교육 방법이다. 식사예절, 편식 고치기, 골고루 먹기 등의 주제로 할 수 있고 줄 인형, 손가락 인형, 손 인형, 막대 인형 등을 다양하게 활용할 수 있다. 주제별로 인형극을 작성하고, 교사 혼자서, 또는 2~3명의 교사가 함께 할 수 있으며 유아끼리 하게 할 수도 있다.

그림 10-3 채소 인형과 손가락 인형

3) 전시 · 포스터 · 리플릿

유아들의 눈에 잘 띄는 위치에 영양과 건강에 관한 내용의 포스터를 걸어두거나 어떤 단원이나 주간 계획을 주제로 한 매체를 전시한다. 유아들에게 동기유발이나 구체적 정보를 제공하는 것은 식사지도에 매우 유익하다.

포스터와 리플릿은 주제에 대한 관심을 끌기 위해 사용하며 여러 식품, 요리, 간단한 몸의 구조, 음식과 몸 안에서 일어나는 작용 등을 내용으로 제작한다.

4) 슬라이드, 파워포인트 자료

색채 슬라이드나 파워포인트 자료는 쉽게 제작하고 비용이 적게 들지만 정적인 단점이 있다. 그러나 내용에 따라 영사 시간을 길게 하는 등 자유롭게 조절할 수 있다. 유아나 교사뿐 아니라 어머니 대상의 교육매체로도 활용된다.

5) 녹음테이프

녹음테이프도 제작이 용이하므로 유아교육에 많이 활용할 수 있다. 녹음테이프는 단독으로 사용하는데 슬라이드, 그림극, 인형극과 함께 사용하면 더욱 효과적이다. 녹음테이프는 전하려는 메시지를 전체 그룹, 또는 헤드폰을 통해 개별적으로 전할 수 있다.

한편 유아들이 듣기 원하는 부분이나 교사가 지도상 되풀이해서 들려주고 싶은 부분이 있으면 되돌려서 들을 수 있다. 녹음테이프는 식사지도에 관한 대화, 동화, 노래, 게임 등 내용을 다양하게 만들 수 있다.

6) 동영상

각종 동영상을 CD로 제작하여 유아들에게 제공함으로써 흥미를 유발할 수 있다. 그림보다 움직이는 것이 많아 유아에게 효과적이다.

표 10-6 유아 대상 영양교육 동영상 자료

제목	동영상
아침밥을 먹어요! (자료 : 식품의약품안전처, 어린이급식관리지원센터)	
맑음이와 달궁이의 모험 (자료 : 식품의약품안전처)	

7) 각종 게임

퍼즐, 퀴즈, 색칠하기, 시장놀이, 숨은그림찾기 등을 활용하여 흥미도를 높이고 어린이가 직접 참여하게 한다.

표 10-7 유아 영양교육을 위한 게임

제목	게임판과 주사위
과채 마블 게임	
뚱뚱이 탈출 게임	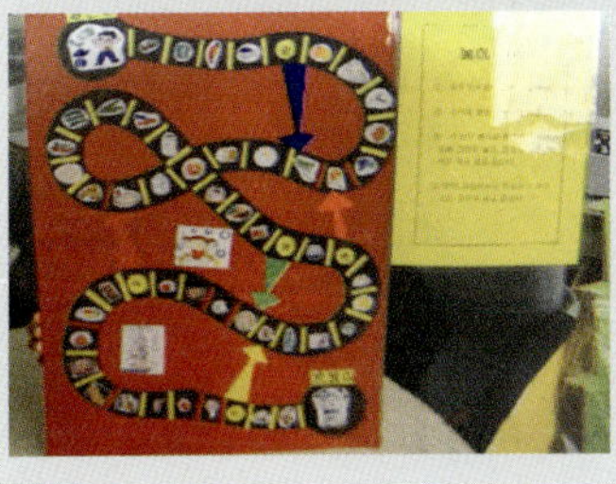

자료 : 식품의약품안전처, 어린이급식관리지원센터

(1) 퍼즐 및 빙고 게임, 사다리 타기 게임

유아원이나 유치원 아동을 대상으로 다양한 식품이 한데 어우러진 모습을 그린 후 다양한 모양으로 오려내고, 오려낸 모양을 모아서 다시 원래의 그림이 되도록 하는 게임으로, 식품을 익히는 데 도움이 된다. 또한 빙고 게임이나 식품의 사다리 타기 게임 등으로 활용할 수 있다.

(2) 색칠하기

유치원 아동이나 초등학교 저학년을 대상으로 5~6명의 아동이 함께 다양한 식품이 그려져 있는 종이에 색칠하면서 식품군별 식품을 익히고 친숙해질 수 있는 방법이다. 건강에 좋지 않은 식품 이름에는 붉은색stop을 칠하여 섭취를 절제하거나 금하는 의미를 전하고, 건강에 좋은 식품 이름에는 녹색go을 칠하여 섭취를 권장하는 의미를 전할 수 있다.

(3) 스티커 붙이기

스티커는 간단한 슬로건이나 그림, 도안 등을 이용하여 물을 발라서 필요한 곳에 붙이거나 그냥 붙일 수 있도록 고안된 교육자료이다.

예로서, 식품구성자전거 모형에 각 식품의 그림이나 사진을 스티커로 만들어 각 식품이 속하는 자전거 바퀴 위치에 부착하게 할 수 있다. 그림이나 사진을 붙였다 떼었다 하

그림 10-4 보육시설 영양교육용 스티커 및 색칠하기 자료

자료 : 한국영양학회

는 등 자유로이 움직일 수 있으므로, 융판 자료의 형식으로 볼 수 있다.

(4) 실물과 모형

실물은 직접적이고 입체적이어서 가장 효과적인 시각교육자료이나 실용성과 경제성이 부족한 반면에, 모형은 실물이나 표본의 문제점을 보완한 것이다. 식품과 음식의 모형은 교육에 가장 많이 활용되는 대표적인 교육자료이다.

(5) 디오라마

실제 장면과 사물을 축소하여 입체감 있게 제시해 놓은 전시자료로 제작이 용이하고 저렴하며 제작과정이나 활용 시에 어린이의 참여가 가능하다. 최근에는 종교계나 학교에서 활용할 수 있도록 주제별로 다양한 완제품도 시판되고 있다.

(6) 주사위놀이

언제 어디에서나 다양한 연령층을 대상으로 적용할 수 있다. 놀이판에는 다양한 내용의 메시지를 넣어서 주사위판의 말을 옮길 때마다 자연스럽게 읽을 수 있게 하고, 좋은 식행동에서는 사다리를 타고 여러 단계를 뛰어넘거나 나쁜 식행동에서는 뱀을 타고 뒤로 다시 내려가는 변화를 준다.

(7) 시장놀이

식품 선택 등을 주제로 시장놀이를 한다. 참여하는 유아들에게 식품을 파는 팀, 사는 팀으로 나누고 식품을 사는 유아들에게는 간식을 살 수 있는 돈을 준다. 그다음 상인 팀과 식품을 사는 팀을 바꿔 시장놀이를 계속해서 한번 더 실시한다.

3. 영양교육 전략

1) 영양소보다 식품으로 접근하여 교육

유아에게는 영양소보다는 식품으로 접근하는 것이 효과적이다. 힘을 내주는 식품, 매일 먹어야 하는 식품, 가끔 먹어도 좋은 식품 등으로 메시지를 전하는 것이 좋다. 교육 시 열량, 지방, 당분 함량이 높은 식품은 빨강 신호등으로 과일과 채소는 초록 신호등으로 표현하여 지도하기도 한다.

2) 놀이와 게임 활동을 이용한 교육

식품과 영양소가 우리 몸에서 하는 일, 식품의 종류, 같은 식품군에 속한 식품 기억하기 등과 같은 내용의 영양교육은 빙고게임이나 사다리놀이, 퍼즐 맞추기 등을 이용하면 유아가 흥미를 갖고 친숙함을 느끼게 되며 기억하기도 쉽다.

3) 환경 변화

유아의 영양교육은 보육시설과 가정에서 병행되어야 효과적이다. 급식과 교과과정을 통한 영양교육과 더불어 식생활 환경도 함께 변화시켜 지원하는 것이 효과적이다. 예를 들면 과일과 채소 섭취를 더 늘리는 것이 영양교육 내용이라면 급식에 채소메뉴 적용하기, 간식으로 채소스틱이나 과일 먹기, 교실이나 복도에 예쁜 채소과일 포스터 붙여 두기 등 교육환경과 함께 변화시키면 훨씬 더 효율적으로 교육할 수 있다.

4) 모든 보육활동 시간에 식생활 교육 적용

모든 보육활동에 식생활 교육을 적용하면 더 효과적인 교육을 할 수 있다. 의사소통 영역에서는 채소·과일을 주제로 한 동화읽기, 자연탐구 영역에서는 과일의 속 모양 공부하기, 예술경험 영역에서는 과일·채소 그리기, 노래하기, 오려 붙이기 등을 통해서 식생활 교육 관련 내용을 다루면 효율적인 영양교육을 수행할 수 있다.

5) 간결한 메시지로 전달

유아 대상 영양교육 메시지는 간결할수록 좋다. 음식과 건강과의 관계는, 예를 들면, 자동차가 가솔린이 있어야 달릴 수 있는 것처럼 음식을 먹어야 몸이 힘을 낼 수 있다는 메시지를 전달한다. 골고루 먹기 교육을 위해서는, 예를 들면 빌딩을 지을 때 시멘트와 벽돌·유리·페인트 등이 필요한 것처럼 고기와 채소·과일·밥 등이 골고루 필요하다고 설명하는 것 등을 들 수 있다.

6) 호기심 활용

대부분의 유아는 과거에 먹어 보지 않은 새로운 식품을 기피하는 경향이 있다. 이러한 경우에는 유아의 호기심을 자극해서 새로운 식품을 탐험하듯 시도해 보도록 유도하면 도움이 된다. 또한 미리 새로운 식품을 소재로 놀이를 하거나 만들기 재료로 활용하여 친근감을 갖도록 하는 것도 좋은 방법이 될 수 있다.

7) 가끔 먹으면 좋은 식품, 매일 먹어야 하는 식품으로 구분

예를 들어, 건강에 좋은 않은 고열량 식품을 나쁜 식품, 저열량 식품은 좋은 식품으로 분류하여 유아들에게 ㅇ표와 ×표로 표시하고 구분하도록 교육을 시행한다면, ×를 많이 받은 유아들의 마음에 부담을 갖게 하거나 자책감을 갖게 하는 결과를 초래하게 된다. 따라서 좋은 식품, 나쁜 식품보다는 가끔 먹으면 좋은 식품, 매일 먹어야 하는 식품 등으로 접근하는 것이 바람직하다.

8) 부모 영양교육 병행

보육시설에서의 영양교육은 가정에까지 일관되게 진행하는 것이 필요하다. 가정통신문을 이용하거나 부모교육의 기회를 통해서 영양교육 내용을 일관성있게 제공하도록 한다.

⌛ 유아의 영양교육 식사지도의 전략

유이 영양교육에서 올바른 식습관 형성, 식사예절 등의 지도는 중요하다. 가정이나 보육시설에서 유아의 식사지도를 할 때 다음 사항을 고려한다.

- 가능한 한 빠른 시기에 시작한다.
- 유아의 심신 발달에 따라 식습관의 자립이 진행되므로, 발달에 맞는 내용으로 지도한다.
- 바람직한 식습관 형성을 위해 반복 지도한다.
- 올바른 행동을 했을 때 칭찬으로 보상한다.
- 잘못한 일에 대해 꾸짖는 것은 필요하나 다음 사항에 유의한다.
  - 옳지 못한 일을 하면 곧바로 주의를 준다.
  - 주의를 주는 경우에는 유아에게 그 이유를 이해시킨다.
  - 한 가지 일에 두 번 이상 꾸짖지 않도록 한다.
  - 유아의 성격을 잘 파악해서 꾸짖는다.
- 식사지도 내용은 교사 간에, 가정과 보육시설 간에 일관성이 있어야 한다.
- 단시간에 효과를 기대하기보다는 사랑과 끈기를 갖고 시간을 두고 가르친다.
- 보육시설뿐 아니라 가정에서의 식사지도를 강화한다.

IV 유아 영양교육의 실제

1. 유아 영양교육 과정 예

유아의 영양교육은 식품의 종류와 요리명 알기, 음식과 몸, 음식과 건강, 보건과 위생 등의 내용으로 한다. 유아의 영양교육 과정을 연령별로 제시한 것은 표 10-8과 같다.

만 3~5세 유아를 대상으로 한 학습지도안의 예는 표 10-9~표 10-11과 같다.

표 10-8 유아의 영양교육 과정

기간	주제	나이별		활동영역	소요 시간
		3~4세	5~6세		
1주	교육전 조사				30분
2주	식품과 음식에 대한 지식	식품 이름 알기 1. 그림 카드 2. 쟁반에 담아오기	식품 카드 구분 1. 식품과 음식 짝짓기 2. 찾아서 붙이기	게임	20분
3주	식품과 신체의 관계	1. 신체에 붙이기 2. 손가락 놀이	1. 신체에 붙이기 2. 손가락 놀이	게임 및 음률활동	20분
4주	식품섭취와 건강의 관계	연극 1. 인형극 2. 뚱뚱이와 홀쭉이	연극 1. 인형극 2. 뚱뚱이와 홀쭉이	인형극	20분
5주	음식물의 기타 역할	구연동화 1. 황새와 여우 함께 실천하기 2. 빵이나 비스킷 등의 간식 나누어 먹기	구연동화 1. 황새와 여우 함께 실천하기 2. 빵이나 비스킷 등의 간식 나누어 먹기	동화	20분
6주	직접 만들어 보세요	주먹밥 만들기		요리활동	30분
7주	바른 식습관 I	1. 그림자료 이용하여 이야기 나누기 2. ○, × 퀴즈	1. 그림자료 이용하여 이야기 나누기 2. ○, × 퀴즈	이야기 나누기 및 퀴즈	20분
8주	바른 식습관 II	구연동화 1. 우리 친구 버섯돌이 2. 욕심쟁이 먹보 생쥐	구연동화 1. 우리 친구 버섯돌이 2. 욕심쟁이는 약속을 지켰을까?	동화	20분
9주	직접 키워보기	1. 콩 싹틔우기 2. 양파 키우기		과학활동	20분
10주	바른 식습관 III	1. 카드놀이 2. 노래(냠냠냠)	1. 주문하기(식당놀이) 2. 노래(나는 나는 좋아요)	게임 및 율동활동	20분
11주	직접 만들어보세요	주먹밥 만들기		요리활동	30분
12주	교육 후 조사				

표 10-9 만 3~5세 유아 골고루 먹기 영양교육 교수학습 과정안

1. 골고루 먹어요!

활동 목표	1. 같은 식품군에 속하는 식품들을 분류할 수 있다. 2. 음식을 골고루 먹으려는 태도를 갖는다.	활동 대상	만 3–5세 (30명 이하)
활동명	• 활동 1 : 골고루 먹기 동요 들으며 율동하기 • 활동 2 : 식품나라 탐험	활동 유형	음악, 게임
활동 자료	❶ 식품요정 막대인형 ❷ 식품요정 동요, 가사판 ❸ 식품구성자전거 펠트		
누리과정 관련 요소	• 의사소통 : 듣기, 말하기 – 이야기 듣고 이해하기, 낱말과 문장으로 말하기 • 예술경험 : 예술적 표현하기 – 음악으로 표현하기 • 신체운동·건강 : 건강하게 생활하기 – 바른 식생활 하기 • 자연탐구 : 탐구하는 태도 기르기 – 탐구 기술 활용하기		

단계	영역	교수·학습 활동	시간(분)	활동 자료
도입	의사소통	■ 학습동기 유발 • 식품요정을 하나씩 꺼내 보이면서 해당하는 식품 이름 말해보기 ■ 활동목표 제시 • 골고루 먹는 방법을 배우는 활동을 한다는 것을 제시하기	3′	• 식품요정 막대 인형 
전개	예술경험	■ 활동 1 : 골고루 먹기 동요 들으며 율동하기 • 식품요정 골고루 먹기 동요 들려주기 – 동요를 듣고 한 소절씩 따라 부른다. • 식품요정 골고루 먹기 동요 들으며 율동하기 – 동요를 들으며 율동을 따라한다.	9′ (12′)	• 식품요정 동요, 가사판 
	신체운동·건강 자연탐구	■ 활동 2 : 식품나라 탐험 • 식품구성자전거의 식품군별 식품 알아보기 – 곡류군: 밥, 고구마, 빵, 옥수수 – 채소군: 오이, 당근, 배추, 버섯 – 우유군: 우유, 요구르트, 치즈, 아이스크림 – 생선군: 생선, 고기, 달걀, 콩 – 과일군: 사과, 포도, 귤, 딸기 – 기름군: 기름, 버터 • 식품을 골고루 먹어야 하는 이유 알아보기 – 몸이 튼튼, 키가 쑥쑥, 건강해진다. – 피부도 반짝, 매끈해진다. • 식품바구니에서 식품을 선택하여 식품구성자전거에서 해당하는 알맞은 곳에 붙이도록 설명하기 – 선택한 식품을 곡류 칸, 생선 칸, 채소 칸, 과일 칸, 우유 칸, 기름 칸 중 알맞은 곳에 붙여본다.	15′ (27′)	• 식품구성자전거 펠트 
정리	의사소통	■ 활동 평가 • 같은 식품군에 속하는 식품들을 분류할 수 있는지 평가하기 • 식품요정 골고루 먹기 동요 부르며 마무리하기 ■ 골고루 먹기 약속 • 골고루 먹기 약속하기 – '우리는! 골고루! 골고루! 먹어요!'	3′ (30′)	• 식품요정 동요, 가사판 
지도상의 유의점		1. 골고루 먹기 동요는 연령에 따라 1절만 또는 1, 2절 모두 제시한다. 2. 골고루 먹기 동요를 들으며 율동을 할 때에는 시설의 교사들도 함께 율동을 하도록하여 흥겨운 분위기를 조성한다. 3. 각 식품군별로 식품모형을 제시할 때 그 수를 교육 대상 연령이 만3세일 경우 3가지씩, 만 4–5세 이상일 경우 4가지씩 제시한다. 4. 식품요정 동요를 매일 급 간식 시간에 아이들에게 들려주어 골고루 먹기 실천을 도울 수 있도록 한다.		

자료 : 식품의약품안전처, 어린이급식관리지원센터, 2014 수정

표 10-10 만 3~5세 유아 채소와 과일 먹기 영양교육 교수학습 과정안

3. 채소와 과일을 먹어요!

활동 목표	1. 채소와 과일을 먹으면 좋은 점을 말할 수 있다. 2. 채소와 과일을 골고루 먹으려는 태도를 가진다.	활동 대상	만 3–5세 (30명 이하)
활동명	• 활동 1 : 채소와 과일의 좋은 점 찾기 • 활동 2 : 과채마블 게임	활동 유형	이야기 나누기, 게임, 음악
활동 자료	❶ 색깔별 채소와 과일 활동지 ❷ 과채마블 게임세트 ❸ 과채동요 ❹ 채소와 과일 먹기 약속 카드		
누리과정 관련 요소	• 의사소통 : 듣기, 말하기 – 낱말과 문장 듣고 이해하기, 낱말과 문장으로 말하기 • 자연탐구 : 과학적 탐구하기 – 물체와 물질 알아보기 • 사회관계 : 다른 사람과 더불어 생활하기 – 공동체에서 화목하게 지내기 • 예술경험 : 예술적 표현하기 – 음악으로 표현하기		

단계	영역	교수·학습 활동	시간(분)	활동 자료
도입	의사소통	■ 학습동기 유발 • 채소와 과일에 대한 수수께끼 풀어보기 ■ 활동목표 제시 • 채소와 과일을 먹으면 좋은 점을 알고 채소와 과일을 잘 먹도록 하자는 것을 제시하기	3′	
전개	자연탐구	■ 활동 1 : 채소와 과일의 좋은 점 찾기 • 색깔별 채소와 과일의 종류 알아보기 – 빨간색 채소와 과일 : 토마토, 사과, 딸기 – 주황색 채소와 과일 : 당근, 귤, 감 – 녹색 채소와 과일 : 브로콜리, 오이, 시금치 – 보라색 채소와 과일 : 포도, 가지, 블루베리 – 흰색 채소와 과일 : 양파, 버섯, 배추 • 채소와 과일을 먹으면 좋은 점 이야기나누기 – 병에 잘 걸리지 않게 된다. – 눈이 건강해진다. – 피부가 매끈해진다. – 황금똥을 누게 된다. • 색깔별 채소와 과일 스티커 붙이기 – 활동지에 색깔별 채소와 과일의 해당 스티커를 찾아 붙인다. – 활동지에 채소와 과일의 좋은 점 스티커를 찾아 붙인다.	9′ (12′)	• 색깔별 채소와 과일 활동지 
	사회관계 예술경험	■ 활동 2 : 과채마블 게임 • 게임 준비하기 – 모둠으로 나누고, 모둠명을 정한다. • 과채마블 게임 방법 배우기 • 과채마블 게임하기 • 과채동요 부르기 – 과채동요를 듣고 따라 부르면서 게임 후 주변 정리 및 어수선한 분위기를 바로잡는다.	16′ (28′)	• 과채마블 게임 세트  • 과채동요 
정리	의사소통	■ 활동 평가 • 채소와 과일을 먹으면 좋은 점 아는지 평가하기 ■ 채소와 과일 잘 먹기 약속 • 채소와 과일 잘 먹기 약속하기 – '알록달록! 채소와 과일을! 골고루! 먹어요!'	2′ (30′)	• 채소와 과일 먹기 약속카드 
지도상의 유의점		1. 수업이 시작되기 전, 과채마블 게임이 이루어 질 수 있는 공간 확보를 위해 책상배치를 달리한다. 2. 활동 1에서 활동지를 먼저 나누어 주고, 충분한 교육 후 스티커를 배부하여 복습활동을 한다. 3. 과채마블 시작 전, 게임에 대한 설명을 잘 들을 수 있도록 주위를 집중시킨다. 4. 과채마블 게임을 할 때, 반 친구들 모두가 게임에 참여할 수 있도록 유도하고 퀴즈를 통하여 색깔별 채소와 과일을 알고, 채소와 과일을 먹으면 좋은 점에 대해 충분히 이해할 수 있도록 지도한다. 5. 과채마블의 퀴즈문항이 색깔별로 6문제이지만 퀴즈문항이 부족할 경우, 채소와 과일을 먹으면 좋은 점에 대한 문제를 반복하도록 한다. 6. 주사위는 유아들이 던져도 다치지 않도록 부드럽고 가벼운 소재로 사용한다. 7. 만5세만 구성이 되어 있는 경우, 과채마블 게임의 규칙을 만5세 유아들이 직접 정하여 게임을 진행해 보는 것도 좋다. 8. 과채동요를 매일 급·간식 시간에 아이들에게 들려주어 채소와 과일 먹기 실천을 도울 수 있도록 한다.		

자료 : 식품의약품안전처, 어린이급식관리지원센터, 2014 수정

표 10-11 만 3~5세 유아 싱겁게 먹기 영양교육 교수학습 과정안

5. 싱겁게 먹어요!

활동 목표	1. 싱겁게 먹어야 하는 이유를 말할 수 있다. 2. 싱겁게 먹으려는 태도를 가진다.	활동 대상	만 3–5세 (30명 이하)
활동명	• 활동 1 : 나트륨 왕국 퉁퉁 임금님의 변신 동화 • 활동 2 : 싱거운 음식을 찾아요 • 활동 3 : 싱겁게 먹기 동요 부르기	활동 유형	동화, 음악, 게임
활동 자료	❶ 소금, 소금통, 소금물 시료 2가지(짠맛: 0.63%, 싱거운 맛: 0.16%) ❷ 나트륨 왕국 퉁퉁 임금님의 변신 동화 ❸ 싱겁게 먹어야 하는 이유 그림 ❹ 싱거운 음식 / 짠 음식 펠트 ❺ 싱겁게 먹기 동요 및 가사판		
누리과정 관련 요소	• 의사소통 : 듣기 – 동요, 동시, 동화 듣고 이해하기 • 신체운동·건강 : 건강하게 생활하기 – 바른 식생활 하기 • 자연탐구 : 과학적 탐구하기 – 물체와 물질 알아보기 • 예술경험 : 예술적 표현하기 – 음악으로 표현하기		

단계	영역	교수·학습 활동	시간(분)	활동 자료
도입	의사소통	■ 학습동기 유발 • 소금에 대한 퀴즈 제시하기 • 소금의 색, 냄새 등을 관찰하고 소금물 시료 2가지를 맛 본 후 이야기 나누기 • 소금의 역할에 대해 이야기 나누기 – 각종 음식을 만들 때 사용된다는 것을 알게 된다. ■ 활동목표 제시 • 싱겁게 먹어야 하는 이유를 알고 싱겁게 먹기 실천을 잘 할 수 있도록 활동함을 제시하기	5′	• 소금, 소금통, 소금물 시료 2가지 (짠맛:0.63%, 싱거운 맛:0.16%) 
전개	신체운동 건강	■ 활동 1 : 나트륨 왕국 퉁퉁 임금님의 변신 동화 • 짜게 먹으면 어떻게 되는지 생각하며 듣기 – 퉁퉁 임금님은 예전에는 멋진 모습이었으나 라면, 피자, 햄버거, 짠 과자 등의 짠 음식을 좋아하게 되어 뚱뚱한 모습이 되었다는 것을 알게 된다. – 퉁퉁 임금님은 짜게 먹었기 때문에 큰 병에 걸렸다는 것을 알게 된다. • 소금에는 나트륨이 들어있음을 설명하기 – 소금에는 나트륨이 들어있어서 짠 음식을 많이 먹으면 나트륨을 많이 먹게 되어 나트륨 왕국 퉁퉁 임금님처럼 큰 병에 걸릴 수 있다고 생각한다.	6′ (11′)	• 나트륨 왕국 퉁퉁 임금님의 변신 동화 
	자연탐구	■ 활동 2 : 싱거운 음식을 찾아요 • 짜게 먹으면 나쁜 점에 대해 이야기 나누기 • 싱겁게 먹어야 하는 이유에 대해 이야기 나누기 • 나트륨이 많이 들어있는 음식과 적게 들어 있는 음식 제시하기 • 싱거운 음식과 짠 음식을 구분하여 펠트지에 붙이도록 유도하기 – 우유, 찐고구마, 오이, 당근, 사과를 선택하여 싱거운 음식이 좋아요 펠트지에 붙인다. – 피자, 짠과자, 햄버거, 감자튀김, 핫도그를 선택하여 짠 음식은 싫어요 펠트지에 붙인다.	8′ (19′)	• 싱겁게 먹어야 하는 이유 그림 • 싱거운 음식/짠 음식 펠트 
	예술경험	■ 활동 3 : 싱겁게 먹기 동요 부르기 • 싱겁게 먹기 동요를 들려주고 같이 부르기 – 한 소절씩 따라 부르고 다함께 불러본다.	8′ (27′)	• 싱겁게 먹기 동요 및 가사판 
정리	의사소통	■ 활동 평가 • 싱겁게 먹어야 하는 이유를 말할 수 있는지 평가하기 ■ 싱겁게 먹기 약속 • 싱겁게 먹기 실천을 약속하고 다짐 말 크게 말하도록 유도하기 – '우리는! 싱거운 음식이 좋아요! 싱거운 음식을 먹어요!'다짐 말하면서 약속한다.	3′ (30′)	
지도상의 유의점		1. 가공식품과 같은 나트륨이 많이 함유된 식품과 짠 음식은 건강에 좋지 않음을 인식시킨다. 2. 간식으로는 우유, 신선한 과일과 채소를 섭취하도록 지도한다.		

자료 : 식품의약품안전처, 어린이급식관리지원센터, 2014 수정

2. 부모 대상의 유아 영양교육

1) 가정 영양교육의 목적

어린이가 유아 교육시설에서 식사하는 횟수는 1일 1회이며, 나머지는 가정에서의 식사에 의존한다. 가정에서는 어린이가 부모, 가족들과 한자리에 앉아서 식사를 함께 하므로 가족의 식습관 등 그 영향이 중요하다. 어린이는 부모의 식습관과 식행동을 모델로 삼는 경향이 많으므로, 부모는 가정에서 모범적인 태도를 취해야 한다. 따라서 자모회를 통해 가정에서의 자녀 식습관 지도의 중요성을 인식시킬 필요가 있다.

유아교육시설이 중심이 된 자모회의 모임은 해당 지역의 사정을 충분히 파악해서 가능한 한 많이 참석할 수 있는 시간에 자모회를 열어 어머니 또는 조모를 대상으로 식사지도를 한다. 모임이 불가능할 경우 급식식단을 인쇄물로 만들어 가정으로 보내는 등 다양한 지도내용을 전달한다.

2) 부모 영양교육의 내용

부모 또는 보호자를 대상으로 한 유아 식사지도의 내용은 다음과 같다.

(1) 어린이 영양의 특성

유아기는 심신의 발육이 왕성하다. 장래의 훌륭한 체격과 튼튼한 체질, 바른 식습관 등은 이 시기에 기초가 형성되므로, 충분한 식사를 균형 있게 해야 한다. 유아의 다음과 같은 특성을 배려하여 준비한다.

① 몸 크기에 비해서 많은 영양이 필요하다.

② 식욕이 고르지 못하여 개인차가 심하다.

③ 먹는 방법에 익숙지 못하다.

④ 자제심이 부족하고 식사의 조절이 곤란하다.

⑤ 식사환경에 따라 식욕이 영향을 받기 쉽다.

⑥ 새로운 식품, 요리에 대한 적응이 불충분하다.

⑦ 식사태도와 행동의 기초가 형성된다.

(2) 식단

유아에게 알맞은 음식은 다음과 같다.

- 먹기 쉬운 것
- 기대감을 가질 수 있는 것
- 알맞은 음식의 온도
- 분량이 적당할 것
- 계절식품

영유아를 위한 하루의 식품군별 식품섭취 구성횟수는 표 10-12와 같다.

표 10-12 유아 식단을 위한 식품군별 구성횟수

	1~2세(900kcal, A타입)	3~5세(1,400kcal, A타입)
곡류	1	2
고기·생선·달걀·콩류	1.5	2
채소류	4	6
과일류	1	1
우유·유제품류	2	2
유지·당류	2	4

자료 : 보건복지부·한국영양학회, 2021

(3) 유아와 간식

- 간식의 의의, 필요성 인식
- 간식의 양, 횟수 지도
- 간식 내용 지도
- 간식 주는 방법 지도

3) 부모 영양교육의 실제

부모의 영양교육은 가정통신문이나 게시판, 소책자 외에 시설에 모이게 함으로써 교육하고 있다. 학부모 모임을 만들어 교육매체를 잘 준비하여 실시하면 효과적이다.

부모의 교육에서 활용할 수 있는 가정통신문과 영양교육자료는 그림 10-5와 같다.

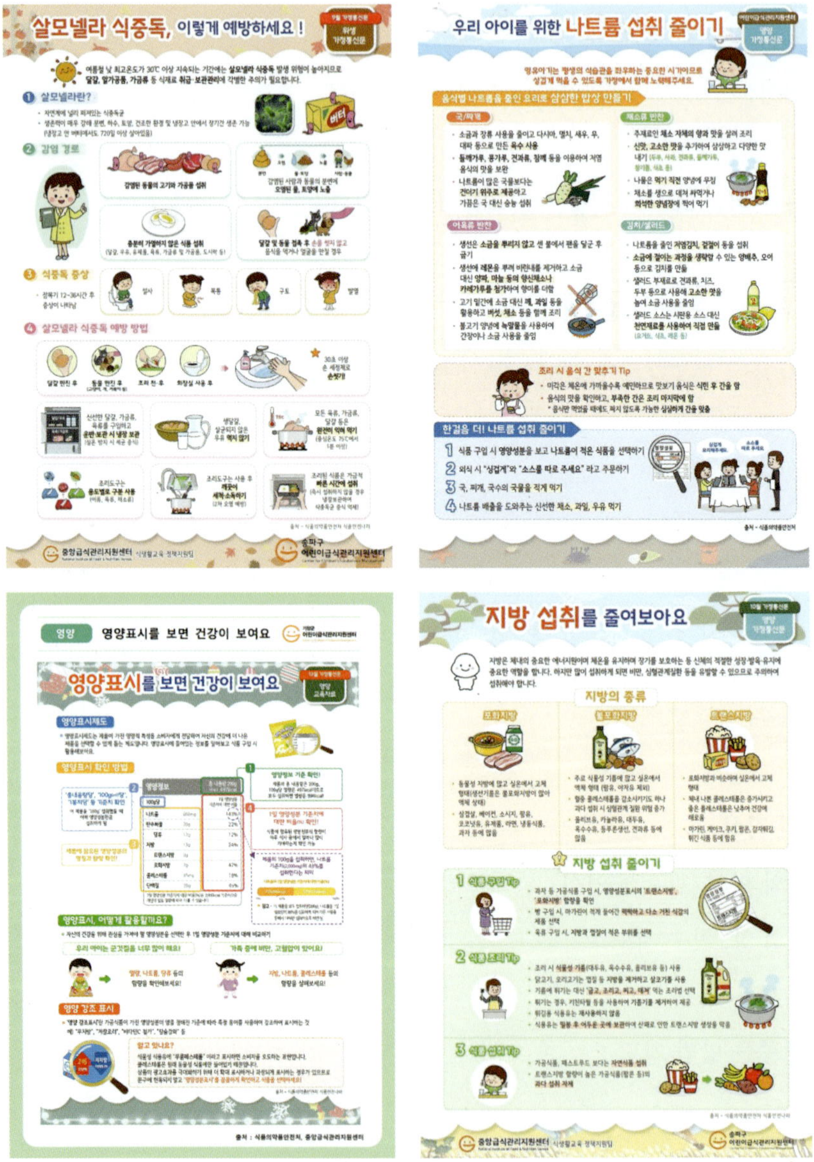

그림 10-5 어린이집 및 유치원 학부모 대상 가정통신문

자료 : 어린이급식관리지원센터, 2020

연구과제

어린이집 만 4~5세 유아를 대상으로 한 2회의 영양교육을 계획해 보자.

1) 주제 선택하기(예: 식사위행/예절, 균형식)

2) 교육목표 설정하기(예 골고루 먹자)

3) 교육목표에 맞는 내용 정하기

4) 교육방법 정하기(참여도, 흥미도 고려)

5) 사용할 교육자료의 종류

6) 평가방법

CHAPTER

11

초등 · 중등학교의 영양교육

학습 목표

1. 각급 학교 학생들의 영양문제를 이해한다.
2. 각급 학교에서 이루어지는 영양교육의 내용을 파악할 수 있다.
3. 각급 학교의 수준과 특성에 맞는 영양교육 계획을 수립할 수 있다.

I 초등학교에서의 영양교육

1. 아동 영양교육의 중요성

1) 건강한 생활습관 형성은 만성질병 예방과 건강증진의 초석이다

최근 우리나라의 보건정책은 1995년 국민건강증진법의 제정 이후 건전한 생활습관의 형성을 통한 건강보호와 만성퇴행성 질환의 예방에 중점을 두고 있다. 오늘날 식생활 변화와 함께 만성 성인병 증가로 인한 건강위험을 사전에 예방하는 것이 건강 유지의 중요한 과제로 대두되고 있다.

2) 올바른 식생활과 식습관 형성은 영양교육에 의해 달성된다

올바른 식생활은 어린 시절부터 발생할 수 있는 만성질환을 예방하고 건강한 성인의 밑거름이 된다. 올바른 음식섭취는 영양교육을 통하여 적절한 영양지식을 습득케 하고, 그에 따른 행동변화를 유도함으로써 이루어진다. 어린이 영양교육은 각자의 건강을 유지하는 것은 물론, 건강한 사회를 만드는 데 기여한다.

또한 의료수가를 절감하고 삶의 질을 향상시키는 데 중요한 역할을 한다.

3) 영양교육은 학교교육의 중요한 일환이다

영양교육은 국민건강 증진을 위한 가장 시급한 과제이며, 국가보건정책의 가장 중요한 핵심으로 자리 잡아야 한다. 어린이 영양교육의 목적은 음식과 질병과의 관계에 관한 지식을 습득하여, 식생활에 적용시켜 질병위험을 감소시키는 데 있다. 또한 현재 영양 관련 문제를 이해하는 데 필요한 지식·기술·태도를 갖게 하는 것이다. 그리고 우리나라 식량자원의 생산·분배·소비에 있어서 합리적인 태도를 갖게 하여 올바른 식습관과 음식문화를 정립하도록 하는 데 있다 그림 11-1.

그림 11-1 아동 영양교육

4) 학교급식은 중요한 영양교육 활동이다

정부가 추진하고 있는 학교급식 전면 실시는 균형 있는 영양식을 제공하여 아동의 건강 유지와 체위 향상에 기여하여 왔으며, 이러한 측면에서 학교급식은 식생활을 크게 발전시켰고, 학교생활 중 중요한 영양교육 활동의 하나이다.

학교급식은 또한 급식을 통해서 올바른 식습관을 형성할 수 있을 뿐만 아니라, 식사예절·식량영양 수급의 배분 등의 효과를 증진할 수 있다.

2. 학교 영양교육의 역할 증대

1) 영양교육 강화는 시대적 요청으로 적극적인 교실수업이 요구된다

어린이들의 식품기호는 서구화되어 가고, 새로운 가공식품의 생산은 급속도로 증가하고, 영양과 건강정보는 대처하기 힘들 정도로 많이 쏟아지고 있다. 또한 비만·당뇨·동맥경화·대장암 등의 질병 발생률이 높아지고, 질병구조 변화에 따른 의료비 증가와 건강과 체력상실로 인한 막대한 자원이 손실되고 있다. 따라서 어린 시절부터 식생활이나 교실수업과 같은 다양한 방법으로 영양교육이 적극적으로 이루어져야 한다.

2) 사회·경제 변화로 학교의 영양교육의 역할이 증대된다

경제수준 향상과 외식의 증가와 가공식품산업의 발달로 인스턴트식품이나 가공식품의 이용이 증대되고 있다. 주부의 취업과 외식의 증가로 가정 식생활이 변화하면서 학교교육이 식생활에 미치는 영향이 더욱 중요해졌다. 더욱이 매스컴, 특히 텔레비전을 통한 저녁 어린이 시간대의 무분별한 식품광고는 편식과 비만을 부를 수 있는 과자류, 인스턴트식품 광고 일색으로, 구매를 충동하고 올바른 영양지식과 균형식사를 위협하고 있다. 이로써 식생활과 영양에 대한 교육을 학교에서 담당해야 할 필요성이 점점 더 증대되고 있다.

3) 초등학교 영양교육은 통합적이고 체계적으로 실시되어야 한다

영양에 관한 내용은 여러 교과에 분산되어 과목별로 단편적이고 비체계적으로 다루어지고 있다. 이런 영양교육은 실효성이 적으므로 정규 교육과정과 연계하고, 학년별 · 교과별로 계통을 유지할 수 있도록 하여야 한다. 영양교육 내용도 시대의 요구에 적절한 것으로 심화되어야 한다.

3. 초등학생의 영양기준 및 영양문제

1) 초등학생의 영양소 섭취기준

초등학생의 영양소 섭취기준은 9~11세 에너지 필요추정량이 남자의 경우 2,000kcal, 여자의 경우 1,800kcal이다. 단백질은 권장섭취량이 남자 50g, 여자 45g으로 2015년도보다 2020년 한국인 영양소기준에서 증가 되었다. 학동기 전체 기준은 표 11-1, 표 11-2와 같다.

표 11-1 6~11세 아동의 체위기준, 1일 에너지 필요추정량

성 · 연령별 \ 체위 · 영양소		체중(kg)	신장(cm)	에너지(kcal/일)
남자	6~8세	25.6	124.6	1,700
	9~11세	37.4	141.7	2,000
여자	6~8세	25.0	123.5	1,500
	9~11세	36.6	142.1	1,800

자료 : 보건복지부 · 한국영양학회. 2020 한국인 영양섭취기준, 2020

표 11-2 6~11세 아동의 단백질 섭취기준

성별		체중(kg)	평균필요량(g/일)	권장섭취량(g/일)
남자	6~8세	25.6	30	35
	9~11세	37.4	40	50
여자	6~8세	25.0	30	35
	9~11세	36.6	40	45

자료 : 보건복지부 · 한국영양학회. 2020 한국인 영양섭취기준, 2020

2) 초등학생 영양섭취 실태

2020년 국민영양조사 보고서에 따른 6~11세 학동기 아동의 영양소 섭취 실태를 보면, 영양소 섭취 기준과 비교하여 칼슘, 비타민 A, 칼륨 등을 제외한 대부분의 영양소는 70% 이상 섭취 경향을 보였다. 단백질 섭취실태는 남자 200.9%, 여자 189.3%인 반면, 칼슘은 남자 72.1%, 여자 65.0% 였으며, 칼륨은 남자 79.9%, 여자 71.7%, 비타민 A 는 남자 72.8%, 여자 73.5% 섭취로 낮은 섭취 실태를 나타내고 있다 그림 11-2. 이러한 섭취 실태를 바탕으로 한 밀도 있는 영양교육이 필요해 보인다.

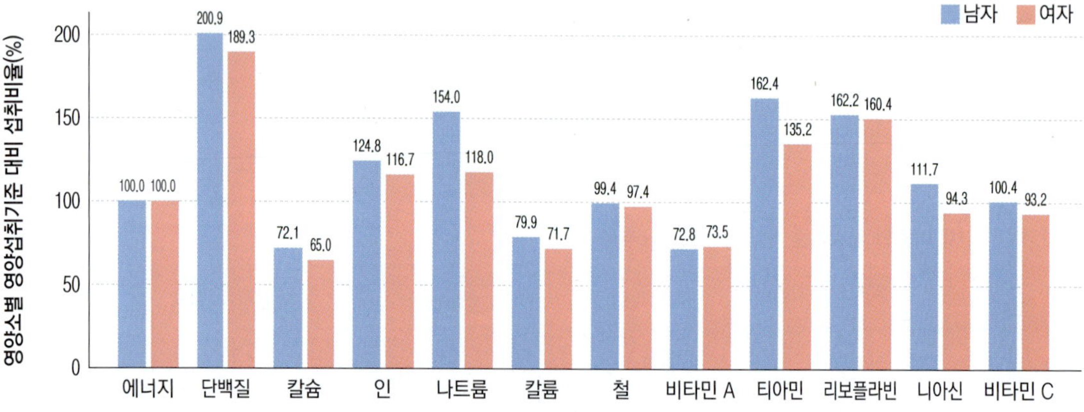

*에너지 필요추정량 적용 : 에너지, 권장섭취량 적용 : 단백질, 칼슘, 인, 철, 비타민 A, 티아민, 리보플라빈, 니아신, 비타민 C,
충분섭취량 적용 : 칼륨, 목표섭취량 적용 : 나트륨(9세 이상 대상자)

그림 11-2 6~11세 학동기 아동의 영양소별 영양섭취기준에 따른 영양소 섭취 비율
자료 : 보건복지부 · 질병관리청. 국민건강영양조사 제8기 1차년도. 2019 국민건강통계, 2020

3) 초등학생의 영양문제

(1) 칼슘 섭취 부족

성장기의 칼슘과 비타민 D는 골격과 치아의 발육에 가장 중요한 영양소 중 하나이다. 그러나 우리나라 6~11세 아동의 평균 칼슘 섭취상태는 권장섭취량의 전체 약 68.6%, 남자 72.1%, 여자 65.0%에 머물렀다. 한편 비타민 D는 칼슘의 체내 이용을 촉진하는 물질로, 주로 음식보다는 체내에서의 합성에 의해 공급되고 있다. 그러나 도시의 아동들은 주로 실내에서 거주하므로 햇빛 조사량이 부족해 비타민 D의 부족도 문제가 될 가능성이 높다.

(2) 영양성 빈혈

철결핍성 빈혈은 우리나라에서 가장 일반적인 형태의 빈혈로, 영양성 빈혈은 철의 부족뿐만 아니라 단백질, 그 외에 조혈에 필요한 비타민 B_{12}, 엽산, 비타민 C 등의 부족으로 인한 복합적 결과이다.

(3) 비만증

아동기의 비만은 성인기의 비만으로 연결될 확률이 높다. 생후 6개월의 영아 비만은 14%, 7세 때의 비만은 40%, 10~13세 아동의 비만은 70%가 성인 비만으로 연결된다. 유아기에 시작된 과잉영양, 특히 열량과잉은 초등학생에 이르러 현저하게 나타난다. 6~11세 아동의 과체중은 전체 10.5%(남자 11.9%, 여자 9.1%)이고, 비만 유병률은 전체 11.2%(남자 11.7%, 여자 10.6%)로 대부분이 단순성 비만이며 에너지, 지방 과잉섭취 등과 운동부족에 기인한다 그림 11-3. 이 경우의 아동은 학교생활에서 친구들과 잘 어울리지 못하며 체육시간을 싫어한다. 그러므로 심리적으로 위축되어 학교생활에 흥미를 잃는 경우가 있다.

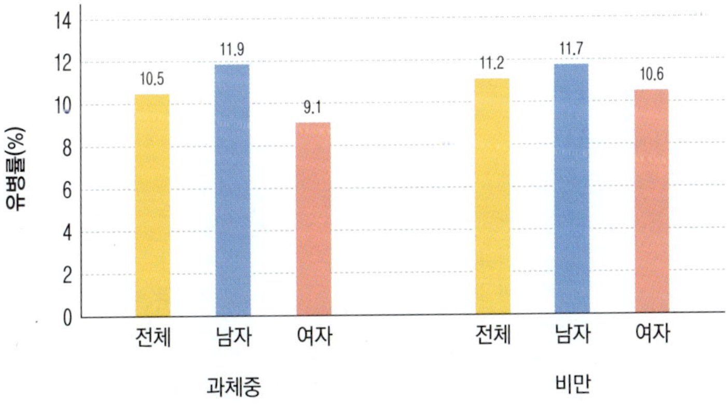

*과체중 : 2017년 소아청소년 성장도표 연령별 체질량지수 기준 85백분위수 이상 95백분위수 미만
*비만 : 2017년 소아청소년 성장도표 연령별 체질량지수 기준 95백분위수 이상

그림 11-3 6~11세 학동기 아동의 과체중 및 비만 유병률

자료 : 보건복지부 · 질병관리청. 국민건강영양조사 제8기 1차년도. 2019 국민건강통계, 2020

(4) 충치

치아는 음식물의 소화에서 중요한 작용을 한다. 치아의 부실로 씹는 것이 적어지거나, 치통으로 인하여 식품을 섭취하지 못하면 성장기 아동의 영양에 영향을 주게 된다. 우리나라 초등학생들의 90% 이상이 충치가 있는 것으로 나타났다. 충치의 원인은 주로 설탕류의 과잉섭취와 치아관리 소홀에 의한 것이다.

(5) 과잉행동증

1970년대 소아과 의사인 페인골드Fein Gold는 인공향신료와 색소 등의 식품첨가물을 아동의 과잉행동증의 원인으로 지적한 바 있다. 또한 과다한 설탕이나 지나친 카페인 섭취 등도 원인으로 작용한다고 알려졌다. 이는 집중력 부족, 과격행동, 충동적이고 참을성이 없는 행동 등의 특징을 나타내지만, 지능은 대부분 정상이다. 특히 인공향과 색소 중 살리실레이트가 원인물질로 주목받고 있다. 최근 우리나라 6~11세 학동기 아동들에서 과잉행동증 발병이 증가하고 있으며, 여자 아동보다 남자 아동들에게서 3~4배 더 많이 발생하고 있다. 또한 어린이들이 많이 먹는 초콜릿, 아이스크림, 탄산음료에는 카페인이 많이 들어 있는데, 카페인은 아동을 불안하게 하여 잠을 못 자게 하거나 심장박동을 불규칙하게 만들기도 한다. 그러므로 이러한 아동에게는 카페인 섭취를 제한해야 한다.

표 11-3 초등학생의 식행동 문제

문제점	원인	영양문제
아침 결식 및 경시	• 시간이 없고 피곤함 • 입맛이 없음 • 귀찮아서 • 체중조절을 위해	• 빈혈 • 집중력 저하
열량 위주의 간식	• 인스턴트식품의 범람 • 청량음료, 설탕의 다량섭취	• 비만
유행식 선호	• 또래 집단과의 어울린 행동 • 무절제한 매스미디어 홍보	• 과식 • 영양불균형
무절제한 다이어트	• 외모의 변화에 대한 경계심 • 비만에 대한 두려움 • 매스미디어의 마른 체형 선호 현상	• 신경성 식욕부진 • 저체중 • 영양불균형

(계속)

문제점	원인	영양문제
편의식 선호	• 정규식사의 번거로움을 회피 • 즉석식품 이용 증가	• 영양불균형 • 지방과다 • 비만, 고지혈증
스트레스	• 시험과 공부 • 어른의 간섭	• 폭식, 식욕부진으로 영양불균형 초래
외식과 매식	• 어머니의 사회 진출 • 경제적 · 사회적 환경의 변화 • 식사 해결의 방법	• 과다한 염분 섭취 • 자극적인 조미료 과다 섭취 • 채소, 해조류 섭취 부족

4. 영양교육의 내용과 방법

학교의 영양교육은 정규교육인 실과와 체육 등에서 주로 이루어지고 있다. 비정규교육으로는 학교급식이 교육의 일환으로 운영되고 있는 관계로 학교급식과 연계된 영양교육이 실시되고 있다. 학교 영양사들의 특별활동교육으로 식생활문화부, 조리실습부, 식생활지도부(비만교실), 튼튼이부(편식지도) 등이 미미하게 운영되고 있다.

1) 학교급식을 통한 영양교육

(1) 급식지도

학교급식의 식사형태는 식당에서 하는 경우와 교실로 음식을 운반하여 급식하는 두 가지 형태이다. 학생들이 식당에서 식사를 하는 경우 영양사가 식당에서 영양지식, 편식지도, 식사예절지도, 안전지도, 생활질서지도 등을 미리 교육을 받은 배식지원 학부모와 교사들의 협조하에 교육시키고 있다.

교실에서 식사를 하는 경우 점심시간에 영양사가 교실을 순회하며 교사와 배식지원 학부모가 함께 교육을 시키고 있다. 아침 또는 점심시간에 그날 제공되는 급식과 관련된 영양, 식품, 위생 등에 대한 내용으로 3~5분간 영양사가 직접 또는 학생들이 방송을 할 수 있게 자료를 제공하여 교육을 실시한다. 학생, 교직원, 학부모들에게 학교에서 발행되고 있는 학교 소식지나 가정통신문을 이용하여 식품 · 영양 · 위생 · 건강 교육을 한다. 학교급식위원, 후원회 및 조리조력, 배식지원 학부모 등에게 급식과 관련한 교육을 실시한다.

학교급식으로 식습관 개선의 실례

- 제자리에 바른 자세로 앉아서 식사하는 습관이 몸에 배고, 식기를 놓는 위치, 수저를 다루는 기술이 좋아짐
- 음식을 먹는 속도(식사시간)를 알맞게 조절함
- 감사하는 마음으로 식사를 정중하게 하는 태도를 함양
- 편식하는 습관이 많이 줄어들고 있음
- 음식을 남기지 않으려고 먹을 만큼 받아서 버리지 않고 음식을 아끼는 습관이 생김
- 식사 전에는 반드시 손을 닦는 습관이 길러짐

(2) 식생활 실천 교육

영양교육이 급식시간에 한정되지 않고 정규 교과목 시간에서도 이루어지기 위해서는 담임교사와의 협력이 필요하고 경우에 따라서는 팀티칭을 하는 것이 좋다. 나아가 학교에서 배운 내용이 가정에서도 실천될 수 있도록 가정통신문이나 어머니 교실 등을 통해 학부모에게도 전달되어야 한다. 또한 급식시간이나 정규교육시간 이외에도 방송교육, 이벤트성 교육, 특별활동, 지역대학교 식품영양학과, 보건소와 연계한 교육, 게시판을 이용한 교육 등을 활용할 수 있다.

식생활 교육의 내용

- 최근 사회문제가 되고 있는 결식 · 편식 · 비만 · 어린이 성인병 등 영양문제를 개선하여 학생의 체력향상에 기여하고, 나아가 평생건강 기틀을 마련한다.
- 학교 내 아동의 기호를 반영한 식사계획과 편식 등 배식지도와 바른 식습관 교육을 지속적으로 실시한다.
- 전통식단을 제공함으로써 우리 농산물의 우수성을 체험시키고, 또한 우리 농 · 수 · 축산물의 합리적 소비를 촉진하여 국가의 농 · 수 · 축산물 수급정책에 기여한다.
- 최근 주부의 사회참여, 사회 · 환경 변화로 가정에서 소홀해지기 쉬운 식생활 예절교육과 전통 식문화를 급식과 병행하여 교육함으로써 학교급식 목적달성에 기여한다.
- 학교 재량시간을 통한 직접 영양교육, 영양상담과 특별프로그램 운영 등 학교 특성에 맞는 영양교육을 시행하여, 학교급식의 효과를 극대화한다.

2) 정규 및 비정규 교과과정

초등학교에서 건강, 영양과 관련하여 지도하는 과목은 실과이며 과목당 교과 교육계획에 따라 한 단원 정도를 담임교사가 교육하고 있다. 교육대상은 이론과 실습 등을 남녀 구분 없이 공통으로 지도하고 있다. 교과과정상 영양교육은 '실과'에서 초등학교 5학년부터 시작한다. 학년별 영양교육 시간은 1년 동안 8시간이다. 영양교육 내용 편제상의 문제점은 초등학교 저학년에 그 내용이 없어 조기에 체계적인 영양교육을 할 수 없다는 점과, 그 중요성에 비하여 학습시간 배분이 너무 적다는 것이다. 영양교육 주요 내용은 '아동 영양과 식사－식품, 조리기구'(5학년), '간단한 음식 만들기－식품선택, 밥과 빵 만들기'(6학년)로 구성되어 있다. 이 내용은 전통적인 영양교육의 기본요소인 '영양소, 음식선택, 조리, 음식문화'까지는 포함된다. 초등학교 정규교과 과정에서의 영양교육 내용은 제8장 '초등학교 학년별·과목별 영양교육 내용표 8-1'과 '표준교육과정 중 영양교육 내용 체계표 8-4~7'을 참고한다.

3) 특별활동 교육

개성 및 소질계발의 특별활동을 강화하는 실천교육의 장으로, 학교에 따라 실과부, 가사부 등을 조직하여 주 1회 1~2시간씩 영양·조리 지식뿐 아니라 식생활예절, 전통음식의 중요성과 간단한 음식 만들기 등의 실습을 통해 교사, 영양사가 교육한다. 최근 비만아반, 편식아반, 영양정보반, 식생활문화반 등이 효과적으로 운영되고 있다. 식생활문화부의 교육프로그램은 그림 11-4와 같다.

식 생 활 문 화 부

무분별한 외래 식문화의 유입으로 인한 우리 식생활의 변화 및 문제점 대두
우리 전통음식의 소멸
자기 중심의 사고방식과 생활태도

→

우리 식생활 문화에 대한 조사 및 발표
전통음식 만들기
식사예절 실습
조별활동 강화

→

한국 전통 식생활 문화 이해와 계승으로 자긍심 고취
전통음식조리 능력 함양
식사예절 실천
공동체의식 함양

우리 음식과 음식문화의 우수성을 알아 조상의 지혜와 슬기를 배운다.
우리 것에 대한 자긍심과 특성을 이야기할 수 있도록 한다.
올바른 식사예절을 알아 실생활에 실천할 수 있도록 한다.
전통음식 조리작업을 할 수 있도록 한다.
영양과 건강에 대한 기초지식을 향상 시킨다.

번호	활동내용	번호	활동내용
1	식생활 문화부 소개 및 문단조직	9	발효식품 알기
2	우리 음식의 종류, 우리 음식의 우수성	10	깍두기 만들기
3	우리 음식의 조리법	11	우리나라의 절식 상차림
4	기초조리 실습	12	전통 음료의 종류
5	상차림의 종류	13	전통 음료 만들기(오미자차)
6	상차림 실습	14	다른 나라의 음식 종류 알기
7	떡과 한과류의 종류	15	다른 나라 음식 만들기(스파게티)
8	강정만들기	16	총정리

그림 11-4 식생활문화부

5. 초등학교 영양교육의 실제

1) 교과과정 내 건강한 식생활지도

초등학교의 경우 동기를 유발하기 위하여 흥미 있는 삽화, 동화구연, 역할극, 노래 바꿔 부르기 놀이 등 다양한 매체와 교육방법을 이용하는 것이 효과적이다.

2) 특별활동 프로그램 - 편식아동반

초등학교에서는 비만이나 편식 등 영양문제를 해결하기 위해 비만아동반(튼튼이반), 편식아동반 등 학교 특별활동을 통한 영양교육이 실시되고 있고, 이런 교육이 보건소 및 지역사회기관과 연계하여 실시되고 있다. 또한 식생활 중 관심 있는 분야를 함께 학습하

는 식생활문화반, 영양정보반 등이 다양하게 운영되고 있다. 편식아동 대상 프로그램의 예를 제시하면, 프로그램은 총 6주로 이루어져 있어서 이 프로그램 실시 후 효과가 큰 것으로 보고되었다표 8-11.

II 중등학교에서의 영양교육

청소년기는 아동에서 성인으로 이행하는 시기로 신체적 성장과 성적 성숙이 활발하게 이루어지는 시기이다. 이 시기에는 영아기 이후 성장이 가장 왕성하고 신체적·사회적·심리적 변화를 다양하게 겪는다. 이 시기의 올바른 식습관은 성장·성숙뿐만 아니라 사회적·심리적 안정감을 이루고 건강한 성인이 되는 데 중요하다. 청소년의 식습관에 영향을 미치는 요인은 개인적·사회적·환경적 요인 등 다양하므로 이런 요인을 고려하여 영양관리 및 교육을 계획해야 한다.

1. 청소년의 영양기준

청소년 영양관리의 기준으로 영양소 섭취기준, 식생활 실천지침 등을 사용한다. 최근 국내에서도 영양권장량의 개념이 영양소 섭취기준DRI : Dietary reference intake으로 바뀌고 있는데, 이에는 평균필요량, 권장섭취량, 충분섭취량, 상한섭취량의 개념이 포함된다. 2020년 한국영양학회에서 발표한 영양소 섭취기준에 따르면, 남자 청소년의 경우 1일 에너지 필요량은 12~14세 2,500kcal, 15~18세 2,700kcal, 여자 청소년의 경우 2,000kcal로 추정하였고, 에너지 섭취 적정비율은 탄수화물 55~65%, 단백질 7~20%, 지방 15~30%의 비율로 섭취하도록 정하였다. 특히 2020년 한국인 영양소 섭취기준에 따르면 청소년기 2015년 기준에 비해 체중과 신장, 단백질, 비타민 C 등의 변화가 있다. 이외에 일부 비타민, 무기질의 영양소 섭취기준은 표 11-4와 같다.

표 11-4 12~18세 청소년의 2020 체위 기준과 주요 영양소 섭취기준

성·연령별 \ 체위·영양소		체중 (kg)	신장 (cm)	에너지 (kcal/일)	단백질 (g/일)	비타민 A (μg RAE/일)	비타민 C (mg/일)	칼슘 (mg/일)	철 (mg/일)	나트륨 (mg/일)
남자	12~14세	52.7	161.2	2500	60	750	90	1000	14	1.5
	15~18세	64.5	172.4	2700	65	850	100	900	14	1.5
여자	12~14세	48.7	156.6	2000	55	650	90	900	16	1.5
	15~18세	53.8	160.3	2000	55	600	100	800	14	1.5

(에너지 ; 필요추정량, 나트륨: 충분섭취량, 기타영양소: 권장섭취량)

자료 : 보건복지부·한국영양학회. 한국인 영양섭취기준, 2020

2. 청소년의 식생활지침

보건복지부에서는 한국인을 위한 식생활지침뿐 아니라 연령별 식생활지침을 설정하였고, 이를 홍보책자로 제작·보급하여 일상생활에서 실천을 유도하고 있다. 청소년을 위한 식생활 실천지침은 그림 11-5와 같고, 각 지침별로 2~3항목의 구체적인 세부지침을 제시하여 행동변화를 유도한다. 이는 최근 청소년의 영양문제, 문헌, 전문가 의견 등을 수렴하여 설정한 것으로 청소년 영양교육에서 중점을 둘 내용이다.

3. 청소년의 영양문제

1) 칼슘, 철 등 영양소의 섭취 부족

최근의 국민건강영양조사 결과(2020년)의 섭취비율에 따르면 12~18세 연령층의 청소년은 칼슘(남녀 각각 57.7%, 55.1%), 철(남녀 각각 88.9, 66.0%), 비타민 A(남녀 각각 52.5%, 51.3%), 비타민 C(남녀 각각 60.9%, 67.9%)의 섭취수준을 나타내었다. 반면 단백질(남녀 각각 151.9%, 131.9%), 티아민(남녀 각각 142.5%, 102.6%)은 권장섭취량을 상회하여 섭취하였다. 특히 나트륨은 충분섭취량의 남녀 각각 184.1%, 142.2%를 상회하여 섭취하였다. 이는 2015~2018년 조사와 비교해도 크게 개선되지 않은 지표이다. 칼슘, 칼륨, 철, 비타민 A, 비타민 C의 경우 영양소 섭취기준 미만 섭취자의 비율이 높아 이들 무기질과 비타

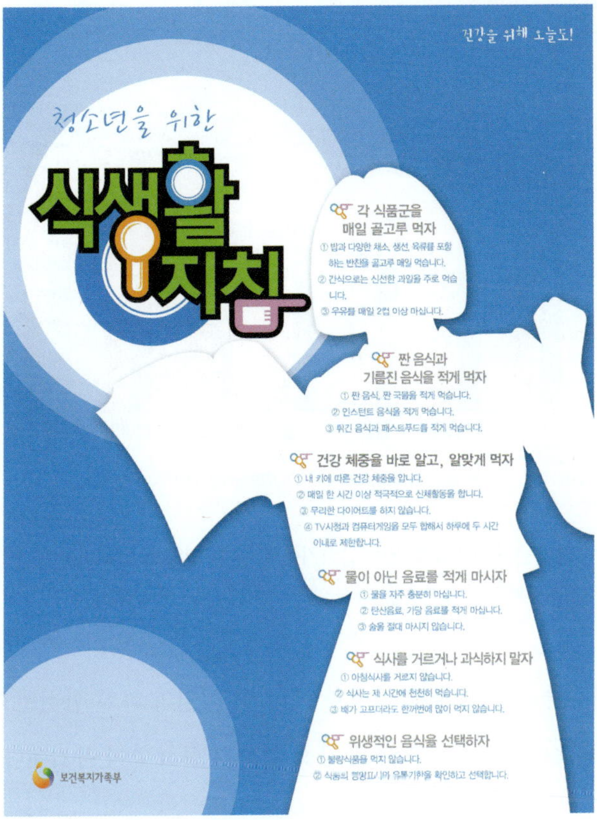

그림 11-5 청소년을 위한 식생활지침

자료 : 보건복지부, 2009

민 영양이 심각하게 저조함을 알 수 있다 **그림 11-6**.

2) 지질의 섭취 증가

청소년들의 지질 섭취가 늘고 있다. 2020년 국민건강영양조사 결과, 청소년들의 에너지/지질 과잉섭취비율이 평균 8.2%이었다. 반면, 칼슘, 철, 비타민 A 등 리보플라빈이 모두 평균필요량분율을 충족하지 못한 영양소섭취부족자가 19.0(남녀 각각 21.8%, 16.0%)로 전체 연령대 중에서 19~29세(19.9%) 다음으로 12~18세 청소년기에서 높았다. 이는 최근 청소년들이 햄버거나 피자 등 패스트푸드를 빈번하게 이용하고, 간식으로 칼로리만 높고 영양가는 낮은 스낵empty-calorie foods 등을 자주 섭취하기 때문이다. 패스트푸드나

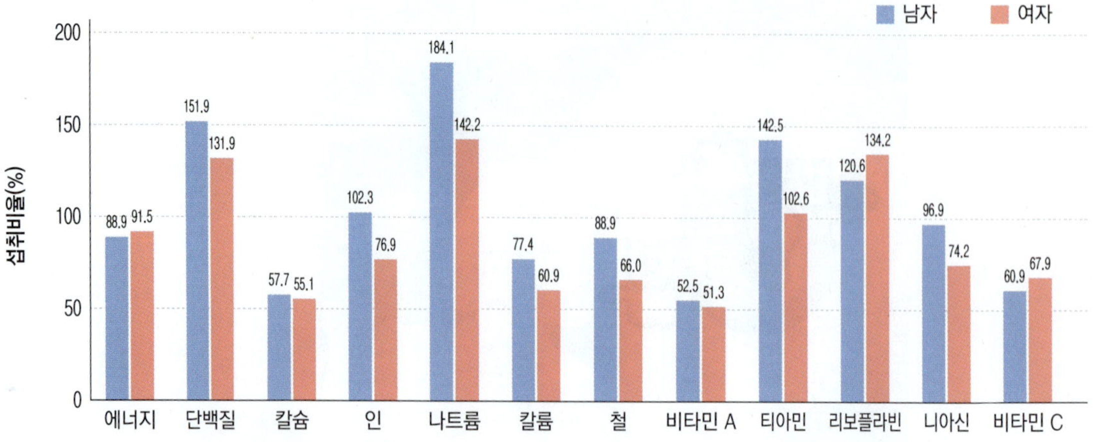

*에너지 필요추정량 적용 : 에너지, 권장섭취량 적용 : 단백질, 칼슘, 인, 철, 비타민 A, 티아민, 리보플라빈, 니아신, 비타민 C, 충분섭취량 적용 : 칼륨, 목표섭취량 적용 : 나트륨

그림 11-6 청소년의 영양소별 영양섭취기준에 대한 영양소 섭취비율

자료 : 보건복지부·질병관리청. 국민건강영양조사 제8기 1차년도. 2019 국민건강통계, 2020

스낵을 자주 섭취하는 경우 동물성 지방과 에너지, 식염의 과잉 섭취뿐 아니라 앞서 지적된 비타민이나 무기질의 섭취 부족 등 영양소 섭취의 불균형이 야기된다.

3) 식행동의 문제

청소년의 경우 과중한 학업부담으로 신체활동이 부족하고 식사시간이 불규칙하며 결식 빈도가 높다. 2020년 국민건강영양조사의 결과를 보면 12~18세 청소년의 아침식사 결식률은 전체 39.5%, 남자의 36%, 여자의 43.5%이다. 하루 1회 외식을 하는 청소년의 비율은 32.2%이고, 하루 2회 이상 외식하는 비율도 14.4%이다. 가족과 함께 식사하지 못하는 경우는 아침식사의 경우 남자 59.1%, 여자 64.7%이고, 저녁식사의 경우는 남자 38.4%, 여자 36.5%이다.

한편 2020년 식품의약품안전평가원 자료에 따르면 WHO 세계보건기구 권고량(2,000mg) 기준 우리나라 청소년의 나트륨 섭취량은 남녀 각각 3,683mg, 2,844mg으로 남자 청소년들의 나트륨 섭취율이 높았다. 또한 12~18세 청소년들의 당류 섭취는 전체 10.3%로 WHO 세계보건기구 당 권고량(10%) 기준을 초과하고 있으며, 특히 여자 청소년의 경우 11.4%로, 남자 청소년 9.2%에 비해 높은 당류 섭취 경향을 보였다.

4) 비만과 다이어트

청소년의 경우 과체중이나 비만뿐 아니라 무리한 다이어트, 거식증이나 폭식증 등 섭식장애의 문제도 나타난다. 이 중 빈번한 것은 과체중이나 비만이며, 청소년의 비만은 성인기의 고지혈증, 당뇨병, 고혈압 등의 원인이 되므로 미리 예방해야 한다. 2020년 국민건강통계조사에 따르면 청소년 과체중은 전체 10.3%(남자 9.7%, 여자 10.9%)였으며, 비만은 전체 15.7%(남자 17.4%, 여자 13.8%)로 특히 남자 청소년들의 비만율이 높게 나타나 청소년 남자들의 체중관리 영양교육의 중요성이 강조되고 있다 그림 11-7. 과체중이나 비만은 신체적 문제뿐 아니라 사회적 편견과 심리적 위축을 유발하며, 특히 심리적으로 예민한 시기인 청소년기에 더욱 그러하다. 최근 외모를 중시하는 사회풍조와 대중매체의 영향 등으로 마른 체형의 여성을 선호하면서, 성인 여성뿐 아니라 청소년기 여성도 무리하게 다이어트를 시도한다. 여러 연구를 종합해 볼 때 여고생의 50~70%, 여중생의 60% 이상이 체중감량을 위해 다이어트를 한 경험이 있다고 한다. 이러한 다이어트 시도자 중

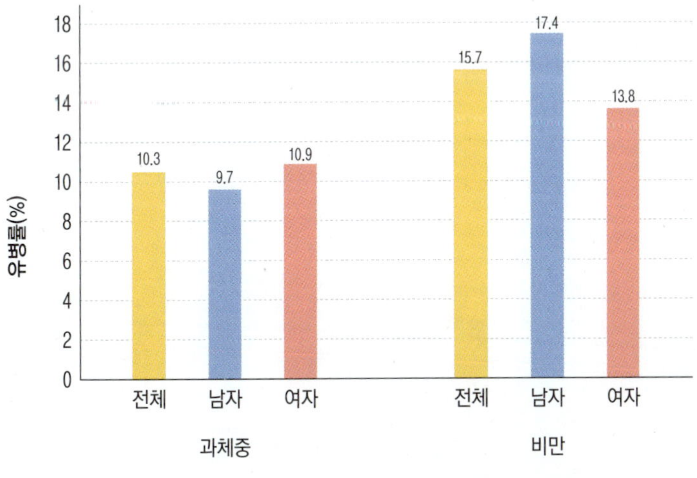

*과체중 : 2017년 소아청소년 성장도표 연령별 체질량지수 기준 85백분위수 이상 95백분위수 미만
*비만 : 2017년 소아청소년 성장도표 연령별 체질량지수 기준 95백분위수 이상

그림 11-7 청소년기의 과체중 및 비만 유병률

자료 : 보건복지부 · 질병관리청. 국민건강영양조사 제8기 1차년도. 2019 국민건강통계, 2020

상당수는 저체중이거나 정상체중이어서 실제로 불필요한 다이어트를 하고 있다. 다이어트 방법도 균형식이나 규칙적인 운동이 아닌 단식, 아침 결식, 다이어트 식품의 복용, 식욕억제제나 이뇨제 이용 등 부적절한 방법을 사용하는 경우도 빈번하여 문제점으로 지적된다.

4. 청소년의 영양교육

1) 청소년 영양교육의 목표

- 범람하는 영양정보 속에서 올바른 영양지식을 습득한다.
- 규칙적인 식사, 다양한 식품의 섭취 등 올바른 식습관을 갖는다.
- 신체상body image을 올바르게 형성하고 정상체중을 유지한다.
- 패스트푸드나 인스턴트식품, 가공식품의 이용을 줄인다.
- 신체활동을 규칙적으로 하고, 흡연이나 음주 등의 행동을 하지 않는다.

2) 영양교육의 내용

위에 제시된 청소년의 영양문제에 근거하여 청소년 영양교육에서는 다음의 내용을 다룬다.

청소년 영양에 관한 전반적 내용

- 청소년기의 특성과 영양
- 균형식의 중요성
  - 식생활지침의 습득 및 실천방안
  - 제때에, 골고루, 알맞게 먹기
  - 올바른 식품선택
- 영양표시nutrition label 읽기
  - 에너지, 지방, 식염의 함량을 고려한 식품 선택
  - 간식 선택, 외식의 요령
  - 당류섭취문제
  - 가공식품섭취문제
- 올바른 체중조절
  - 대상 : 과체중/비만, 정상체중, 저체중인 학생을 위한 내용으로 구성
  - 올바른 신체상에 대한 인식
  - 비만에 대하여 : 비만의 정의, 합병증
  - 비만 판정 : 내게 맞는 체중 산출
  - 내게 맞는 칼로리 산출 및 식단구성
  - 정상체중을 유지하기 위한 식행동 수정, 건전한 식행동 유지 방법
- 기타
  - 청소년들이 관심 갖는 내용 : 키 크는 식사, 여드름과 식사, 치아 건강과 식생활, 스트레스 해소를 위한 영양관리, 피부미용, 신경성 섭식장애와 영양, 외국음식과 퓨전 요리 등
  - 생활습관 수정 : 운동, 금연/금주 교육

3) 영양교육의 방법 및 기술

청소년 대상의 영양교육에서 청소년의 식행동에 영향을 미치는 요인, 즉 개인적·사회적·환경적 요인 등을 수정하는 방법을 적용한다. 즉 올바른 영양지식의 습득, 건전한 식행동 수정을 위한 방법을 제시한다. 그리고 또래집단의 영향이 큰 시기인 점을 고려하여 식생활에서 가족 외에도 친구의 영향을 건전한 방향으로 수용하도록 도와야 한다. 또한 중·고등학교에서 학교급식이 확대됨에 따라 건강 지향적인 메뉴 제공과 함께 급식을 통한 식생활교육도 이루어져야 한다.

(1) 효과적인 영양교육의 구성요소

휠셔Hoelscher 등은 1994~2000년에 미국에서 실시된 청소년 대상의 영양교육 프로그램을 고찰하고, 효과적인 영양교육의 요소로 다음의 내용을 제시하였다.

① 식행동의 변화에 초점을 둔 교육 실시

기존의 영양교육은 영양지식의 전달, 식태도의 변화에 중점을 두었다. 그러나 구체적인 식행동의 변화를 목표로 하고 이를 위한 기술·능력 배양에 초점을 둔 영양교육이 더 효과적이다.

② 행동변화이론에 근거한 교육

식행동의 변화를 유도하려면 행동변화이론에 근거하여 행동수정전략을 다양하게 이용한다2장 참고. 미국에서는 어린이나 청소년 영양교육에서 사회인지이론을 적용하여 프로그램을 계획·실시한 경우가 많다. 사회인지이론에서는 개인의 행동, 인지적·환경적 요인이 서로 영향을 미치므로 행동변화를 위해 이러한 요인을 모두 고려해야 한다고 강조한다. 즉 영양교육에서 영양지식, 개인의 인식(신념) 변화 등을 유도하고, 건전한 식행동(예: 채소와 과일의 섭취 증가)을 위해 필요한 기술(예: 식품선택 기술, 영양표시 읽는 방법, 친구의 영향에 대처하는 기술)을 익히게 한다. 이 외에 가정과 학교에서 건전한 식행동이 일어날 수 있게 환경적 변화를 유도하도록 구성한다.

③ 체계적·지속적인 교육

영양교육이 효과적이려면 교육이 일회성에 그치는 것이 아니라 체계적·지속적으로 이루어져야 한다.

④ 사회적 지지 제공과 식생활 환경의 변화 유도

청소년의 식행동은 친구, 가정, 학교 등 식생활 환경에 따라 영향을 받는다. 가정과 학교에서 건강지향적인 식사와 간식을 제공하고, 영양교육을 통해 또래들이 건전한 식행동을 습득·유지하는 데 서로 도움을 주는 방법(예 : 분위기 조성, 칭찬 등)을 제시하도록 한다.

⑤ 교육대상자의 수준에 맞는 전략·방법 사용

영양교육을 할 때 교육대상자가 능동적으로 참여하는 방법을 많이 사용해야 효과적이다. 식습관 평가, 식사일지 작성, 목표 설정, 소그룹 토의 등을 적용하면 교육대상자들이 영양교육에 보다 흥미를 갖고 참여할 수 있다.

(2) 학교에서의 영양교육 활성화

학교는 청소년을 위한 영양교육의 장으로 적합하다. 학교는 식습관 개선에 필요한 지식과 기술을 습득하는 교육장소이며, 학교급식을 통해 건전한 식행동을 실천할 기회가 제공된다. 또한 학교급식에서 영양과 맛을 고려한 메뉴 개발, 급식장소에서 영양정보 제공, 영양밀도가 낮은 간식 줄이기, 우유 제공 등의 방법으로 식사환경의 변화를 유도할 수 있다. 최근 미국에서는 학교에서의 영양서비스의 중요성을 강조하고 있다. 즉 어린이와 청소년에게 종합적인 영양서비스를 제공하고, 신체활동, 건강교육 등 학교건강 프로그램에 이런 영양서비스가 포함되어야 한다고 주장하고 있다. 이는 영양교육, 급식 등의 영양서비스와 함께 학교환경의 변화, 지역사회 간의 연계 등 다양한 정책과 방법으로 이루어진다는 것이다. 우리나라에서도 영양교사제도가 생김에 따라 중·고등학교에서 학교급식만 실시할 것이 아니라, 올바른 식행동 형성을 위한 영양교육도 보완되어야 한다.

(3) 인터넷을 이용한 영양교육

최근 인터넷 사용의 보편화, IT의 발달로 컴퓨터를 활용한 영양교육이 급증하고 있으며, 10대 청소년들은 인터넷의 주 이용자이다. 2023년의 한 연구에 따르면 우리나라 청소년들은 하루 평균 주중 4.7시간, 주말에는 6.7시간을 스마트폰을 이용하여 정보를 얻는 것으로 보고 있다. 영양교육 사이트를 개발하기 위해 청소년을 대상으로 조사한 결과, 청소년들은 인터넷에서 건강과 식품영양정보를 얻는 방법으로 '일반적 정보와 플래시 교육(28.8%)', '일반적 정보와 전문가 설명(23.5%)', '일반적 정보와 게임(21.6%)', '일반적 정보와 동영상 교육(15.2%)'의 순으로 선호하며 만화, 게임 등 흥미로운 자료로 구성되기를 원하였다. 인터넷은 시간적·공간적 제약이 적으므로 인터넷을 활용한 영양교육은 입시 등 학업 스트레스에 시달리는 우리 청소년이 쉽게 영양정보 및 교육에 접근할 수 있는 방법이다. 향후 청소년을 위한 신뢰성·타당성 있는 영양정보 사이트가 많이 개발되어야 하겠다.

5. 국내 청소년 영양교육의 예

1) 학교에서의 비만 학생의 체중조절 영양교육 프로그램

대구의 한 실업계 고등학교에서 과체중과 비만으로 판정받은 학생을 대상으로 체중조절에 관한 영양교육 프로그램을 실시하였다. 프로그램은 14주간의 교육으로 사회인지이론과 사회적 지지를 근거로 계획되었다표 11-5.

표 11-5 체중조절을 위한 영양교육 프로그램 개요

차시	주제 및 목표	세부활동	비고
1	1. 식품구성자전거 2. 식사기록법(식사일지, 행동일지 작성법)	식품구성자전거 완성하기 식사 및 행동일지 작성하기	
2	1. 체중조절 성공사례 발표 2. 비만의 개념 및 합병증 소개 3. 결과기대감 측정(설문지 이용)	• 친구 발표 • ppt 자료 모음집 제공 • ppt 교육, 동영상 • 비디오(비만) • 설문지 작성	행동능력 관찰학습
3	1. 식생활 진단(식사기록 참고) 2. 목표설정 - 감량목표, 열량필요량 - 장기목표(1개월) - 단기목표(2주) 3. 식생활 계약서 작성	• 감량목표 설정하기 • 식생활 계약서	자기 모니터링
4	1. 살을 빼면 좋은 점 발표	• 발표, 비디오	결과기대감
5	1. 역할극 • 역할극을 통해 먹고 싶은 충동과 억제방법 찾아보기 ☞ 공복시 대처방법 ☞ 술자리에서 대처방법 ☞ 야식을 제한하는 방법 ☞ 패스트푸드점에 갔을 때 골라먹기 ☞ 폭식·거식·탐식증 개선방법 ☞ 활동량을 늘릴 수 있는 방법 고안 ☞ 여가시간 활용방법 고안 2. 역할극에 대한 평가	• 역할극(조별 택 1) • 토론	행동능력 대처능력 자아효능감

(계속)

차시	주제 및 목표	세부활동	비고
6	1. 섭취 에너지와 소비 에너지 계산법 배우기	• 운동량 삽화 • 식사기록 및 활동기록 참고	행동능력
7	1. 올바른 간식 선택 → 즐겨 먹는 간식의 기름 및 소금 함량 확인하기 2. 패스트푸드 빈도 줄이기 3. 대체식품으로 바꿔 먹기	• 패스트푸드 모형 제작 • ppt	자기통제
8	1. 실내에서 할 수 있는 운동 → Light dance	• Light dance 배우기	
9	1. 중간 목표 설정 달성 여부 확인 2. 목표 달성이 어려운 원인 분석	• 체중 측정 • 토론	
10	1. 기초영양소 익히기 2. 영양표시 읽는 방법 익히기	• ppt • 스티커 붙이기	행동능력
11	1. 같은 재료로 열량이 높은 음식과 낮은 음식 만들어 비교해 보기	• 조리실습 (급식판 · 평가지 준비)	행동능력
12	1. 개인별 체중유지를 위한 방법 찾기 2. 상업적인 프로그램과의 장 · 단점 비교	• 발표(조별 2명씩 발표)	결과기대
13	1. 체중평가(In-body 측정) 2. 프로그램 호응도 조사 3. 추후관리 계획	• In-body 측정 • 설문지 제작	
14	1. 다이어트 퀸 선발(진 · 선 · 미 선발) 2. 선실상 3. 조별 시상	• In-body 결과지 • 상품주비	강화

2) 보건소에서의 청소년을 위한 영양상담과 교육

보건소에서 청소년을 위한 영양상담이나 교육을 실시한다. 다음은 서울시의 한 보건소에서 '청소년 비만상담 및 교육'을 실시한 예이다.

⌛ 보건소 비만교육의 예

- 개요
  - 청소년 비만상담과 교육으로 건강상태를 알게 하고, 식습관 교정에 대한 필요성 인식, 자기관리능력 배양을 목표로 한다.
  - 사업 계획 후 관내 중학교로 비만청소년 교육에 대해 협조를 요청하고, 해당 학생과 부모에게 사업 일정을 공지한다.
  - 보건소의 영양사, 운동처방사, 간호사의 협조로 사업을 실시한다.
- 방법
  - 교육 전에 설문조사(식습관 체크리스트, 체력측정용), 혈액검사, 체력측정을 실시한다.
  - 혈액검사, 체력측정 결과에 따라 개별적으로 영양 및 운동상담, 부모님의 합석을 유도한다.
  - 추후 2차 상담은 전화상담으로 실시한다.
- 상담내용
  - 비만에 대하여
  - 표준체중 산출
  - 콜레스테롤과 중성지방에 대하여
  - 체중조절을 위한 1일 끼니별 식사량
  - 외식, 간식의 열량
  - 올바른 다이어트 방법

청소년 대상의 영양교육에서 교육안을 미리 계획하고 이에 따라 교육하도록 한다.

표 11-6 청소년 대상 영양교육안의 예

학습 주제	청소년 비만, 이렇게 관리하자.			
학습 목표	1. 교육 후 참가자는 자신의 표준체중, 비만도를 판정할 수 있다. 2. 교육 후 참가자는 올바른 체중조절 방법을 선택, 실천한다.			
단계	내용	방법	자료	시간(분)
도입	교육내용 소개	교육의 주제 및 내용을 간단히 언급한다.		3
전개	1. 비만도 판정 1) 표준체중 이용 • 한국소아/청소년 신체발육 표준치 자료 • 비만도 = (실제체중 ÷ 표준체중) × 100 - 정상 : 90~110% - 과체중 : 110~<120% - 비만 : ≥120% 2) 체질량지수 이용 • 체중(kg) ÷ 신장(m) - 저체중 : <18.5 - 정상 : 18.5~22.9 - 과체중 : 23~24.9 - 비만 : ≥25	• 자료를 이용, 비만도 판정방법을 설명한다. 대한소아과학회(1999)의 자료로 성별·연령별 표준체중(50%치)을 표로 제시한다. • 표준체중, 체질량지수를 이용한 비만도 판정방법을 설명한다. • 학생들이 자신의 비만도를 계산하고, 과체중/비만인지 알게 한다.	• PPT : 비만판정 방법 • 유인물 : 비만판정	15
	2. 올바른 체중조절 방법 - 식사조절, 운동, 생활습관 수정을 병행 1) 식사는 이렇게 • 칼로리가 높은 음식/간식 : 햄버거, 피자, 탕수육, 스낵 등 • 칼로리가 낮은 음식/간식 : 감자/고구마, 과일, 저지방 우유 등 • 식습관 수정방법 제시 2) 활동량 늘리기 • 일상생활에서 실천할 수 있는 방법 제시 : 걷기, 자전거 타기, 스트레칭 등	• 청소년이 즐기는 음식사진으로 칼로리가 높은 음식, 낮은 음식을 대비하여 보여준다. 어떤 음식의 칼로리가 높은지 맞추게 한다. • 비만예방이나 관리를 위한 식행동을 제시한다(조리방법, 음식선택 등). • 일상생활의 활동이나 운동을 '거의 매일 할 것', '자주 할 것', '거의 하지 말 것'으로 구분, 쉽게 이해시킨다.	• 사진 : 고칼로리, 저칼로리 음식 • PPT : 올바른 식행동 • PPT : 활동량 늘리기	20
정리	자신이 실천할 방법 선택	• 자신이 실천할 체중조절 방법을 나열·선택한다. • 두 명씩 짝지어서 서로 평가·보완해 준다.	• 유인물 : 올바른 다이어트 방법	7

3) 캠프를 이용한 영양교육

방학 중 캠프를 열어서 일반 학생이나 비만 청소년을 대상으로 영양교육을 실시한다. 성미경 등(2003)은 저체중과 과체중인 학생을 모집하고 3박 4일간의 캠프를 통해 영양과 건강 관련 기본개념 습득과 실생활에 적용함을 목표로 영양교육을 실시하였다. 교육 후 3주 후에 우편으로 영양정보를 발송하여 교육 후 관리를 하였다. 영양교육은 영양지식 습득을 위한 강의 외에 영양 관련 비디오 시청, 컴퓨터 프로그램(CAN-pro, 한국영양학회)을 이용한 개별 식사평가, 개인의 영양섭취량 분석 실습, 개별 영양상담, 역할극, 건강식단 작성을 위한 조별 토론, 식습관 수정을 위한 자기 집 식단 그리기, 게임 등 다양한 방법을 적용하였다. 교육 전후, 6개월 후의 영양지식, 식태도, 식행동을 비교한 결과 캠프 참여 학생의 영양지식 및 식태도는 향상되었으나, 식행동은 별다른 차이를 보이지 못하였다. 캠프는 단기간의 영양교육 효과를 유도하는 데 좋다. 장기간의 행동변화를 위해서는 반복된 영양교육, 교육대상자의 특성에 따른 교육 등으로 보완하면 더 효과가 높을 것이다.

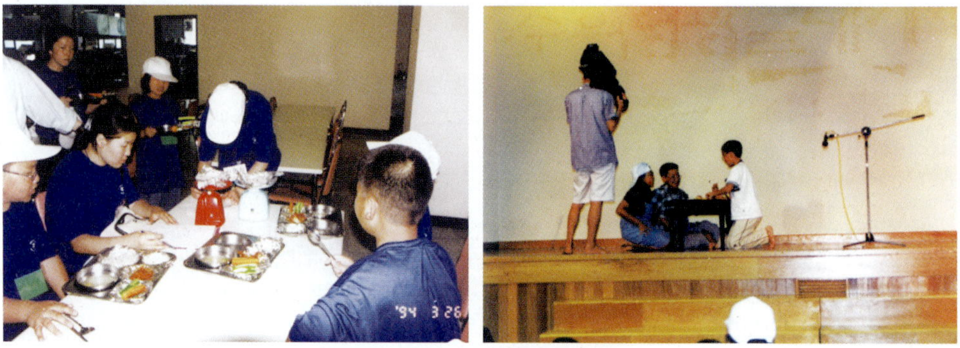

그림 11-8 캠프에서의 활동사진

4) 컴퓨터를 이용한 청소년의 영양교육

컴퓨터와 인터넷의 이용이 급증함에 따라 중·고등학생을 위한 인터넷 사이트가 점차 개발되고 있다.

6. 외국의 영양교육

미국 등 외국에서 청소년을 위한 영양교육은 학교, 지역사회에서 활발히 전개된다. 이 중 대표적인 것은 미국 농무성U.S. Department of Agriculture에서 개발한 "Team Nutrition"이다. 이는 어린이와 청소년을 위한 프로그램으로 영양 및 신체활동을 통한 건강증진에 목표를 두고 있다. 농무성에서는 어린이와 청소년을 위한 영양교육안과 교육자료를 개발 및 제공하며 부모, 교사, 학교급식 담당자를 위한 자료도 제공한다. 청소년을 위한 자료로 "Your Self"라는 제목의 소책자가 있는데, 식품 피라미드를 통한 균형식의 설명, 식생활의 적용, 간식 선택, 식사일지 작성, 신체활동 등에 대한 내용을 학생들이 일상생활에서 실천하도록 제시하고 있다. 또 학생 모델을 등장시켜 목표 설정, 식행동이나 신체활동 등의 수정을 어떻게 할 것인지 제시하고 있다. 또한 학생들이 소책자에서 습득한 내용을 적용해 보도록 보조책자를 따로 제공한다. 이러한 자료는 홈페이지www.fns.usda.gov/tn에서 참조할 수 있다. 이 외에도 아래의 미국 정부기관 홈페이지에서 청소년을 위한 영양정보를 다양하게 얻을 수 있다.

www.nal.usda.gov/fnic

미국 농무성의 식품영양정보센터Food and Nutrition Information center의 홈페이지로 검색어를 입력하여 청소년, 영양, 식품 관련 정보를 수집한다.

www.healthfinder.gov

미국 DHHSDepartment of Health & Human Services에서 운영하는 건강 관련 정보 제공 사이트이다.

www.nutrition.gov

미국 농무성 산하 국립농업도서관National Agricultural Library에서 운영하는 사이트로 생애주기별·주제별로 영양정보를 다양하게 제공한다.

www.cdc.gov

미국 질병통제예방센터Center for Disease Control and Prevention의 홈페이지로 주제별 영양정보를 제공하며 청소년 건강에 관한 자료가 다양하게 수록되어 있다.

Dietaryguidelines.gov

미국 농무성U.S. Department of Agriculture과 DHHSDepartment of Health & Human Services에서 공동으로 운영하는 사이트로 5년마다 미국인을 위한 식생활 가이드라인을 제공하며, 건강 증진과 질병 예방에 관한 정보를 수록한다.

연구과제

1. 초등학생을 대상으로 정상체중의 중요성에 관한 영양교육 학습지도안을 작성해 보자.

2. 중학생을 대상으로 패스트푸드 섭취를 줄이기 위한 영양교육 학습지도안을 작성해 보자.

CHAPTER

12

성인 · 직장의 영양교육

I. 성인과 직장 영양교육의 중요성과 목표

II. 성인의 영양기준 및 영양문제

III. 성인 영양교육의 내용과 방법

IV. 성인 영양교육의 실제

V. 직장에서의 영양교육

학습 목표

1. 성인의 영양기준과 영양문제를 설명할 수 있다.
2. 성인 영양교육의 목표와 내용을 설명할 수 있다.
3. 성인에게 적합한 영양교육 방법을 다양하게 제시할 수 있다.
4. 직장 근로자의 영양교육 목표와 내용을 설명할 수 있다.
5. 성인 또는 직장 근로자를 위한 영양교육을 계획할 수 있다.

I 성인과 직장 영양교육의 중요성과 목표

1. 성인과 직장 영양교육의 중요성

성인기는 만 19~64세를 말하며, 성장이 거의 완료되고 건강이 안정된 시기이다. 또한 사회활동력이나 신체활동력이 가장 왕성한 시기이므로 균형 잡힌 영양이 중요하다. 특히 중년 이후에는 각종 만성퇴행성질환의 발병률이 증가하므로 이의 예방과 관리를 위해서 청장년기부터 건강한 식습관을 실천해야 한다.

최근 통계청 자료에 의하면 우리나라 인구의 고령화가 빨라지고 만성질환의 유병률과 이로 인한 사망률이 증가하고 있다. 만성질환은 발병 후 치료보다 예방이 중요하며, 평소의 영양관리가 필수적이다.

건강한 식생활을 통한 성인기의 영양관리는 산업 구조적으로 건강한 경제 인력을 양성하는 의미가 있다. 또한 건강한 노년을 대비하게 되므로 노년기 복지에도 중요하다. 근로자의 건강은 근로자 의료비 절감뿐 아니라 기업의 생산성 향상과 경쟁력 강화는 물론 국가 경쟁력의 근간이 된다. 따라서 건강증진 프로그램의 한 분야로서 성인, 직장 근로자를 위한 영양교육이 중요하다.

2. 영양교육의 목표

성인과 직장 근로자를 위한 영양교육의 목표는 올바른 식습관, 운동습관, 금주, 금연 등을 통하여 만성퇴행성질환의 발병을 낮추는 것이다. 이를 통하여 국민의 건강증진과 개인의 삶의 질 향상을 도모할 수 있다.

① 올바른 식습관을 실천한다.

② 정상체중을 유지한다.

③ 만성퇴행성질환(고혈압, 당뇨병, 고지혈증, 심혈관계질환 등)의 발병률을 낮춘다.

④ 흡연율을 낮춘다.

⑤ 음주율을 낮춘다.

⑥ 규칙적으로 운동하는 습관을 갖는다.

II 성인의 영양기준 및 영양문제

1. 성인의 영양소 섭취기준 및 식생활지침

1) 영양소 섭취기준

한국인 영양소 섭취기준에 의하면(한국영양학회, 2020) 에너지는 평균필요량에 해당되는 에너지필요추정량이 제시되어 있으며, 성인 남자의 경우 19~29세 2,600kcal, 30~49세 2,500kcal, 50~64세 2,200kcal이다. 여자는 19~29세 2,000kcal, 30~49세 1,900 kcal, 50~64세 1,700kcal이다. 단백질의 권장섭취량은 성인 남자의 경우 19~49세 65g, 50~64세 60g이며, 성인 여자의 경우 19~29세 55g, 30~64세 50g이다. 칼슘의 권장섭취량은 19~49세 남자 800mg, 19~49세 여자 700mg, 50~64세의 경우 남자 750mg, 여자 800mg을 권장하고 있다. 비타민 A, 비타민 C, 철, 나트륨의 영양소 섭취기준은 표 12-1과 같다.

표 12-1 한국 성인의 영양소 섭취기준

성별, 연령		에너지 (kcal/일)	단백질 (g/일)	비타민 A (μg RAE/일)	비타민 C (mg/일)	칼슘 (mg/일)	철 (mg/일)	나트륨 (mg/일)
남자	19~29	2,600	65	800	100	800	10	1,500
	30~49	2,500	65	800	100	800	10	1,500
	50~64	2,200	60	750	100	750	10	1,500
여자	19~29	2,000	55	650	100	700	14	1,500
	30~49	1,900	50	650	100	700	14	1,500
	50~64	1,700	50	600	100	800	8	1,500

(에너지: 에너지필요추정량, 나트륨: 충분섭취량, 기타 영양소: 권장섭취량)
자료: 보건복지부·한국영양학회, 한국인 영양소 섭취기준, 2020

2) 성인을 위한 식생활지침

일반인들이 영양소 섭취기준 등 기준치의 내용을 일상생활에서 실천할 수 있게 식생활

목표, 성인을 위한 식생활지침 등이 제시되어 있다. 2008년에 발표된 성인을 위한 식생활지침은 권장사항 3항목, 제한사항 3항목으로 구성되어 있다. 그동안 정부의 각 부처별로 식생활지침을 개발·보급하여 왔으나 2015년에는 보건복지부와 농림축산식품부, 식품의약품안전처가 공동으로 '국민 공통 식생활지침'을 제정, 발표하였다. 이는 정부부처에 분산되어 있는 지침을 종합하여 바람직한 식생활을 위한 기본 수칙을 9가지로 제시하였다.

2021년에는 국민 공통 식생활지침을 기본으로 일부 수정·보완하여 '한국인을 위한 식생활지침'이 발표되었다. 이는 건강한 식생활을 위해 일반 대중이 쉽게 이해하고 일상생활에서 실천하도록 제시하는 9가지 권장 수칙으로 식품 및 영양섭취, 식생활 습관, 식생활문화 관련 지침으로 구성되어 있다.

국민 공통 식생활지침

1. 쌀 · 잡곡, 채소, 과일, 우유 · 유제품, 육류 · 생선 · 달걀 · 콩류 등 다양한 식품을 섭취하자
2. 아침밥을 꼭 먹자
3. 과식을 피하고 활동량을 늘리자
4. 덜 짜게, 덜 달게, 덜 기름지게 먹자
5. 단 음료 대신 물을 충분히 마시자
6. 술자리를 피하자
7. 음식은 위생적으로, 필요한 만큼만 마련하자
8. 우리 식재료를 활용한 식생활을 즐기자
9. 가족과 함께하는 식사 횟수를 늘리자

자료 : 보건복지부 · 농림축산식품부 · 식품의약품안전처, 2016

한국인을 위한 식생활지침

1. 매일 신선한 채소, 과일과 함께 곡류, 고기 · 생선 · 달걀 · 콩류, 우유 · 유제품을 균형있게 먹자
2. 덜 짜게, 덜 달게, 덜 기름지게 먹자
3. 물을 충분히 마시자
4. 과식을 피하고, 활동량을 늘려서 건강체중을 유지하자
5. 아침식사를 꼭 하자
6. 음식은 위생적으로, 필요한 만큼만 마련하자
7. 음식을 먹을 땐 각자 덜어먹기를 실천하자
8. 술은 절제하자
9. 우리 지역 식재료와 환경을 생각하는 식생활을 즐기자

자료: 보건복지부 · 농림축산식품부 · 식품의약품안전처, 2021

성인을 위한 식생활지침

- 각 식품군을 매일 골고루 먹자
  - 곡류는 다양하게 먹고 전곡을 많이 먹습니다.
  - 여러 가지 색깔의 채소를 매일 먹습니다.
  - 다양한 제철과일을 매일 먹습니다.
  - 간식으로 우유, 요구르트, 치즈와 같은 유제품을 먹습니다.
  - 가임기 여성은 기름기 적은 붉은 살코기를 적절히 먹습니다.
- 활동량을 늘리고 건강체중을 유지하자
  - 일상생활에서 많이 움직입니다.
  - 매일 30분 이상 운동을 합니다.
  - 건강체중을 유지합니다.
  - 활동량에 맞추어 에너지 섭취량을 조절합니다.
- 청결한 음식을 알맞게 먹자
  - 식품을 구매하거나 외식을 할 때 청결한 것으로 선택합니다.
  - 음식은 먹을 만큼만 만들고, 먹을 만큼만 주문합니다.
  - 음식을 만들 때는 식품을 위생적으로 다룹니다.
  - 매일 세 끼 식사를 규칙적으로 합니다.
  - 밥과 다양한 반찬으로 균형 잡힌 식생활을 합니다.

(계속)

- 각 식품군을 매일 골고루 먹자
  - 곡류는 다양하게 먹고 전곡을 많이 먹습니다.
  - 여러 가지 색깔의 채소를 매일 먹습니다.
  - 다양한 제철과일을 매일 먹습니다.
  - 간식으로 우유, 요구르트, 치즈와 같은 유제품을 먹습니다.
  - 가임기 여성은 기름기 적은 붉은 살코기를 적절히 먹습니다.
- 활동량을 늘리고 건강체중을 유지하자
  - 일상생활에서 많이 움직입니다.
  - 매일 30분 이상 운동을 합니다.
  - 건강체중을 유지합니다.
  - 활동량에 맞추어 에너지 섭취량을 조절합니다.
- 청결한 음식을 알맞게 먹자
  - 식품을 구매하거나 외식을 할 때 청결한 것으로 선택합니다.
  - 음식은 먹을 만큼만 만들고, 먹을 만큼만 주문합니다.
  - 음식을 만들 때는 식품을 위생적으로 다룹니다.
  - 매일 세 끼 식사를 규칙적으로 합니다.
  - 밥과 다양한 반찬으로 균형 잡힌 식생활을 합니다.
- 짠 음식을 피하고 싱겁게 먹자
  - 음식을 만들 때는 소금, 간장 등을 보다 적게 사용합니다.
  - 국물을 짜지 않게 만들고, 적게 먹습니다.
  - 음식을 먹을 때 소금, 간장을 더 넣지 않습니다.
  - 김치는 덜 짜게 만들어 먹습니다.
- 지방이 많은 고기나 튀긴 음식을 적게 먹자
  - 고기는 기름을 떼어내고 먹습니다.
  - 튀긴 음식을 적게 먹습니다.
  - 음식을 만들 때 기름을 적게 사용합니다.
- 술을 마실 때는 그 양을 제한하자
  - 남자는 하루 2잔, 여자는 1잔 이상 마시지 않습니다.
  - 임신부는 절대로 술을 마시지 않습니다.

자료 : 보건복지가족부, 2008

2. 성인의 영양문제

1) 건강문제

최근 우리나라 성인의 주요한 건강문제는 비만, 고혈압, 당뇨병, 심혈관계질환 등이 차지하고 있다. 2022년 국민건강영양조사 결과, 만 19세 이상 성인의 비만율은 37.2%, 만 30세 이상 성인의 고혈압 유병률은 34.8%로 높게 나타났다표 12-2. 비만 인구는 1998년 25.8%에서 2010년 31.4%, 2022년 37.2%로 증가한 상태이다. 만 30세 이상 성인의 당뇨병 유병률은 14.8%, 고콜레스테롤혈증 유병률은 31.2% 정도이었다. 비만·고혈압·당뇨병의 유병률은 남자에게서 높았고, 고콜레스테롤혈증의 유병률은 여자에게서 다소 높게 나타났다.

표 12-2 주요 만성질환의 유병률(%)

	비만[1)]	고혈압[2)]	당뇨병[3)]	고콜레스테롤혈증[4)]
전체	37.2	34.8	14.8	31.2
남자	46.0	38.5	16.9	27.0
여자	28.4	31.2	12.6	35.3

1) 체질량지수 25kg/m^2 이상인 사람의 분율, 만 19세 이상
2) 수축기혈압이 140mmHg 이상이거나 이완기혈압이 90mmHg 이상 또는 고혈압 약물을 복용한 분율, 만 30세 이상
3) 공복혈당이 126mg/dL이상이거나 의사진단을 받았거나 혈당강하제복용 또는 인슐린 주사를 사용하거나, 당화혈색소 6.5% 이상인 분율(공복시간 8시간 미만자 제외), 만 30세 이상
4) 총콜레스테롤이 240mg/dL 이상이거나 콜레스테롤 강하제를 복용한 분율(공복시간 8시간 미만자 제외), 만 30세 이상
자료: 질병관리청, 2022 국민건강통계: 국민건강영양조사 제9기 1차년도(2022), 2023

2022년 사망원인통계 자료에 의하면 한국인의 주요 사망 원인은 암, 심장질환, 코로나19, 폐렴, 뇌혈관질환의 순이었다그림 12-1. 암으로 인구 10만명당 162.7명이 사망하였고 그 다음은 심장질환(65.8명), 코로나19(61.0명), 폐렴(52.1명), 뇌혈관질환(49.6명)의 순이었다. 과거 우리나라의 사망 원인은 결핵, 장염, 기관지염 등 전염성 질환이었으나, 인구의 노령화, 흡연, 올바르지 못한 식생활, 스트레스, 공해, 운동부족, 생활환경의 변화 등으로 만성질환이 주요 사인이 되고 있다.

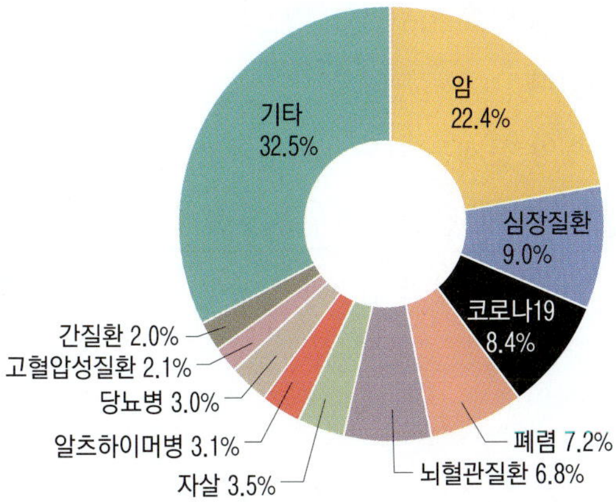

그림 12-1 한국인의 사망원인(2022년)

자료: 통계청, 2022년 사망원인통계, 2023

만성질환의 예방과 치료에서 영양이 중요한 역할을 담당한다. 올바른 식품선택, 균형 잡힌 식단, 규칙적이고 알맞은 식사, 작업환경을 고려한 영양식단 등은 국민건강과 활력 있는 경제인구 양성이란 측면에서 매우 중요하다.

2) 영양소 섭취실태

2022년 국민건강영양조사에 의하면 만 19세 이상 1일 평균 에너지섭취량은 1,862.8kcal (에너지필요추정량의 87.5%), 남자 2,159.6kcal(90.3%), 여자 1,557.5kcal(84.6%)이었다. 2022년 국민건강영양조사 결과, 만 19세 이상 인구의 영양소별 영양소 섭취기준 미만(에너지: 필요추정량의 75%, 이외: 평균필요량) 섭취자 비율을 보면, 비타민 A 75.4%, 비타민 C 72.4%, 칼슘 73.2%로 특히 이들 영양소의 섭취가 저조하였다. 에너지와 칼슘, 철, 비타민 A, 리보플라빈의 섭취상태로 평가한 '영양섭취부족자'(에너지 섭취량이 필요추정량의 75% 미만이면서 이외 4개 영양소의 섭취량이 모두 평균필요량 미만인 대상자)는 19~29세의 경우 20.3%로 30~49세 17.3%, 50~64세 16.9%보다 높았다. 반면 '에너지와 지방 과잉섭취자'(에너지 섭취량이 필요추정량의 125% 이상이고 지방 섭취량이 지방에너지적정비율의 상한선을 초과한 대상자)는 19~29세의 경우 7.5%, 30~49세 5.6%, 50~64세 6.5%이었다. 아침식사 결식률은 19~29세 59.2%, 30~49세 41.9%로 50~64세의 20.4%보다 월등히 높았다. 반면 채소와 과일을 1일 500g 이상 섭취자는 19~29세 9.3%로 매우 낮았고, 30~49세 22.5%, 50~64세 38.6%이었다.

이런 결과로 볼 때 성인의 영양 문제는 일부 비타민과 칼슘의 섭취 저조, 나트륨의 과다 섭취, 연령층이나 지역별로 영양과잉과 영양부족의 문제 공존, 아침 결식, 불규칙한 식사 등을 들 수 있다. 또한 20대의 영양소 섭취나 식행동이 다른 연령층보다 양호하지 못한 것으로 나타났다.

III 성인 영양교육의 내용과 방법

1. 영양교육 내용

성인의 교육내용은 영양교육 목표에 맞게 정하고 주제나 내용은 이해하고 기억하기 쉽게 설정한다. 또한 일상생활에서 실천 가능한 내용을 구체적으로 제시한다. 영양교육의 대상자를 고려하여 대상자들의 연령, 교육수준, 영양에 대한 관심도와 요구도, 지역사회의 특성 등을 고려하여 내용을 계획한다.

1) 바람직한 식습관의 실천

균형식은 매끼 식사에서 여러 영양소를 골고루 섭취하는 것이며 영양교육의 주요한 목표이다. 식사를 규칙적으로, 다양하게, 양을 알맞게 섭취하는 식습관을 강조하여 교육한다. 또한 아침 식사의 중요성을 인식하게 하고 간단하게라도 아침 식사를 하는 습관을 갖게 한다.

최근의 국민건강영양조사나 여러 연구에서 성인에게 부족한 영양소는 칼슘, 비타민 A, 비타민 C 등으로 나타났다. 그리고 비만인이 늘어남에 따라 지방, 에너지의 과다섭취 등이 문제시되고 있다. 따라서 칼슘, 비타민 A, 비타민 C 등의 섭취는 충분하게, 지방이나 에너지는 과다 섭취하지 않게 실생활에서 실천 가능한 내용으로 교육한다.

2) 만성퇴행성질환의 예방 및 관리

40대 이후 중년에 접어들면서 고혈압, 당뇨병, 심혈관계질환, 암 등 만성퇴행성질환의 발병 가능성이 높아지며, 이런 질병은 식사요인과 관련이 매우 깊다. 지방과 나트륨의 섭취를 줄이고, 복합당질과 식이섬유의 섭취를 늘리도록 교육한다.

3) 정상체중 유지

비만이 급속히 증가하고 있고 비만이 만성퇴행성질환의 주요한 원인이므로 과체중 및 비만 예방과 관리를 위한 교육을 실시한다. 올바른 체중조절을 주제로 하여 정상체중(18.5≤체질량지수<23)을 유지하는 인구 비율이 늘도록 하고, 저체중과 과체중 및 비만 인구의 비율이 줄어들 수 있게 교육한다.

4) 영양표시 읽기, 외식

최근 가공식품, 특수영양식품 등이 증가하고 이의 이용이 늘어남에 따라 일반인에게 식품의 영양표시 정보, 식품 안전성 등에 관한 이해를 높일 수 있도록 교육한다. 식품 구매나 선택에서 영양표시 정보를 제대로 읽고 선택할 수 있도록 내용을 구성한다. 또한 외식이 보편화됨에 따라 외식 시의 메뉴선택, 현명한 외식 등을 주제로 교육한다.

2. 영양교육 방법

1) 동기부여와 능동적 참여 유도

영양교육을 할 때 우선 대상자들에게 식행동 변화에 대한 동기를 부여하는 것이 중요하다. 이를 위해서는 교육내용이 건강이나 영양 개선에 얼마나 중요한지, 실제로 어떻게 실천할 수 있는지 구체적으로 알려주어야 한다. 바람직하지 못한 식생활이 건강에 미치는 영향을 보여줄 만한 사례, 사진, 그림, 도표, 동영상 등 다양한 시청각 매체를 사용하여 동기부여를 하도록 한다. 또한 수동적인 강의보다는 실습, 시연, 연습, 토의 등을 활용하여 대상자의 참여를 유도하도록 한다.

2) 구체적이고 실천 가능한 방법 제시

영양교육에서 영양정보나 지식 전달에 그칠 것이 아니라, 구체적인 식생활지침을 제시하고 일상생활에서 실천할 수 있는 방법tip을 제시하고 실행할 수 있게 도와야 한다. 예를 들어 심장병 예방교육을 할 경우 심장병의 원인이나 식사요법 전반에 대해 설명하는 것 외에 실제로 지방이나 콜레스테롤의 섭취를 줄이기 위해서 하루에 어떤 식품을 얼마나 먹어야 할지, 지방의 섭취를 줄이려면 어떻게 조리해야 하는지 구체적으로 교육해야 한다.

3) 영양교육 방법

성인을 위한 영양교육 방법은 집단일 경우 강의, 강연을 주로 선택하게 되지만, 이러한 경우 정보나 지식의 전달에 한정된 교육이 되기 쉽다. 영양교육은 대상자가 능동적으로 참여할 때 그 효과가 높다. 영양교육에서 토론, 실습, 시연, 시식회, 시범, 체험, 모델링, 조리, 사례연구나 발표 등 다양한 방법을 흥미롭게 적용해야 한다. 대중매체에서 많이 이용하는 방법 중 하나는 유명인의 성공사례(식습관 수정, 체중조절 등)를 발표하고 모방하는 모델링, 식단과 조리법의 시연 등으로, 이를 사용하여 흥미를 끌 수 있다.

4) 영양교육 매체

영양교육 매체로 리플릿, 소책자 등 인쇄매체를 주로 이용한다. 최근 동영상과 전자매체, 대중매체, 인터넷 자료 등이 다양하게 개발되어 있으므로 이러한 영양교육 매체를 활용하여 교육의 효과를 높이도록 한다.

성인들은 대상자의 학력, 연령 등이 모두 다르고, 생활에 쫓기고 있으므로 정기적인 영양교육을 받기가 힘들다. 따라서 단시간에 효과적으로 정보가 전달되도록 가능하면 가시적이며 구체적으로 표현된 사진, 그림, 동영상 자료, 실물, 모형 등을 많이 이용하도록 한다.

IV 성인 영양교육의 실제

성인 대상의 영양교육에서 올바른 식습관 관련 프로그램, 체중조절 프로그램, 지역주민 건강증진 프로그램, 만성질환 영양관리 프로그램(예: 고혈압, 이상지질혈증, 당뇨병, 골다공증) 등이 주로 실시되고 있다. 이외에 중년기 여성을 위한 프로그램, 암예방 프로그램 등이 있다.

1. 올바른 식습관 관련 프로그램

우리나라 성인의 영양문제로 지방과 소금의 섭취 과다, 식물성 식품의 섭취 감소, 칼슘, 비타민 A, 비타민 C의 섭취 부족 등이 지적되고 있다. 따라서 건강증진을 목표로 올바른 식습관에 관한 교육이 요구된다. 이러한 교육은 보건소나 지역사회에서 정기적인 교육 프로그램을 통해 또는 특별 행사를 통해 전개된다.

예 1 '균형식, 이렇게 하자' 영양교육

대상	• 지역주민(성인), 직장 근로자
장소	• 보건소, 직장 회의실
내용	• 바람직한 식생활, 식품군에 대하여 • 성인을 위한 식생활지침, 식습관 평가 • 단백질과 칼슘을 충분히 먹자 • 지방과 에너지, 이 정도로 이렇게 먹자 • 단순당과 나트륨, 이렇게 줄이자 • 식단 작성, 조리 실습
방법	• 1회성 또는 주 1회의 연속 프로그램을 구성 • 강의, 토론, 실습 등
평가	• 프로그램 만족도, 참여율, 영양지식, 식태도, 식행동 변화, 비만도 평가

예 2 **성인 대상 영양사업**

개요 • 지역주민의 건강생활 실천을 돕고, 올바른 식습관 조성을 위한 영양사업

대상 • 주부, 직장인 남성, 1인 가구, 취약계층 등

프로그램 및 내용

- 싱겁게 먹기 체험단 : 각 가정 내 염도계 대여 및 우리집 국, 찌개 염도 알아보기
- 아빠의 식탁 : 가족을 위한 건강밥상 차리기 체험
- 건강한 한끼 혼밥 영양관리 : 1인가구를 위한 나만의 혼밥 레시피 만들기
- 건강김치 영양교육 : 김장철 맞이 건강김치 만들기 조리체험
- 덜짜게 · 덜달게 영양교육
  - 저염, 저당 실천수칙
  - 짠맛, 단맛 미각테스트로 나의 입맛 알아보기

방법 • 이론교육, 조리체험

기타 • 찾아가는 건강홍보 · 캠페인
- 지역주민의 접근성이 높은 지역행사, 생활터(아파트, 시장, 지하철역사 등), 직장 등에 직접 찾아가 올바른 식생활관리의 필요성 홍보
- 입맛 알아보기(짠맛, 단맛 미각테스트) 등 체험 프로그램을 통해 저염실천 유도

자료: 강동구 보건소

2. 체중조절 및 비만관리 프로그램

과체중이거나 비만인, 체중조절에 관심이 있는 성인을 대상으로 비만 치료 및 예방을 위한 교육을 실시한다표 12-3. 보건소, 병원, 사업체를 중심으로 여러 지역사회에서 활발히 실시되고 있다.

표 12-3 성인 체중관리 교육의 예

주	프로그램 내용	방법(도구)
1	건강체중과 비만도 평가 • 영양지식, 식태도, 식행동 사전 평가 • 건강체중이란, 건강체중의 중요성	• 사전평가 및 기초조사(설문지) • 강의(PPT)
2	비만도와 식생활 평가 • 나의 비만도 평가 • 식생활 및 식습관 조사	• 비만도 평가(체중계, 신장계 등) • 식습관 조사(설문지) • 영양섭취 분석(CAN 프로그램)
3	성인을 위한 식생활지침 • 비만을 예방하기 위한 식사의 기본 • 식생활지침 중 나의 행동 수정하기	• 강의(PPT, 리플릿) • 행동목표 계약서
4	저열량 식사 • 저열량 식품과 음식, 조리법 • 자신의 일상식사 중 고열량 음식 말해보기	• 강의(PPT, 사진, 그림, 실물, 모형 제시), 실습, 토론(리플릿, 소책자)
5	저열량 식단 전시 및 시식회 • 저열량 식단 전시 • 저열량 음식 및 간식 시식회	• 전시회, 시식회(사진, 그림, 식단, 모형 제시, 리플릿, 소책자)
6	식품교환표와 식단 작성 • 식품교환표에 대한 이해 • 식품교환표를 이용하여 식단 작성하기	• 강의, 토론(리플릿, 소책자 등)
7	체중조절에 바람직한 운동과 열량소모 • 체중조절에 바람직한 운동 • 음식 섭취열량, 운동 소모열량	• 강의(PPT, 그림, 사진) • 시연 및 실습(리플릿, 소책자)
8	식생활관리의 실천 다짐 및 교육 평가 • 영양지식, 식태도, 식행동, 비만도 변화 평가 • 영양교육 프로그램에 대한 인식 평가	• 강의, 토론, 조사(평가지, 행동계약서)

예 3 비만 및 체중조절 영양교육

대상 • 과체중, 비만 성인(체질량지수 23 이상)

장소 • 보건소, 직장 회의실

내용(표 12-3 참고)

- 건강체중이란? 자신의 비만도 평가
- 비만 관련 질환과 영양관리
- 성인을 위한 식생활지침
- 저열량식단과 음식의 열량
- 식품교환표와 식단 작성
- 체중조절에 바람직한 운동과 열량소모

방법
- 홍보 : 지역사회의 가정통신문, 유선방송, 인터넷 홍보 등
- 교육방법 : 강의, 토의, 식단 전시회, 조사, 실습, 상담
- 교육자료 : 소책자, 리플릿, PPT자료, 모형, 실물, 영양진단용 CD

평가
- 과정 평가 : 프로그램 만족도, 각 세션별 이용률, 참여율
- 효과 평가 : 영양지식, 식태도, 식행동 변화, 비만도 평가

3. 만성질환별 영양교육

지역사회 내에서 통원치료를 받거나 재택 만성퇴행성질환의 환자와 그 가족을 대상으로 한다. 또한 만성질환의 위험이 있는 성인, 일반인을 대상으로 질병의 예방에 관한 영양교육 및 상담을 실시한다.

영양교육 주제는 만성질환(고혈압, 당뇨병, 심혈관계질환, 암, 대사증후군 등)이나 식사요법이 필요한 질환(신장병, 간질환, 소화기계질환 등)의 예방과 관리로 한다. 교육내용은 각 질환에 대한 개요(판정, 위험 요인 등), 식사요법의 중요성 및 관심 유도, 만성질환의 예방과 관리를 위한 구체적인 식습관 수정, 권장식품 및 제한식품, 식단의 계획과 작성 등을 포함한다.

예 4 만성질환의 예방과 관리를 위한 영양교육

대상 • 지역주민 중 만성질환 환자와 가족, 일반인 중 만성질환 교육에 관심 있는 자

주제별 프로그램의 예

차수	고혈압 영양교육	당뇨병 영양교육
1	• 고혈압에 대하여 : 심각성, 판정, 위험요인, 기본적 관리	• 당뇨병에 대하여 : 심각성, 판정, 위험요인, 기본적 관리
2	• 고혈압과 체중관리	• 당뇨병과 체중관리
3	• 나의 필요 열량, 열량별 식단	• 나의 필요 열량, 열량별 식단
4	• 음식/식품의 소금함량과 저염식	• 식품교환표와 식단 작성
5	• 저염식 식품 선택과 조리방법	• 당뇨병 관리, 이럴 땐 이렇게 : 외식, 간식, 명절음식 등
6	• 고혈압과 식사 : 저지방식, 열량제한식 등	• 당뇨병 관련 만성질환을 위한 식사 : 저염식, 저지방식 등
7	• 고혈압 관리 : 운동, 생활습관 등	• 당뇨병 관리, 이렇게 : 저혈당증, 케톤증, 운동, 발 관리법
8	• 식생활 관리의 실천사항 다짐, 교육평가	• 식생활 관리의 실천사항 다짐, 교육평가

방법
- 강의, 실습, 영양상담 등
- 집단교육 : 주 1회 또는 월 1회로 구성
- 개인상담 : 초기에는 주 1회 정도, 진행하면서 월 1회 정도 실시
- 식단전시회 : 연 1회 이상 질환별로 병원, 보건소에서 실시
- 교육자료 : 소책자, 리플릿, 음식모형, 식단, 파워포인트 자료 등

평가
- 집단교육 및 개인상담, 식단전시회의 만족도 및 참여율 평가
- 효과평가 : 영양지식, 식태도, 식행동 변화, 혈당 · 혈압의 변화 등

예 5 서울시 대사증후군 관리사업

개요 • 대사증후군이 증가하는 실정에서 검진 후 사후관리, 지속적 생활습관 개선 서비스를 통한 통합적 건강관리를 제공하고자 함

대상 • 만 20~64세 성인

방법

1. '대사증후군 전문관리센터' 설치 운영
   - 목적 : 전문적 · 체계적으로 대사증후군 발견 및 건강관리 상담 서비스 제공
   - 장소 : 서울시 내 보건소, 보건분소
   - 내용 : 대사증후군 발견(혈압, 혈당, 복부둘레, 중성지방, 좋은 콜레스테롤), 사후관리(추후관리, SMS 문자서비스, 교육, 상담)
   - 주요 서비스 : 개인 맞춤형 통합건강관리 서비스 제공
   - 환자 발견 시 인근 민간 병 · 의원으로 연계
   - 검사결과에 따른 건강수준별 맞춤 건강관리 상담서비스 제공
   - SMS 서비스를 통한 추후관리
   - 기존사업과 연계 운영: 만성질환관리, 맞춤형 방문보건사업, 운동, 영양, 금연, 절주
2. 토요 대사증후군 발견 및 관리코너 운영
   - 목적 : 맞벌이 부부, 직장인을 대상으로 건강생활 실천방법을 체험하고 실천하도록 가족단위 건강 체험 및 관리 프로그램을 '토요 열린보건소'와 연계하여 운영
   - 장소 : 서울시 25개 보건소
   - 내용 : 대사증후군 발견검사, 관리 프로그램을 가족단위 중심으로 운영, 연령별 맞춤교육 실시
3. 찾아가는 건강상담실
   - 목적 : 시민들의 시간적, 지리적 접근 제약을 해소하기 위해 직장, 마트 등에서 시민을 직접 방문하여 발견검사, 건강관리 상담을 실시함.
   - 내용 : 발견검사, 건강관리사업

대상군별 제공서비스

상담군 분류	위험인자	발견검사	상담
대사증후군	3~5개(약물복용자 제외)	5회/12개월	• 12개월간 월 1회 상담 제공(영양, 운동 상담 필수) • 건강SMS제공(주1회)
건강주의군	1~2개(약물복용자 제외)	3회/12개월	• 상담 연 3회 제공(영양, 운동 상담 필요) • 건강SMS 제공(월2회)
약물치료군	약물복용자		
정상군	0개	2회/12개월	• 상담 연 2회 제공(영양, 운동상담 필요) • 건강SMS 제공(월 1회)

자료 : http:www.5check.or.kr

4. 건강요리교실

가정의 형태와 가족의 식품소비 형태가 달라지면서 외식과 가공식품의 소비가 늘고 있다. 또한 무기질과 비타민의 섭취부족, 건강위해물질에의 노출 등 건강이 위협받고 있다. 따라서 주부나 독신 남녀를 대상으로 건강에 바람직한 식품을 선택·구매하고, 영양과 맛, 시간과 노력 면에서 효율적으로 조리할 수 있도록 만들어야 한다.

예 6 제철식품 조리스쿨(서울시 중구 보건소)

대상 • 지역주민(아동 동반 가능)

장소 • 보건소

내용(1년에 5회 운영)

- 주제 : 제철 식재료를 활용한 만성질환 예방 조리법
  1회) 참나물주꾸미샐러드, 냉이나물두부선
  2회) 닭살가지냉채, 토마토가지볶음
  3회) 도라지초계탕, 감자동글전
  4회) 훈제요리스테이크, 새송이비늘잣소스
  5회) 샤브샤브, 우엉잡체

방법
- 지역신문, 홍보물, 유인물, 안내문자 등을 통한 홍보
- 모집 : 운영 한 달 전부터 홍보, 선착순 모집 ; 전화, 내소하여 신청
- 전문강사 초빙, 보건소 영양사 실습 시연, 참여하여 운영
- 매 회당 90분씩 실시 : 영양교육, 조리실습 및 시식, 뒷정리 및 만족도 조사

평가 • 만족도 조사

V 직장에서의 영양교육

식생활의 서구화 경향, 불규칙한 식생활, 외식의 증가로 중장년층을 비롯한 성인의 만성퇴행성질환이 늘고 있다. 이러한 질병은 삶의 질을 저하시킬 뿐 아니라 건강한 경제인구의 감소로 국가경쟁력 또한 저하시킨다. 따라서 직장에서의 영양교육 프로그램을 통해

건강증진을 기해야 하며 이러한 요구에 따라 직장에서의 영양교육이 점차 실시되고 있다. 국내에서는 한국산업안전공단이 주관하여 직장 내'근로자 건강증진 운동'을 전개하고 있다. 직장에서 영양교육이나 건강증진 프로그램을 실시하면 근로자의 질병예방과 건강증진에 기여할 뿐 아니라, 이로 인한 의료비 절감, 근로자의 생산성 증가, 근로자의 교체율 저하 등 경제적 효과를 거둘 수 있다.

1. 직장 근로자의 영양문제

우리나라 근로자들의 영양문제로 불규칙한 식사, 잦은 외식, 아침 결식, 지나친 음주로 인한 위장질환과 순환기계질환 등이 지적되고 있다. 또한 이들은 과중한 업무, 스트레스, 음주, 흡연 및 운동부족 등 좋지 않은 생활습관으로 인하여 만성질환에 걸리기 쉬운 환경에 놓여 있다. 따라서 근로자를 위한 바른 생활습관 정착, 건강한 환경 조성, 올바른 식생활 교육 등이 절실히 요구되고 있다.

직장 근로자의 건강을 위해서 산업질병의 예방대책 연구뿐 아니라 근로자를 대상으로 만성질환의 예방과 관리를 위한 영양교육과 상담을 실시하여야 한다. 이와 더불어 양질의 산업체 급식을 통하여 전문적인 영양서비스를 제공하여야 한다. 대한영양사협회에서는 2004년부터 '산업보건영양사 교육과정'을 개설하였고, 심뇌혈관계질환을 비롯한 각종 질환의 영양관리, 영양교육 자료 개발 등을 주제로 교육을 하여 직장에서 전문적인 영양서비스를 제공할 수 있는 산업보건영양사를 양성하고 있다.

2. 영양교육의 목표

직장 영양교육은 근로자의 질병예방과 건강증진을 목표로 한다. 구체적인 목표는 다음과 같다.

① 근로자들이 올바른 식생활 습관을 가질 수 있도록 한다.

② 정상체중을 유지하게 한다.

③ 만성퇴행성질환(심혈관계질환, 고혈압, 당뇨병, 대사증후군 등)의 비율을 감소시킨다.

④ 흡연율을 줄인다.

⑤ 알코올의 적절한 섭취량 및 섭취방법을 실천하게 한다.

⑥ 아침 식사를 한다.

⑦ 바람직한 외식 행동을 한다.

3. 영양교육의 내용

근로자를 위한 영양교육은 앞의 목표를 달성할 수 있는 내용으로 구성하며, 근로자의 건강 및 영양문제, 이들의 관심사를 반영하는 등 요구도 분석을 통하여 내용을 정한다. 근로자를 대상으로 한 설문조사 결과 근로자들이 원하는 영양교육 주제로는 환경과 음식물 쓰레기, 바람직한 식생활, 위장질환 식사요법, 고혈압 식사요법, 당뇨병 식사요법, 체중조절, 건강식품정보, 건강검진 후 식생활지도, 식품영양정보 등으로 나타났다.

4. 영양교육의 방법

영양교육의 방법을 정할 때 근로자의 수준과 관심도, 특성을 고려한다. 산업체 영양교육에서는 다른 대상에서와 같이 개별상담과 집단교육을 병행하여 실시한다.

영양상담은 개인의 영양문제에 따라 맞춤형 상담 및 교육이 가능하므로, 개인이나 소집단을 대상으로 실시한다. 영양상담을 하려면 상담자의 시간과 노력 등 자원·경비가 많이 필요하여 직장 영양교육에서 실제로 하기 어려운 면이 있지만, 개인적 문제의 해결에 초점을 둘 수 있으므로 집단교육과 병행하여 실시하도록 한다.

직장에서 할 수 있는 집단교육으로는 강의, 토론, 사례연구, 세미나, 식단전시회, 시식회, 게시판, 홈페이지를 이용한 인터넷교육 등을 들 수 있다. 전체 근로자 대상의 영양교육에서는 강의 형태로 올바른 식생활이나 아침 식사의 중요성, 외식의 문제점 등을 계획할 수 있다. 소규모 집단교육에서는 건강검진 결과에 따라 같은 식사요법이 필요한 근로자들끼리 토론, 세미나, 사례연구를 할 수 있다.

근로자를 대상으로 한 직장 내 영양교육은 게시판이나 사보, 사내방송, 인터넷 홈페이지 등을 이용할 수 있다. 이러한 매체는 보편적이고 쉽게 접근할 수 있어서 영양정보나 지식을 교육하고 홍보하는 데 용이하다. 대부분의 사업체에서 급식을 실시하므로 급식장소에서 게시판이나 테이블 텐트table tent를 이용하여 메뉴의 영양정보, 일반적인 영양정보를 제공하는 방법으로 메뉴선택에 도움을 주고 영양교육을 할 수 있다. 또한 영양교육과 병행하여 건강 지향적인 메뉴 제공 등의 방법으로 식환경의 변화를 유도하면 근로자의 식습관, 식행동 개선에 기여하게 된다.

5. 직장 영양교육의 실제

최근 직장에서의 영양교육이 늘고 있으며, 고지질혈증, 당뇨병 등 만성질환을 주제로 하거나, 올바른 식사 등 일반적인 영양관리를 주제로 실시하고 있다.

예 7 남성근로자 대상 U-헬스케어 서비스를 이용한 대사증후군 요인 관리 영양교육

대상
- 만 20~60세 성인 남성 근로자

내용
- 1차 : 대사증후군의 정의 및 진단기준 교육, 자신의 생활습관 점검, 목표 설정, 개인별 에너지 요구량 처방, 식사일기 기록 방법, 올바른 식습관 실천시 장점관련 정보 제공
- 2차 : 에너지 섭취의 순응도 점검, 목표 설정, 대사증후군 관련 질환의 식사요법 교육, 신체조성 평가
- 3차 : 에너지 섭취의 순응도 점검, 목표 설정, 식생활습관 변화 유지를 위한 격려, 개인별 위험요인에 따른 식사지침을 위주로 구체적 정보 제공, 신체조성 평가
- 4차 : 에너지 섭취의 순응도 점검, 추후 장기적 계획 수립과 지속적 식생활습관 변화 유지의 중요성 교육, 대상자별 행동 수정지침, 생활습관의 변화로 인한 긍정적 결과 강조, 신체조성 평가

방법
- 1차 교육 : 대면상담, 2~4차 교육 : 전화상담(1회/4주)
- U-Health 측정기기 이용 : 체성분분석계와 혈압계(사내 공동 이용), 3D신체활동계(개별 지급)
- USB키를 컴퓨터에 연결하여 측정 데이터를 전송받고 건강프로그램 홈페이지를 통해 자신의 데이터를 모니터링

(계속)

- 자가 웹 모니터링 : 그래프(식사와 운동내용 입력으로 섭취와 소비 칼로리의 균형 인지), 자동 휴대폰 문자 발송(목표 달성 정도에 따른 축하나 격려 메시지), 3일간 측정 데이터 미수신인 경우 측정 독려 메시지 발송

평가
- 영양교육 전후의 신체계측, 혈압 및 혈액검사, 영양소 섭취 상태, 식습관 변화 평가
- 교육 전에 비해 교육 후에 복부둘레, 중성지방, 이완기혈압, 체지방률, 총콜레스테롤 등이 유의적으로 감소함.
- 교육 전에 비해 교육 후에 영양소 섭취(식이섬유, 칼슘, 비타민 C 등), 식습관이 유의적으로 긍정적으로 변화됨

자료 : 박세윤 등, 2011

예 8 고지질혈증 관리를 위한 영양교육

대상
- 건강진단 결과 혈청 콜레스테롤 수치 200mg/dL 이상인 근로자

장소
- 직장 내 세미나실

내용
- 1차 : 고지질혈증, 식사요법의 개요, 식습관 진단에 관한 상담
- 2차 : 식습관 – 지방과 콜레스테롤 섭취 줄이기, 싱겁게 먹기, 식이섬유 섭취 늘리기, 식사일기 쓰기에 관한 교육
- 3차 : 정상체중 유지하기 – 비만판정, 열량섭취 줄이기, 외식 · 간식 선택, 식습관 수정에 관한 교육
- 4차 : 생활습관 – 흡연, 음주, 운동 등에 관한 집단교육

방법
- 개별상담, 집단교육 병행
- 강의, 토론, 실습, 영양상담 등

평가
- 교육 전후의 영양지식, 태도, 식행동 평가, 혈청 콜레스테롤 수치 변화, 참여율, 만족도

연구과제

1. 보건소에 근무하는 영양사가 '중년 여성'을 위한 영양교육을 실시하고자 한다. 다음 단계에 따라 구체적으로 구상해 보자.

   1) 대상 :

   2) 장소 :

   3) 주제 :

   4) 영양교육의 목표

      최종 목적 :

      구체적 목표

      ①

      ②

      ③

   5) 내용

   6) 방법(대상자의 참여 유도)

   7) 교육자료의 종류

   8) 평가(내용, 방법)

2. A사에 근무하는 사무직 근로자를 대상으로 '고혈압 예방 영양교육'을 하려고 한다. 4회 교육할 때 어떤 내용과 방법으로 할 것인지 계획해 보자.

1) 영양교육의 최종 목적

2) 구체적 목표

①

②

③

3) 내용

1회 :

2회 :

3회 :

4회 :

4) 방법(대상자의 참여 유도)

5) 교육자료의 종류

6) 평가(내용, 방법)

CHAPTER

13

보건소·병원의 영양교육

I. 보건소 영양사업

II. 병원에서의 영양교육

학습 목표

1. 보건소 영양사업의 중요성을 이해한다.
2. 국민건강증진종합계획과 영양사업 지표를 이해한다.
3. 국민영양관리기본계획에 대하여 이해한다.
4. 영양플러스사업의 목적과 내용에 대하여 이해한다.
5. 보건소 영양교육 프로그램에 대하여 이해한다.
6. 병원에서 영양교육의 중요성을 이해하고 실제를 확인한다.

I 보건소 영양사업

1. 보건소 영양사업의 배경

1) 국민건강증진종합계획 2030(HP 2030)

만성질환의 예방과 건강증진을 위한 중장기 정책 방향을 제시하는 「국민건강증진종합계획Health Plan」을 국민건강증진법에 근거해 수립하고 있다. 2002년에 제1차 국민건강증진종합계획이 처음 발표되었으며, 이후로 10년 단위로 계획을 수립하고 5년마다 보완계획을 마련해왔으며, 2021년에는 제5차 종합계획HP 2030이 발표되었다.

HP 2030에 제시된 비전은 그림 13-1과 같이 "모든 사람이 평생 건강을 누리는 사회"이

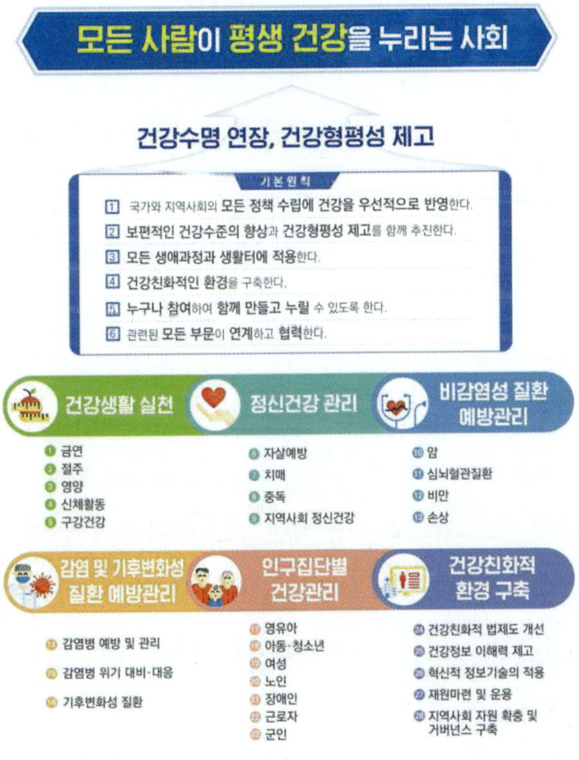

그림 13-1 제5차 국민건강증진종합계획(Health Plan 2030, 2021~2030)

자료 : 보건복지부, 제5차 건강증진종합계획, 2021. 1.

다. 이는 성별, 계층별, 지역별 건강 형평성을 확보하는 것으로 적용 대상을 모든 사람으로 확대했으며, 출생부터 노년까지 전 생애주기에 걸친 평생 건강을 누리는 사회를 의미한다. HP 2030의 총괄 목표는 건강수명을 연장하고, 건강 형평성을 제고하여 건강수명을 2018년 70.4세에서 2030년에는 73.3세로 연장하며, 남성은 68.3세에서 71.4세로, 여성은 72.4세에서 75세로 연장하고자 했다. 건강 형평성 제고를 위해서는 소득수준 기준 상위 20% 구간과 소득수준 하위 20% 구간의 건강수명 격차를 2018년 8.1세에서 2030년 7.6세로 줄이는 것으로, 즉 취약집단의 건강수명을 늘리고 격차를 줄이는 것으로 목표를 설정하였다.

국민건강증진종합계획 2030에서 영양 분야는 금연, 절주, 신체활동, 구강건강과 함께 건강생활 실천 영역으로 분류되어 있으며, 사업내용과 성과지표를 정하고 있다.

2) 건강생활 실천을 위한 영양 분야 사업과 성과지표

건강생활 실천 영역에 속한 영양 분야 사업은 건강한 식생활 실천 및 최적의 영양상태 유지를 위한 기반 강화를 목적으로 세부 사업을 표 13-1과 같이 정하고 있다.

① 인구집단별 맞춤형 영양관리 서비스 확대 및 접근성 강화

- 영양플러스 사업 확대를 통해 취약계층의 영양 개선을 도모
- 어린이, 청소년, 젊은 직장인의 아침 결식 예방, 과일 채소 섭취량 증가와 같은 영양 문제 해결을 위한 캠페인/당류, 포화지방, 나트륨과 같은 영양성분의 관리 방안 마련(예시: 아침 식사 인증 시 인센티브를 제공하는 프로그램 등)
- 노인 영양관리 프로그램 도입, 노인복지시설에서 급식의 위생 관리(예시: 경로당, 복지관과 같은 회합형 프로그램 관리, 방문/배달 프로그램 관리, 독거노인 요리교실 운영 등)

② 만성질환의 예방 및 관리를 위한 영양 정책 추진

- 영양과 만성질환에 대한 기반연구를 바탕으로 만성질환별, 생애주기별로 영양소 섭취기준과 식생활지침 마련
- 효과적인 교육·홍보 자료 개발 및 보급, 영양사업과 정책 제안

③ **올바른 식생활 영양 정보의 효율적 제공 체계 구축**

- 민관 협력체계 강화를 통한 건강 식생활 실천 캠페인 추진
- 국가 영양성분 데이터베이스 제공, 가공·간편식에 대한 영양표시 의무화 확대와 같은 건강한 식품선택 환경 조성

표 13-1 국민건강증진종합계획 중 영양사업과 담당 조직

분야		내용	세부 사업	담당 조직
건강생활 실천	영양	건강한 식생활 실천 및 최적의 영양상태 유지 기반 강화	• 인구집단별 맞춤형 영양 관리 서비스 확대 및 접근성 강화 • 만성질환의 예방 및 관리를 위한 영양 정책 추진 • 올바른 식생활과 영양 정보의 효율적 제공 체계 구축	보건복지부 식품의약품안전처

자료 : 보건복지부, 제5차 국민건강증진종합계획, 2021. 1.

건강생활 실천 영역에 속한 영양 분야의 성과지표는 표 13-2와 같으며, 가장 대표적인 지표는 '식품 안정성 확보 가구분율'이며, 2018년 96.9%에서 2030년 97.0%로 개선하고, 소득수준 1~5분위 간 식품 안정성 확보 가구율 격차를 11.4%에서 7.0%로 줄이는 것으로 정하고 있다.

표 13-2 국민건강증진종합계획 중 영양사업 분야의 성과지표

과제	사업 성과 지표	기준치 (2018년)	목표치 (2030년)
1	식품 안정성 확보 분율	96.9%	97.0%
2	소득 1-5분위 식품안정성 확보 가구분율 격차	11.4%	7.0%
3	포화지방산을 적정 수준으로 섭취하는 인구 비율 (만 3세 이상)	56.5%	74.0%
4	소득 1-5분위 포화지방 적정 수준 섭취 인구 비율 격차 (만3세 이상)	-3.7%	0.0%
5	나트륨을 1일 2,300mg 이하로 섭취하는 인구 비율 (만9세 이상)	33.2%	42.1%
6	소득 1-5분위 나트륨 적정 수준 섭취 인구 비율 (만9세 이상)	-7.9%	-0.2%

(계속)

과제	사업 성과 지표	기준치 (2018년)	목표치 (2030년)
7	과일과 채소를 1일 500g 이상 섭취하는 인구 비율 (만6세 이상)	29.3%	41.0%
8	소득 1-5분위 과일과 채소를 1일 500g 이상 섭취 인구 비율 격차 (만6세 이상)	9.7%	6.0%
9	가공식품의 영양표시 이용률 (만7세 이상)	26.4%	31.7%
10	소득 1-5분위 가공식품 영양표시 이용 인구 비율 격차 (만7세 이상)	4.4%	4.0%
11	건강 식생활 실천율 (만6세 이상)	41.5%	50.6%
12	소득 1-5분위 건강 식생활 실천율 격차 (만6세 이상)	7.7%	4.4%
13	칼슘을 적정 수준 섭취하는 인구 비율 (만1세 이상)	16.5%	21.0%
14	소득 1-5분위 칼슘 적정 수준 섭취율 격차 (만1세 이상)	3.9%	2.0%
15	비타민 A를 적정 수준 섭취하는 인구 비율 (만1세 이상)	11.4%	24.0%
16	소득 1-5분위 비타민 A 적정 수준 섭취 분율 격차 (만1세 이상)	0.9%	0.0%
17	영양섭취 부족 노인 인구비율 (75세 이상)	18.5%	12.0%
18	소득 1-5분위 영양섭취 부족 노인 인구 분율 격차 (75세 이상)	5.4%	0.0%
19	가임기 여성의 빈혈 유병율	13.1%	11.0%
20	소득 1-5분위 가임기 여성의 빈혈 유병률 격차	2.8%	0.0%

자료 : 보건복지부, 제5차 국민건강증진종합계획, 2021. 1.

2. 보건소 영양사업의 변화

1) 국민영양관리기본계획과 보건소 영양사업

국민영양관리기본계획은 「국민영양관리법」 제7조에 5년마다 우리 국민의 영양관리에 필요한 계획과 대책을 종합한 국민영양관리기본계획을 수립·시행하도록 명시하고 있다. '제1차 국민영양관리기본계획'은 2012년에 처음으로 마련되었으며, 인구고령화, 1인 가구, 만성질환 관련 사회경제적 부담 증가와 같은 보건의료 환경 변화를 고려하여 2017년에 '제2차 국민영양관리기본계획'이 발표되었다.

- **건강식생활 기반 조성**
  - 통계자료 활용
  - 조사 · 연구
  - 정보 수집
    - 국민영양조사
    - 영양실태조사, 이유식실태조사
    - 자료 분석 및 관리 (DB화)
- **영양사업 계획 및 수행, 평가**
  - 영양사업의 목표 설정
  - 지역영양사업의 기획 · 조정
  - 지역영양사업 의평가
    - 지도안 기획서 작성
    - 사업수행 후 보고서 작성
- **영양교육 자료 개발 및 제작**
- **생애주기 영양관리**
  - 영유아
    - 이유식 개인상담 · 강좌
    - 이유식 전시회, 조리실습
    - 유치원 방문 영양교육
    - 미각교육
  - 임신부 · 수유부
    - 임신부 · 수유부 교실
  - 청소년
    - 소아비만캠프
    - 어린이영양교실/미각교육
    - 각 학교 순회 영양교육
  - 성인
    - 주부영양교실, 건강관리교실
    - 각종 건강검진 후 영양상담
    - 게시판을 이용한 영양교육
  - 노인
    - 노인정 순회 영양교육
    - 노인건강교실
  - 질환별
    - 당뇨, 고혈압, 비만, 골다공증 개인상담 · 강좌
    - 식단전시회, 당뇨뷔페
  - 단체급식시설
    - 노인 무료급식 식단 제공
    - 급식 시 설탕 · 나트륨 저감화 교육
  - 계몽, 캠페인
    - 당뇨를 알자 걷기대회
    - 6 · 25 음식 기획전
    - 덜 짜게 먹기, 덜 달게 먹기 캠페인
- **지역조직과의 연계 및 활동**
  - 지역 내 학교, 의료, 복지 관련 기관과의 연계 · 협력 체제 정비
  - 지역 내 영양사, 식품영양학과생 자원봉사자 조직 구성, 교육
- **관내 영양사 미배치기관의 영양지도 · 감독**
  - 정보 제공 및 사업 공동 추진
  - 감독
  - 교육자료 제공
    - 보육시설 영양관리
    - 복지 · 장애인시설 영양관리지도
    - 외식업체 감독 · 지도

그림 13-2 보건소 영양사 업무의 예

국민영양관리기본계획(국민영양관리법 제7조제1항)

보건복지부장관은 관계 중앙행정기관의 장과 협의하고 「국민건강증진법」 제5조에 따른 국민건강증진정책 심의위원회의 심의를 거쳐 국민영양관리기본계획을 4년마다 수립한다.

국민영양관리시행계획(국민영양관리법 제8조제1항)

시장 · 군수 · 구청장은 기본계획에 따라 매년 국민영양관리시행계획(이하 '시행계획'이라 함)을 수립 · 시행하여야 하며 그 시행계획 및 추진실적을 시 · 도지사를 거쳐 보건복지부장관에게 제출하여야 한다.

시행계획의 수립시기 및 추진절차 등(국민영양관리법 시행규칙 제3조제1항)

보건복지부장관은 관계 중앙행정기관의 장과 협의하고 「국민건강증진법」 제5조에 따른 국민건강증진정책 심의위원회의 심의를 거쳐 국민영양관리기본계획을 4년마다 수립한다.

자료 : 보건복지부, 제2차 국민영양관리기본계획, 2017. 6.

영양관리의 패러다임 변화는 소극적 질병 예방에서, 적극적으로 영양과 건강을 챙기는 영양관리 시대로 진화되었다. 우리나라 영양관리의 패러다임도 그림 13-3과 같이 1960

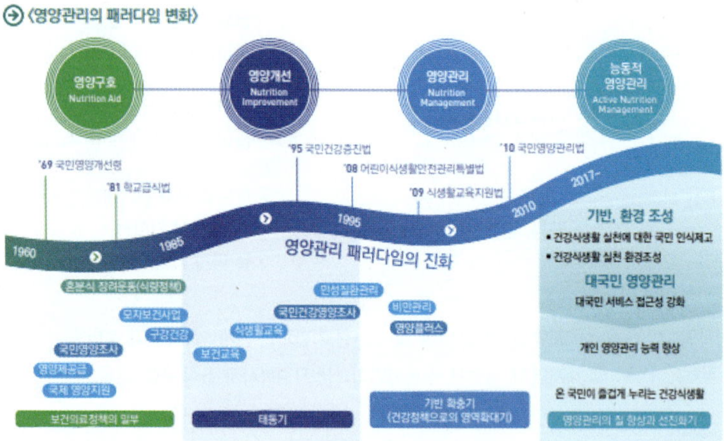

그림 13-3 국민영양관리의 패러다임 변화

자료 : 보건복지부, 제2차 국민영양관리기본계획, 2017. 6.

년대부터 1980년대 초반까지는 "영양구호"를, 1980년대 후반부터 1990년대 중반까지는 "영양개선"을, 1990년대 중반부터는 "영양관리"로 변화되어 왔다. 즉, 개개인이 적극적으로 건강한 식생활을 실천하고, 영양문제를 관리하며, 정부는 이를 뒷받침할 수 있는 환경과 기반을 강화하는 "능동적 영양관리"를 지향하는 방식으로 변화되어 왔다.

제2차 국민영양관리기본계획을 개정하게 된 배경에는 우리 국민에서 영양불균형 문제가 지속되고 있다는 점이며, 그 구체적인 내용은 다음과 같다.

- 나트륨은 과잉 섭취하는 반면에 칼슘 섭취량 부족은 지속되고 있다.
- 에너지 섭취량은 증가하는 반면에 신체활동은 감소하고 있다.
- 과일 · 채소 섭취량은 부족하지만, 음료와 주류 섭취량은 급격하게 증가하고 있다.
- 당류 섭취량과 가공식품에서 당 섭취량이 증가하고 있다.
- 성별, 연령별, 지역별로 소득수준에 따른 식생활 격차 증가하고 있다.
- 외식 및 가공식품 섭취가 증가하고 있다.
- 가공식품 섭취 증가, 도시락, 간편식 등 식품선택 환경이 변화하고 있다.
- SNS 트렌드, 영양관리 디바이스 개발과 같이 융 · 복합 영양관리서비스에 대한 관심과 요구가 증가하고 있다.

이러한 영양 문제를 해결하기 위해 제2차 국민영양관리기본계획의 목표는 '건강 식생활 실천 인구 증가'로 정하였으며, 세부 추진전략과 추진과제는 그림 13-4와 같다.

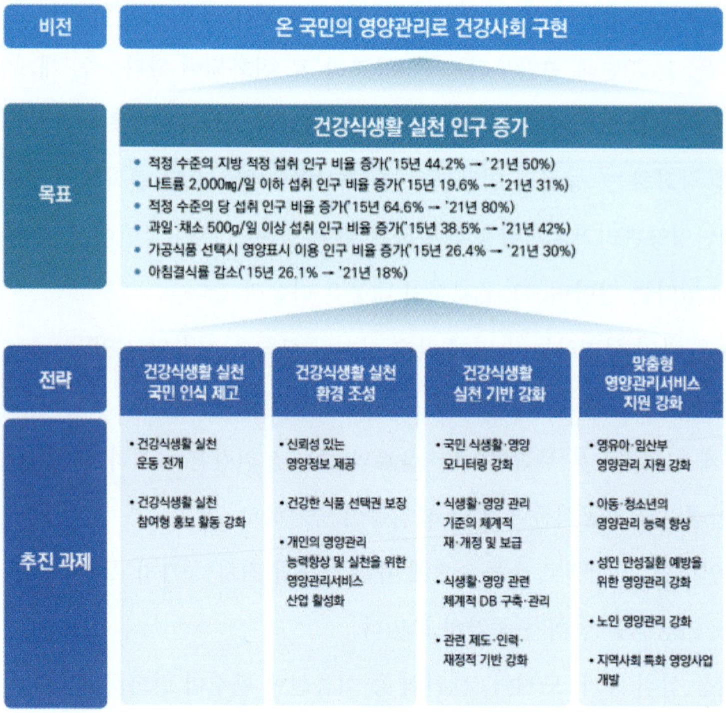

그림 13-4 국민영양관리기본계획의 비전/ 목표/ 추진전략

자료 : 보건복지부, 제2차 국민영양관리기본계획, 2017. 6.

3. 보건소 영양사업 분야

보건복지부는 국민영양관리법에 의거하여 표 13-3과 같이 국민의 건강증진을 위하여 생애주기별로 다양한 사업을 추진하도록 권하고 있다. 모든 사업에서 영양교육은 필수 구성요소이므로, 보건소 안에서 사업이 중복되지 않도록 서로 연계·통합 관리할 수 있도록 영양사가 노력해야 한다.

크게 세 분야로 구분된 추진분야 중 기반조성은 국가 차원의 사업이므로 각 지자체 보건소는 국민건강영양조사나 지역 취약계층 식생활조사, 지역사회 건강조사 등에 협조할 수 있다.

또한 최근에는 지자체에 따라 식생활정보센터, 급식관리지원센터, 식생활 안전체험관 등을 운영하여 주민들에게 상시 올바른 영양정보를 제공하고자 노력 중이다. 서울을 중심으로 한 수도권에서는 외식업체의 주메뉴의 열량과 나트륨 함량 등 영양정보를 공개하는 사업 외에도 건강인증식당제도 등도 시행하고 있다.

표 13-3 국민영양관리법 시행계획에 의한 보건소 영양교육사업

추진 분야	추진 방향	추진 과제
환경조성 및 교육·홍보	• 올바른 영양, 식생활 지식의 효과적 확산 • 건강한 식생활 실천 기술 보급	• 건강 식생활 실천 환경조성 - 식품 및 음식 영양정보 확인 환경조성(외식 및 단체급식 영양표시제 확산 추진, 주류의 칼로리 자율표시 시범 추진, 건강음식점 지정 등)
		• 건강 식생활 교육·홍보 - 나트륨 섭취량 감소 실천을 위한 교육·홍보 - 절주 문화 확산을 위한 지속적인 홍보 - 건장체중 인식 확산을 위한 교육 및 홍보 - 맞춤형 영양관리 도구 개발(스마트 영양관리)
생애주기별 영양관리 지원	• 영양 형평성 제고를 위한 취약계층 지원 • 건강수준향상을 위한 맞춤형 영양관리	• 영유아 및 임산부 - 영양플러스 사업 운영, 다문화가정 영양관리 - 어린이 급식관리지원센터 운영, 보육교사 식생활교육 이수 및 보육시설 식생활교육 강화
		• 어린이 및 청소년 - 지역아동센터 급식관리 체계화, 교육자료 개발 홍보 - 영양친화학교 운영
		• 성인 - 비만/만성질환 예방을 위한 영양관리서비스 및 보건소 건강생활 실천 통합서비스, 질환자에 대한 임상영양관리
		• 노인 - 노인 급식의 질관리 제고 - 방문영양관리서비스 체계 개발
기반조성	• 영양관리 기반 강화 • 생애주기별 영양문제 진단 및 관리체계 구축 • 과학적 영양정보 제공 • 영양, 식생활관리 근거 마련	• 국민식생활 모니터링 - 국민건강영양조사 개선, 영양취약계층 식생활조사, 위해 가능 영양성분 실태조사, 녹색식생활 조사·연구 등
		• 영양정보뱅크 운영 - 영양정보/영양교육자료 인증, 등록 및 정보뱅크 운영, 영양성분 국가관리체계 구축, 음식레시피 등 기초 DB 구축
		• 영양관리기준 조사·연구 - 영양소 섭취기준 제·개정 및 보급, 식생활지침 제·개정 및 보급
		• 영양관리 산업기반 정비 - 영양관리 서비스 정립, 건강기능식품 및 식품산업 분야 간 연계와 인프라 확충, 영양관리 서비스 기업 육성 등

자료 : 한국건강증진재단, 2012

4. 영양플러스사업

1) 사업 정의

영양플러스사업은 생리적 요인과 환경 여건 등으로 인해 상대적으로 영양상태가 취약해 질 수 있는 임산부와 영유아의 영양 개선을 위하여 생애주기 특성에 맞는 영양교육을 실시하고, 결핍 위험이 있는 영양소를 공급할 수 있는 특정 식품들을 일정 기간 지원하는 제도이다.

2) 사업 목적

건강 관련 위험요인Health Risk이 있는 국민에 대해 그 위험인자를 감소시키거나 제거하여 건강을 증진시키고자 하는 공중보건을 향상하는 차원의 사업으로써, 국민 건강을 태아단계부터 관리하여 전 생애에 걸쳐 건강할 권리를 보장하는 '평생 건강 관리형' 서비스를 제공하고자 한다.

3) 사업 목표

임산부 및 영유아의 빈혈, 저체중, 영양섭취 불량 등의 영양 문제를 해소하고, 자가 식생활 관리 능력 배양을 통한 국민의 장기적 건강을 확보하고자 함이다.

4) 추진 경과

2004년 영양취약계층 대상의 국가 영양지원제도 도입을 위한 정책 연구 결과의 모델안을 근거로 2005년부터 2007년까지 3년간 〈임산부 및 영유아 보충영양관리 사업〉이라는 이름으로 시작했다. 시범사업의 성공적 수행 결과에 힘입어 2008년에 전국 사업으로 도입되면서 〈영양플러스사업〉으로 전국에 확대되어 현재 17개 시·도 252개 보건소에서 사업을 수행하고 있다.

5) 사업 대상

영양플러스사업에 참여를 희망하는 신청자 중에서 다음의 4가지 기준에 모두 해당하는 경우에 대상자로 선정된다.

- 대상 분류 : 만 6세 미만의 영유아, 임신부, 출산부, 수유부
- 거주 기준 : 사업 운영 보건소의 관할지역 내 거주
- 소득 수준 : 가구 규모별 최저생계비 대비 200% 미만 소득자
- 영양 위험요인 : 빈혈, 저체중, 성장 부진, 영양상태 불량 등 한 가지 이상의 영양 위험요인 보유자

6) 사업 내용

영양플러스사업 대상자에게는 정기적인 영양교육과 보충 식품 패키지가 제공되며, 정기적인 영양상태 평가를 통해 영양 문제가 개선되거나 자격 기간이 만료되면 사업에서 졸업하게 된다.

영양교육은 영양플러스사업에서 가장 중요한 요소로서, 대상자 개개인의 영양문제를 해소하고, 장기적으로는 대상자가 스스로 식생활을 관리할 수 있는 능력이 향상되도록 돕는 것을 목표로 한다.

보충식품은 일상적인 식사에서 부족될 가능성이 높은 영양소를 보충하기 위하여 제공하는 식품을 의미한다. 보충식품만 먹으면 모든 영양문제가 해결되는 것은 아니므로 다른 식품과 함께 다양한 방법으로 조리하고 섭취할 수 있도록 교육한다. 생애주기 및 특성

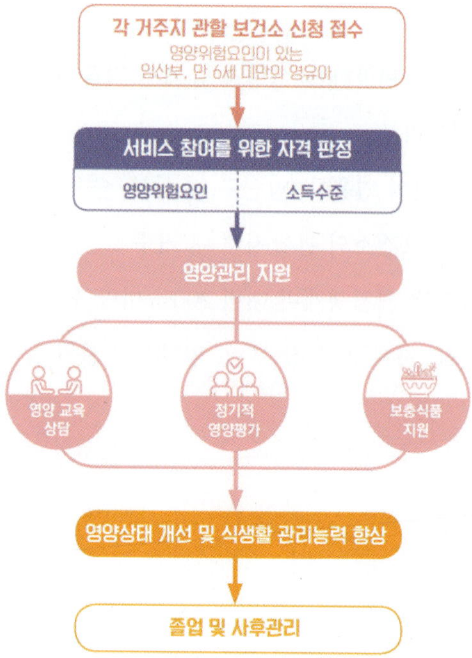

그림 13-5 영양플러스 사업 참여 흐름도

자료 : 보건복지부 · 한국건강증진개발원, 영양플러스사업 추진 성과 자료집, 2021

기본교육(모든대상)

01 영양플러스사업 참여 방법
02 보충식품을 이용한 음식
03 식사 계획 방법(식사구성안)
04 식품위생

주요 영양문제별 교육

01 빈혈(모든 대상)
02 저체중 (영아, 유아)
03 비만(영아, 유아)
04 편식(영아, 유아)
05 변비(영아, 유아)

임신부 식생활·영양 관리

01 임신부 식생활 지침
02 임신 시 변화
03 임신 시 체중변화·영양관리
04 임신 중 위험요인
05 모유수유
06 산후조리

출산부 및 영아 식생활·영양관리

01 수유부 및 영아 식생활 지침
02 모유수유
03 이유보충식 도입 원칙
"우리 아이 무엇을 얼마나 먹일까?"
05 이유식 만들기

유아 식생활·영양 관리

01 어린이 식생활 지침
02 유아 영양관리
03 우리 아이 간식으로 무엇이 좋을까?
04 우리 아이 좋은 식습관 만들기
05 치아 관리

4~5세 유아용 교육자료

01 식품 이름과 유래 알기
02 식사구성안 알기
03 식품위생(손씻기 등)
04 기타(간식, 편식, 식사예절 등)

그림 13-6 영양플러스사업에서 영양교육 및 상담 서비스

자료 : 보건복지부 · 한국건강증진개발원, 영양플러스사업 추진 성과 자료집, 2021

에 따라 총 6가지 식품패키지로 구분하고 한 달 분량을 1~2회 가정배달 방식으로 전달하는 것을 원칙으로 한다. 식품패키지에 따라 쌀, 감자, 달걀, 우유, 검정콩, 김, 미역, 당근, 닭가슴살 통조림, 귤·오렌지주스 등의 식품을 기본으로 공급한다.

- 영아 : 식품패키지 1, 2
- 유아 : 식품패키지 3
- 임신수유부 : 식품패키지 4
- 출산부 : 식품패키지 5
- 완전모유수유부 : 식품패키지 6

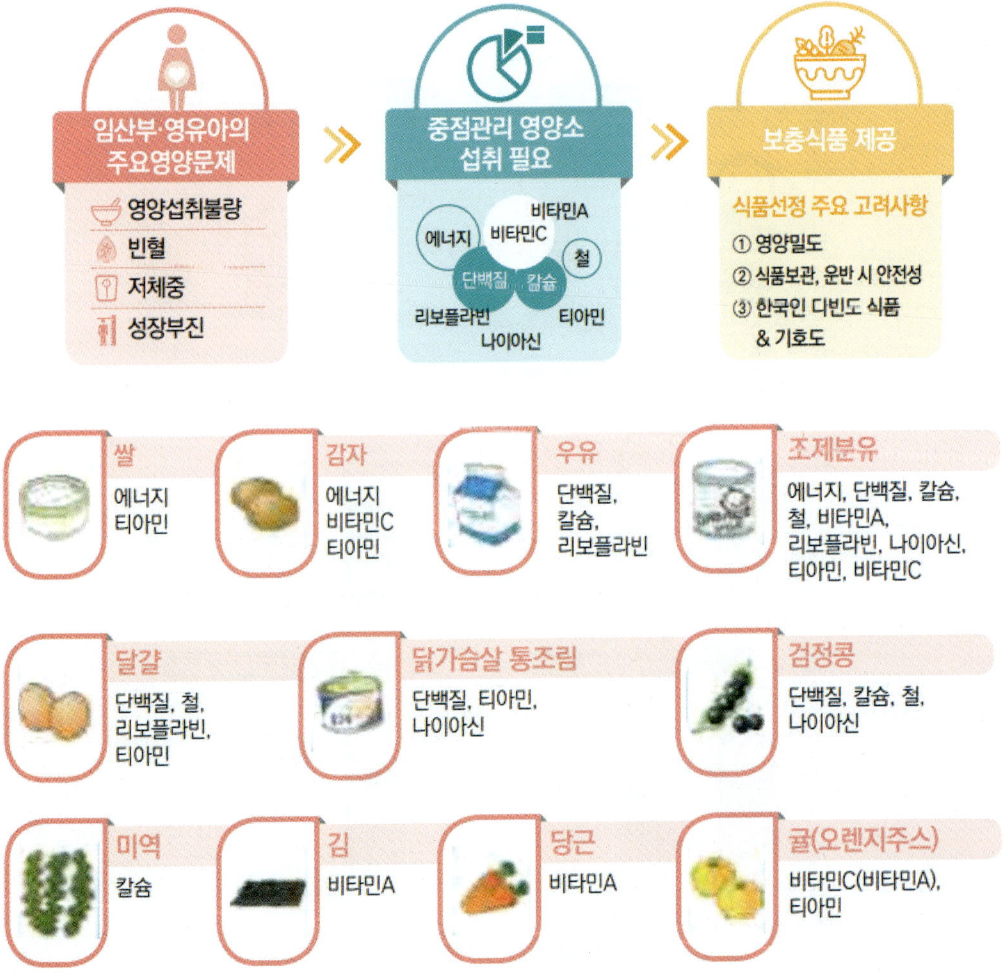

그림 13-7 영양플러스사업에서 보충식품 공급 및 식품패키지
자료 : 보건복지부·한국건강증진개발원, 영양플러스사업 추진 성과 자료집, 2021

7) 사업 효과 평가

매년 사업 효과를 평가하며, 내용은 사업 운영에 대한 만족도 평가와 대상자의 영양상태 개선도를 평가하고 있다. 구체적인 평가 항목은 다음과 같다.

- 관리대상자 수
- 빈혈(혈중 헤모글로빈) 변화
- 영유아 신장, 체중 변화
- 영양소 섭취량 변화
- 영양 지식과 태도 변화
- 대상자 만족도

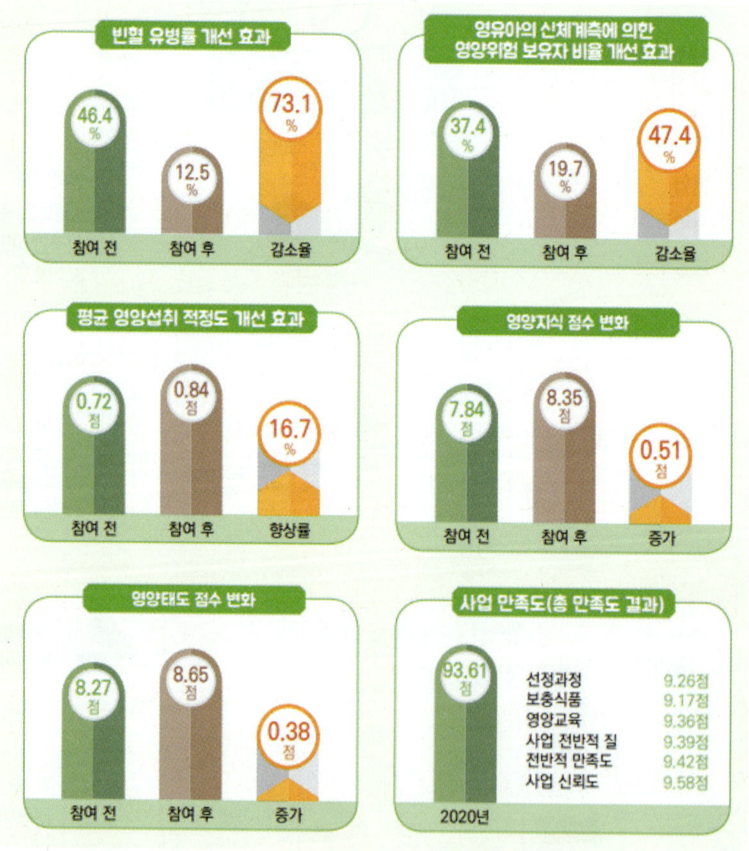

그림 13-8 영양플러스사업에서 영양 개선 효과

자료 : 보건복지부 · 한국건강증진개발원, 영양플러스사업 추진 성과 자료집, 2021

영양플러스사업은 현재 보건소에서 시행되는 영양사업 중 효과적인 사업으로 평가받고 있으며, 사업 전후로 대상자의 빈혈 유병률, 영유아의 신체계측에 의한 영양위험 보유자 비율은 크게 감소되었으며, 평균 영양섭취 적정도, 영양지식 점수, 영양태도 점수는 크게 개선되었으며, 사업만족도는 매우 높은 것으로 나타났다. 영양플러스사업은 저출산 고령화 시대에 국민의 건강증진과 국가 의료비 절감에도 기여할 수 있을 것으로 기대된다.

5. 보건소 영양사업의 실제

1) 임신부 · 영유아 영양교육(경기도 군포시 보건소)

(1) 홍보 및 대상자 모집

생활정보지, 지역신문, 보건소 인터넷 홈페이지, 전화 등

(2) 프로그램 수행의 특징

영양사가 관내 의료기관, 보건소 모자보건팀과 연계하여 수행

(3) 교육내용

- 임신부 : 임신 시 신체 변화 – 임신부 및 태아의 영양, 모유수유, 이유식, 영아기 영양 등
- 영아 : 모유 먹이기, 발육표준치 대비 아동의 성장, 빈혈 여부 확인 등

(4) 교육의 평가 : 사전 · 사후 검사 결과 비교

최근에는 영양플러스 사업이 확대되면서 임신부 · 영유아 영양교육이 더욱 더 활성화되고 있다표 13-4.

표 13-4 군포시 보건소의 영양플러스 사업을 위한 영양교육 일정

구분	교육대상	교육일정	교육내용	장소
2월	전체	2. 20~2. 24(총 11회)	임신부 및 영유아 보충영양관리사업이란?	시청
3월	유아	매주 월요일(총 9회)	대상자별 식생활 실천지침	보건소
4월	임산부	매주 월요일(총 7회)	봄철 건강관리	보건소
3, 4월	전체	가정방문	식품의 저장 및 보관 확인	각 가정
5월	전체	동별 순회(15회)	식사구성안 컬러푸드	동사무소 보건소
		중간평가 : 신체계측, Hb수치, 식생활기록지 및 설문지 조사		
6월	유아	매주 화요일(월 8회)	유아 : 올바른 성장발달, 빈혈 임신부 : 임신 시 영양 출산·수유부 : 모유수유, 이유식이란? 여름철 건강관리	보건소
7월	임산부	매주 화요일(월 11회)		
6, 7월	전체	가정방문	식품의 저장 및 보관 확인	각 가정
8월	전체	동별 순회(15회)	유아 : 어린이의 올바른 식사습관 임신부 : 임신 중 영양 출산·수유부 : 모유수유 장점, 이유식은 언제? 영양표시제도	동사무소 보건소
		중간평가 : 신체계측, Hb수치, 식생활 기록지 및 설문지 조사		
9월	유아	매주 화요일(월 8회)	유아 : 어린이 간식 임신부 : 임신 중 증상 출산·수유부 : 모유 먹이려면? 이유식 무엇을? 음식궁합	보건소
10월	임신부	매주 화요일(월 11회)		
9, 10월	전체	가정방문	식품의 저장 및 보관 확인	각 가정
11월	전체	동별 순회(15회)	유아 : 치아관리 임신부 : 산후조리 출산·수유부 : 수유부의 식사원칙, 이유식을 어떻게?	동사무소 보건소
		마지막 평가 : 신체계측, Hb수치, 식생활기록지 및 설문지 조사		

자료 : 군포시 보건소

2) 관내 보육시설 대상 영양교육(경기도 안양시 동안구)

안양시 동안구 보육시설 어린이를 위한 영양교육 프로그램은 영양사가 배치되지 않은 보육시설에서 보육교사가 쉽게 영양교육을 수행할 수 있도록 보육교사를 교육하고 관련 자료를 종합적으로 제시할 뿐 아니라 지역사회에서 올바른 어린이 영양관리를 위한 환경을 조성하는 등 통합적이고 다분야적인 접근을 시도하고 있는 특징이 있다표 13-5.

표 13-5 보건소가 제공하는 보육시설 영양서비스의 예

세부사업명		내용
기초조사	관내 유아의 영양실태 및 급식관리 실태조사	• 유아 : 신체계측, 생화학적 검사 • 학부모 : 유아의 식습관, 아침식사 실태, 식품기호도, 식품섭취빈도, 식품섭취량, 아이의 성인병 예방에 관한 관심도 • 원장 : 영양교육 및 요구도, 급식관리 실태
보육시설 어린이 대상 영양교육	어린이날 영양아람치 인형극 공연	• 인형극 : 편식 예방 "뚱뚱보가 된 찍찍이" • 슬라이드쇼 : 식사예절 "덜렁이에게 무슨 일이 생겼을까?"
	보건소 방문 영양교육	• 장소 : 보건소 지하 1층 보건교육실 • 교육내용 - 우리가 먹는 식품이름 알기 OX게임 - 음식을 골고루 먹어야 하는 이유
	어린이집 방문 영양교육	• 식품알기, 편식예방, 식사예절
보육시설 학부모 대상 영양교육	편식에 관한 영양교육	• 전문가 초청 강연 : 우리 아이 무얼 어떻게 먹일까?
	Check! check! 나의 식단 진단	• 건강측정 : 키, 체지방, 제지방량 측정하여 결과지 배부 • 식생활 진단 및 평가 체험 • 영양상담 및 교육 • 다양한 전시(패널, 실물모형)
보육시설 원장 및 교사 대상 영양교육	요리교실 및 유기농생산지 견학	• 조리 기초원리 강의 : 유아식 12종 조리실습
영양교육 자료 개발 및 보급	영양가방	• 교사가 손쉽게 활용할 수 있는 영양교육 자료 제작 • 영양교육 자료 목록 - 영양교육 활동책, 식품모형, 식품카드 및 사진, 식품색칠종이, 인형극, 식품 스티커, 식사예절 놀이
홈페이지 구축	급식관리 프로그램	• 영양사업 소개, 영양관리, 영양교육, 급식관리, 자료실

자료 : 민영희. 안양시 동안구 보건소

3) 초등학생 대상의 영양교육(서울시 강북구 보건소)

(1) 대상 : 관내 초등학생, 부모, 교사

- 학생 : 프로그램 참여, 인식 변화, 행동 변화
- 부모 : 가정통신문을 통한 인식 변화, 프로그램 참여
- 교사 : 교육안에 의한 프로그램 운영 및 지속적 참여 유도

(2) 프로그램 진행

- 프로그램 준비 : 교육기간 선정, 목표설정, 간담회 실시
- 사전 설문조사 : 아침 식사, 일찍자기 인식 등
- 교육자료 제작 및 지도안 작성, 캐릭터 개발
- 프로그램 개발 및 내용
  - 선서식(아침 식사, 일찍 자기 약속)
  - 아침식사의 중요성(빙고게임, '신데렐라 수면습관' 토의)
  - 균형식에 대한 자기 평가
  - TV, 컴퓨터로 인한 장애 인식(토의)
  - 프로그램 정리(역할극)
- 사후조사 : 8주후 인식 변화, 행동 변화 측정

4) 성인 대상의 영양교육〔보건소 중심 비만 예방 및 관리 프로그램(안)〕

여러 보건소에서 지역주민을 대상으로 고혈압, 당뇨병, 심장병, 비만 등을 주제로 영양교육을 실시한다. 또한 식단전시회 개최, 인터넷이나 다른 매체를 통한 영양정보 제공 등 다양한 방법으로 영양사업을 실시한다

(1) 대상

대상자를 체질량지수와 비만 관련 합병증 유무에 따라 분류하여 표 13-6에 제시하였다.

표 13-6 BMI와 비만 관련 합병증 유무에 따른 대상자 분류

대상자 분류	프로그램
BMI < 25kg/m²인 경우	예방 프로그램(강좌)
25 ≤ BMI < 27.5kg/m²이거나 25 ≤ BMI < 27.5kg/m²이면서 합병증이 있는 경우	관리 프로그램
27.5 ≤ BMI < 30kg/m²이면서 합병증이 없는 경우	관리 프로그램

(2) 결과목표

성인 영양교육의 결과목표를 표 13-7에 제시하였다.

표 13-7 성인 영양교육의 결과목표

목표	정상체중군	과체중 · 비만군
식생활 목표	• 균형 잡힌 식생활 실천	• 균형 잡힌 식생활 실천 • 1일 500kcal 섭취 감소
신체활동 목표	• 일상생활에서 신체활동 증가	• 신체활동으로 최소 200kcal 소비 • 1일 10,000보 걷기
정상체중 유지	• BMI < 25 • 허리둘레 – 남성 < 90cm 여성 < 85cm	• 2년 후 BMI < 25 • 허리둘레 – 남성 < 90cm 유지 여성 < 85cm 유지

(3) 행동변화 목표

사회인지이론과 사회적 지지이론에 근거하여 식습관, 체중조절에 대한 결과기대감, 식생활에 관한 자아효능감, 자기통제력, 사회적 지지, 영양지식, 운동전략, 운동장애 극복, 운동에 관한 결과기대감, 운동에 관한 자아효능감의 변화 시도

(4) 프로그램 개요그림 13-9

(5) 영양교육

초기 출석교육과 사후교육으로 구성표 13-8, 표 13-9

(6) 프로그램의 평가

결과 평가와 행동변화 요인 평가항목으로 구성

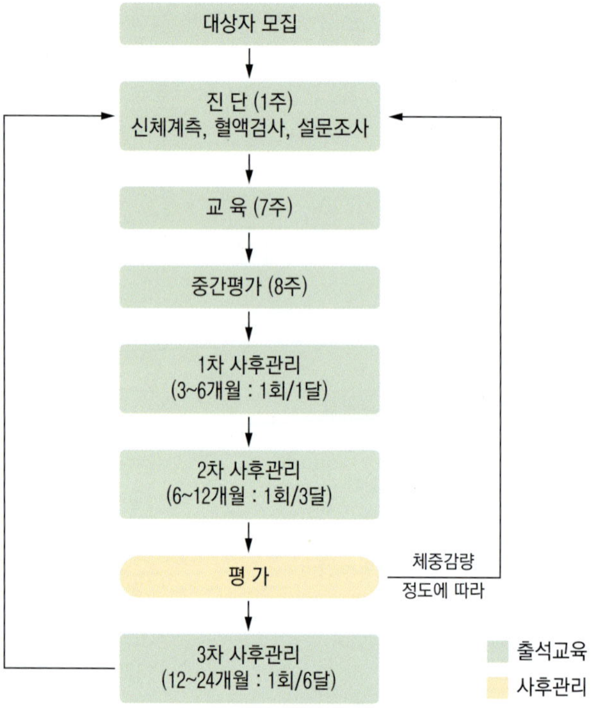

그림 13-9 비만 예방과 관리 프로그램 개요

표 13-8 출석교육 일정 및 내용

교육 주수	교육활동		
	식생활	신체활동	일반사항
1주	• 프로그램 소개 • 체중관리의 중요성	• 운동의 효과 • 목표 정하기	• 프로그램 참가동의서 작성 • 기초조사 • 신체계측 및 건강검사 • 대상자별 분류 • 행동수정 목표 설정
2주	• 올바른 식사 - 올바른 식사란? - 식사일지 기록법	• 올바른 운동 • 신체활동일지 기록법	• 행동수정 목표 설정
3주	• 균형 식단 작성법 - 나의 식단 분석하기 - 좋은 식습관	• 나의 신체활동일지 발표 및 평가	• 건강습관 방해요인 확인 • 방해요인 극복 방법
4주	• 체중조절을 위한 식사요법 - 저열량 식단 작성법 - 좋아하는 음식을 저열량음식으로 바꾸는 방법 - 채소·과일 섭취의 이점과 섭취 증가 방법	• 체중조절을 위한 운동요법	• 가족과 함께하는 시간
5주	• 저칼로리 음식 만들기	• 체중감량을 위한 운동량	• 역할 모델 소개, 경험 공유
6주	• 체중조절을 위한 외식, 간식 선택 요령 - 지방 섭취 줄이는 방법 - 적절한 음주 방법	• 체중조절을 위한 운동 습관화하기	• 보상 및 목표 재설정 • 스트레스 관리
7주	• 건강한 식사 - 결식 방지 요령 - 가족, 직장의 식사 환경점검 및 수정 방법	• 운동지속 요령	• 시간관리 • 가족과 함께 하는 시간
8주	• 1차 종합평가	• 1차 종합평가	• 신체계측, 건강검사 • 평가 설문지 작성 • 행동수정 목표 재설정

자료 : 강재헌 등

표 13-9 사후교육 일정 및 내용

교육 주수	교육활동		
	식생활	신체활동	일반사항
3개월째	• 식습관 변화 장애요인 • 점검 및 대처방안 상담 - 체중감량을 위한 생활습관에 대한 복습	• 올바른 운동에 대해 복습	• 신체계측 • 보상 및 목표 재설정
4개월째	• 대상자의 질문 해결 및 상담 - 저열량 식단 실천 확인 및 방법에 관한 토의	위와 같음	• 신체계측 • 보상 및 목표 재설정
5개월째	• 대상자의 질문 해결 및 상담 - 식생활 실천 사례 발표	위와 같음	• 신체계측 • 보상 및 목표 재설정
6개월째	• 대상자의 질문 해결 및 상담 - 동기유발	위와 같음	• 신체계측 및 건강검사 • 보상 및 목표 재설정
9개월째	• 대상자의 질문 해결 및 상담 - 저열량 음식 만들기 대회	위와 같음	• 신체계측 및 건강검사 • 보상 및 목표 재설정
12개월째	• 2차 종합평가	위와 같음	• 신체계측 및 건강검사 • 보상 및 목표 재설정
18개월째	• 대상자의 질문 해결 및 상담 - 식생활 실천 요령 복습	위와 같음	• 신체계측 및 건강검사 • 보상 및 목표 재설정
24개월째	• 3차 종합평가 • 수료 및 시상식	위와 같음	• 신체계측 및 건강검사 • 보상 및 목표 재설정

자료 : 강재헌 등

5) 노인 대상의 영양교육(서울시 성북구 보건소 : 신바람 실버아카데미)

노인들은 상대적으로 여유시간이 많고 건강에 관심이 많아 보건소를 자주 이용하므로 대부분의 보건소에서 노인대상 영양교육 서비스를 제공하고 있다. 균형 잡힌 식생활, 생활습관병의 예방 및 관리 등에 관하여 교육하고 많은 보건소에서 운동이나 가벼운 댄스 프로그램과 병행하여 서비스를 제공하고 있다표 13-10.

(1) 사업의 개요

WHO 건강도시에서 제시하는 생활의 장 접근 전략을 참고하여 고령화시대 노인들의 건강증진 및 경로당 문화 개선에 노력한다. 경로당에 적용 가능한 건강도시 모델 프로그램을 개발 · 보급하고 건강생활 실천장소로서 경로당 환경 변화를 유도한다.

표 13-10 신바람 실버아카데미 영양프로그램 교육 일정 및 내용

일정	주제	교육내용	시간	인력
1주	식사와 건강관리 식품의 편을 가르자	• 식품구성탑의 식품들의 종류와 각각의 기능을 알고 구별할 수 있도록 한다. • 도구 : PPT, 식품모형	30분	2명
2주	뚱뚱하면 안 좋은 이유	• 각자의 비만도를 알도록 하고, 비만의 문제점과 관리 방법을 알도록 한다. • 개인별 적정섭취량을 알도록 한다.	30분	2명
3주	기름은 다 나쁜가?	• 좋은 지방 나쁜 지방, 지방의 기능 등 알기 • 나쁜 지방을 덜 먹는 방법	30분	2명
4주	채소와 섬유소 그리고 비타민	• 채소를 많이 먹어야 하는 이유 • 채소를 많이 먹는 방법 • 하루에 먹을 채소의 양 • 다양한 채소 조리법	30분	1명
5주	골다공증과 칼슘	• 칼슘과 뼈의 건강 • 우유 마시는 방법 • 유당불내증의 대처 방법	30분	1명
6주	소금과 건강식사	• 소금을 적게 먹어야 하는 이유 • 소금을 적게 넣고 할 수 있는 조리법 소개 • 저염식 조리법 시연 및 시식	30분	1명
	영양체험	• 노인의 날 기념	2시간	5명
		• 저염식, 다양한 채소 메뉴 체험(고혈압, 당뇨 식이)	2시간	5명

자료 : 조경자, 서울특별시 성북구 보건소

(2) 사업의 구성요소

- 건강체조
- 동통관리
- 영양관리/건강생활강좌
- 구강검진

(3) 평가계획

- 평가대상 및 방법 : 프로그램 참여자를 대상으로 한 건강검진, 설문조사, 체력측정 지표 등을 사전·사후에 비교
- 평가항목
  - 건강검진 : 혈압측정, 혈액검사, 요검사, 골밀도검사, 체성분검사
  - 사전/사후 설문조사 : 만족도, 삶의 질 평가, 영양평가 등
  - 체력측정 : Tinetti 균형 및 걸음걸이, 이동성의 수행지향 평가

(4) 보건소내 업무 협조 및 지역사회기관 간의 업무 연계

- 보건소 안 : 의약과 인력 지원, 보건지도과 구강검진 일정 및 건강도시관리팀 준비사항 통보, 보건소 차량 지원
- 지역사회 연계활동을 위한 관련기관 :
  - ××노인복지관, 건강보험공단, 구청 가정복지과, 사회복지과, ×× 동사무소 등

II 병원에서의 영양교육

1. 환자를 위한 영양교육

병원에서의 영양교육은 환자의 치료 및 회복, 재발 방지에 도움이 되는 식사요법을 중심으로 이루어진다. 입원환자의 치료효과를 높이려면 의사의 적절한 치료와 간호는 물론 질병치료에 도움이 되는 식사요법이 필수적이다. 환자들이 병원급식에 대한 이해와 함께 퇴원 후에도 자신의 질병 여건에 맞는 식사요법을 지속적으로 실천할 수 있도록 지도하는 것이 필요하다. 따라서 환자를 위한 영양교육은 주로 환자와 보호자를 대상으로 치료효과를 높일 수 있도록 적절한 영양관리에 도움을 주기 위해 실시된다.

1) 환자를 위한 영양교육의 영역

환자를 위한 영양교육은 국민영양관리법에 정해진 기준에 따라 훈련받고 자격을 갖춘

임상영양사에 의해 이루어진다. 영양교육 영역은 입원환자의 영양중재 및 영양교육, 외래환자의 영양중재 및 영양교육, 환자 보호자를 위한 영양교육 등 환자를 위한 직접적인 교육과 조리종사원 교육 및 영양교육을 위한 각종 자료 개발, 임상영양에 관한 연구 수행 및 세미나 개최 등 영양교육을 위한 간접적 지원 등이 포함된다.

2) 교육목표와 내용

환자를 대상으로 한 병원 영양교육의 목표와 내용은 다음과 같다.

(1) 교육목표

① 환자가 질병에서 빨리 회복할 수 있도록 돕는다.

② 환자가 식사요법의 내용과 방법을 숙지하여 자신에 알맞은 식사의 종류와 양을 알 수 있도록 한다.

③ 환자가족에 대한 교육을 통하여 환자의 식사요법 실천을 도울 수 있도록 한다.

④ 적절한 격려와 동기부여로 지속적인 식사요법의 실천이 가능하도록 한다.

(2) 교육내용

① 질병으로 인한 인체의 생리적 변화 및 식사요법의 필요성

② 환자에게 요구되는 영양필요량과 섭취식품 분량, 식사형태, 섭취시기

③ 현재 식습관에 대한 분석과 단계적으로 변경시켜야 할 식습관의 내용

④ 식사요법이 제대로 진행되지 않을 때의 극복 방법

⑤ 환자에게 환자식의 종류 및 영양섭취량 등 영양중재안 제시

⑥ 적극적인 치료로 질병을 극복하고 회복된 실례를 설명

2. 병원의 영양교육 실제

1) 교육대상에 따른 영양교육

(1) 환자 영양교육

교육수준, 연령, 직업, 생활환경에 맞는 영양지도 방법이 필요하므로 많은 사람을 대상

으로 하는 교육보다는 비슷한 수준과 여건의 환자를 대상으로 한 소규모 교육이 바람직하다. 주로 영양상담을 통한 영양교육이 많이 이루어진다.

영양상담은 먼저 환자의 과거와 현재 병력, 생화학적·의학적 건강평가, 치료 상황 및 식습관 조사 등 환자 관련 정보의 수집으로 시작한다. 정보의 수집은 표 13-11과 같이 PG-SGAPatient Generated Subjective Global Assessment 등 도구를 이용할 수 있다. 제2단계는 환자와의 영양상담으로 영양문제 찾기, 의료진과의 의견교환, 영양평가 및 영양중재의 단계이다. 제3단계는 2단계의 반응을 확인하는 단계로 영양중재 결과를 평가하고, 환자의 반응 및 진행상태를 평가한다. 제4단계는 환자와 보호자 교육 및 기타 교육을 시행하는 단계이다. 마지막으로 영양상담 내용을 기록한다표 13-11, 표 13-12.

(2) 보호자 교육

입원 중 혹은 퇴원 후 꾸준한 식사요법의 실천이 환자의 치료와 회복에 필수요건임을 인식시키고, 식사요법의 내용과 함께 환자의 동기부여 방법과 실천방법의 팁tip을 제공하도록 한다. 가족이 합심하여 문제를 해결하도록 한다면 더욱더 좋은 결과를 가져올 수 있음을 교육하고 강조한다.

(3) 조리종사원 등 관계자 육성교육

조리종사원에게는 환자를 위한 특별 식단이 갖는 특수성을 인식하여 영양과 치료 및 조리이론에 맞는 작업을 할 수 있도록 교육하고, 또한 식재료 및 주방의 위생적인 관리를 위한 교육도 필요하다. 병동 간호사에게는 환자의 급식상황을 관찰해 주도록 협력을 구하며 그 방법과 요령 등을 교육해야 한다.

2) 다양한 자료와 도구를 이용

교육내용을 교육대상자들이 쉽게 이해할 수 있도록 하기 위해 다양한 교육 자료와 도구들을 준비해야 한다. 교육자료는 이해하기 쉽도록 말이나 글보다는 그림이나 도표를 이용하여 프레젠테이션 자료를 만들거나, 다양한 영상자료를 이용하도록 한다. 또한 식품에 포함된 칼로리 등을 교육하는 자료로 식품모형을 사용하고, 1일 영양섭취량을 교육하기 위해 식품교환표 등을 사용한다.

표 13-11 환자영양상태 (PG-SGA)

<table>
<tr><td colspan="2">환자번호 :
병동호실 : 환자명 : 입원실 :</td></tr>
<tr><td>1. 체중
현재 체중 ________kg 키 ________cm
1달 전 체중 ________kg
6개월 전 체중 ________kg

최근 2주간 체중 변화
■ 감소(1) ■ 변화 없음(0) ■ 증가(0)</td><td>2. 식사 섭취 :
평소와 비교하여 지난 한 달간의 섭취 상태
■ 변화 없음(0)
■ 평소보다 증가
■ 평소보다 감소(1)
현재 섭취하는 음식형태
■ 일반식(1)
■ 죽식(2)
■ 미음(3)
■ 영양보충음료만(3)
■ 섭취량 거의 없음(4)</td></tr>
<tr><td>3. 증상 : 지난 2주간 충분한 식사 섭취를 힘들게 했던 문제들을 모두 표시
■ 식사 섭취에 문제 없음(0)
■ 식욕 없음, 먹고 싶지 않음(3)
■ 메스꺼움(1) ■ 구토(3)
■ 변비(1) ■ 설사(3)
■ 입안 염증(2) ■ 입안 건조(1)
■ 음식 맛이 달라짐(1) ■ 음식 냄새(1)
■ 삼키기 힘듦(1) ■ 조기 만복감(1)
■ 통증 (위치________)(3)
■ 기타________ (1)</td><td>4. 활동 및 기능상태 : 지난 한 달간의 활동상
■ 모든 정상 활동 가능(0)
■ 정상은 아니지만 일상적인 생활은 가능(1)
■ 일상 활동이 힘들고 반나절은 누워 지냄(2)
■ 하루 종일 누워 지내며 일상 활동 거의 불가능(3)</td></tr>
<tr><td>5. 영양필요량 결정에 관련된 질환 및 상태
진단명 ________
____
나이 ________</td><td>6. 대사적인 요구(스트레스)
■ 스트레스 없음 ■ 약한 스트레스
■ 중증도 스트레스 ■ 심한 스트레스
스테로이드 용량 ________</td></tr>
<tr><td colspan="2">신체상태 조사(0=정상, 1 =약간, 2=중증도, 3=심함)
________ 피하지방조직 손실(triceps, chest) ________ 근육 손실(quadriceps, deltoids)
________ 발목부종 ________ 천골부종 ________ 복수</td></tr>
<tr><td colspan="2">SGA 등급 (판정일 :)
■ A = 영양상태 양호 ■ B = 중정도 영양불량 또는 영양불량 의심 ■ C = 심한 영양불량</td></tr>
</table>

자료 : 2005년 영양사 학술대회 자료집

표 13-12 영양관리기록지

등록번호	
성명	
성별	
연령	
과	병실

영양관리기록(입원환자용)
Nutrition Care Note (In Patient)

날짜	/ /	식사처방	

진단명

약물

직업 ______ 환자의욕 정도(상 · 중 · 하) 영양교육 경험(유 · 무) 영양지식 정도(상 · 중 · 하)

신체계측 결과/신체증후(Anthropomerty/Physical Sign)

1. 인체계측 결과
   키 _____cm 현재체중 _____kg 표준체중 _____kg 조정체중 _____kg %표준체중 _____ BMI _____
2. 체중력 : 평소체중 _____kg 체중변화 _____kg/증가 · 감소 체중변화 이유 __________
3. 신체증후 : □ 매우 여윔 □ 여윔 □ 비만 □ 부종 □ 복수 □ 기타

검사 결과

BP_____ T-Pro/S-alb_____ T. Chol_____ HDL-Chol_____ TG_____
FBS_____ BUN/Cr_____ GOT/GPT_____ Hgb/Hct_____ Na/K/Cl_____

식생활/활동도(Dietary Hx/Activity)

1. 식사 시 문제점
   □ 식욕불량 □ 저작곤란 □ 연하곤란 □ 소화불량 □ 만복감 □ 공복감 □ 구토 □ 메스꺼움
   □ 설사 □ 변비 □ 기타
2. 현재섭취량 : - 병원식 : 주식 % 부식 % - 병원식외 :
3. 식사력
   □ 식사횟수 _____회 □ 아침식사 □ 결식 □ 불규칙한 식사시간 □ 빠른 식사속도 □ 과식
   □ 가공식품 과다섭취 □ 단순당 과다섭취 □ 염분 과다섭취 □ 포화지방 과다섭취 □ 고콜레스테롤
   □ 불균형된 식사 □ 외식-주 _____회
   □ 음주 □ 흡연
   □ 영양제 복용 □ 건강보조식품 복용
4. 1일 영양소 섭취량(평소, 현재) : 칼로리 _____kcal/단백질 _____g
5. 활동도 : 생활강도 □ 안정 □ 가벼움 □ 보통 □ 심함 □ 격심 □ 운동__________

SMC
SAMSUNG MEDICAL CENTER

강북삼성병원

영양관리기록(입원환자용)

기타 주관적 자료 (Other Subjective Data)

영양판정(Nutrition Assessment)

1. 식습관 평가

   장 점

   단 점

2. 영양적 위험요인

   ☐ 연령 ☐ 진단명/치료 ☐ 식사 ☐ 체중 ☐ 약물 ☐ 검사결과 ☐ 대사적/기계적 문제

   ☐ 기타

3. 영양상태 평가

   ☐ 양호 ☐ Kwashiorkor ☐ Marasmus ☐ Mixed(Mild · Moderate · Severe)

4. 영양필요량

   칼로리 : ______kcal/일 (kcal/kg 현재체중, 표준체중, 조정체중)

   단백질 : ______gm/kg/일 (gm/kg 현재체중, 표준체중, 조정체중)

영양관리계획(Nutrition Care Plan)

☐ 식사처방

☐ 영양교육

☐ 추후관리

☐ 기타

영양사____________________

3) 지속적이고 정규화된 프로그램의 운용

1회성 교육보다는 지속화·정규화된 교육 프로그램을 개발하여 지속적으로 교육해야 한다. 대개 1회 교육시간으로는 15분~1시간이 적절하다. 표 13-13은 체중조절 클리닉 영양상담 프로그램의 예이다.

표 13-13 주차별 체중조절 클리닉 영양상담 프로그램의 예

체중조절 클리닉 영양상담 (예)					
차수	주	조사/상담내용	장비/도구	교재	비고
1	1	1. 영양지식, 식습관 설문 조사 2. 영양분석 설문 조사 3. 영양분석 4. 식습관, 영양섭취 상태	1. 영양지식, 영양분석설문지 2. 식품모형 3. OMR reader 4. 프린터 5. 영양상담기록지		설문지 : 접수 시에 배부, 수신자가 직접 작성 후 영양조사 실시
2	2	1. 현재 식습관, 영양상태 평가 2. 처방 칼로리 교육(식품교환군) 3. check list 작성 4. 영양상담 5. 칼로리별 식단 예 제공 6. diary 배부	1. check list	1. check list 2. 식단 3. diary	
3	4	1. 식사일지 평가 2. 영양상담 3. diary 배부	〈칼로리별 섭취, 소비 비교〉	1. 리플릿 2. diary 3. 체중변화도표	
4	6	1. 식사일지 평가 2. 영양상담 3. diary 배부	〈외식, 간식의 열량〉 〈저칼로리 조리〉	1. 리플릿 2. diary 3. 체중변화도표	
5	8	1. 식사일지 평가 2. 영양상담 3. check list 작성 후 재평가 4. diary 배부	〈변비, 빈혈 식사요법〉	1. 리플릿 2. diary 3. 체중변화도표	
6	10	1. 식사일지 평가 2. 영양상담 3. diary 배부	〈식이섬유소 함량〉		
7	12	1. 식사일지 평가 2. 영양상담 3. 영양분석 설문 조사 4. 식습관, 식사량 재교육			

자료 : 2005년 영양사 학술대회 자료집

연구과제

1. 가까운 보건소를 방문하여 현재 제공되고 있는 영양교육에 관한 정보를 수집하고 영양교육 현장을 견학, 관찰한 후 그 개선점이나 애로점에 대하여 토의해 보자.

사업명	사업내용	영양교육 내용 및 방법	영양교육 빈도 및 시간	교육자료	인력	지역사회 연계활동
	개선점					
	애로점					

2. 보건소에서 임신부나 지역사회 노인을 대상으로 영양교육 서비스를 제공할 때 어떤 내용과 방법으로 수행할 수 있을지 계획해 보자.

| 참고 | 교육계획에는 교육의 목표, 구성요소, 구체적인 교육계획 및 교안 작성, 협력기관 섭외, 홍보계획, 인력 및 장비 조달 계획, 지역사회 연계활동 계획, 평가계획 등이 포함되도록 한다. 교육내용은 임신부의 임신기 체중관리(체중증가 패턴 등), 균형식, 임신기의 신체변화 에 따른 영양관리, 모유수유 등을 포함한다. 방법은 강의 외에 소그룹 토의, 조리(시연, 실습), 모유수유 경험자와의 대화 등 다양한 방법을 적용한다.

3. 고도비만으로 외래를 찾은 환자를 위한 영양상담을 4회에 걸쳐 계획하고 실시해 보자.

CHAPTER

14

소비자 영양교육

I. 소비자 영양교육의 필요성

II. 소비자 영양교육의 대상 및 방법

III. 소비자 영양교육의 내용

IV. 소비자 영양교육 기관 및 교육활동

V. 소비자를 위한 식품 관련 인증 표시

학습
목표

1. 식품과 영양에 대한 소비자의 요구를 이해한다.
2. 소비자 영양교육을 담당할 기관과 정보 전달 매체를 파악할 수 있다.
3. 소비자 영양교육을 계획할 수 있다

I 소비자 영양교육의 필요성

현대 사회에서는 산업의 분업화로 인해 식품의 대부분을 시장에서 구입하고 있다. 또한 소득 증가, 핵가족화, 맞벌이 부부의 증가, 여가선용 기회의 증대, 출산율 저하, 노령인구 증가 등의 사회적 이유로 식품에 대한 수요가 고급화, 편의화, 안전화, 건강기능화 추세로 변화하고 있고 가공식품의 수요가 증가하고 있으며 외식의 빈도도 높아지고 있다. 따라서 올바른 식품의 구매 및 선택은 개인의 건강 유지를 위해 매우 중요한 요인이 되고 있다.

일반적으로 소비자는 구매의 필요성을 느끼고 적절한 대안을 선택하기 위해 정보를 탐색하고, 탐색한 정보를 근거로 대안을 비교한 후 자신에게 적당한 대안을 선택하게 된다. 대안이 많고 시간 압박이 비교적 적으며 선택에 대한 인지된 위험이 높은 주택이나 자동차와 같은 고가품을 구입할 때와는 달리, 식품은 대안이 비슷하고 정보처리 시간이 부족하고 잘못된 선택으로 인한 위험이 적어 제한적 의사결정을 하는 경우가 많다. 또는 습관적으로 제품을 결정하고 제품에 대한 충성도가 높은 습관적 의사결정을 하게 된다. 제한적 의사결정과 습관적 의사결정 과정에서는 소비자가 최종 의사결정을 하기까지 문제(욕구)의 인식, 정보 탐색, 대안 평가, 구매, 구매 후 평가의 과정을 거치게 된다.

상품에 대한 정확한 정보 획득은 합리적인 의사결정 과정에 필수적인 요소이다. 현재 우리나라의 식품 생산과 소비구조가 변하면서 소비자들이 식품에 대해 완전한 정보를 가지고 식품을 선택하는가 하는 것이 문제가 되고 있다. 식품에 관한 정보가 생산자 또는 유통업자와 소비자 사이에 불균형적으로 보유되면서, 이것은 결국 소비자의 식품 선택에 영향을 주게 된다. 정보의 불균형으로 인해 식품 구입에 피해를 경험한 소비자들은 좋은 상품을 외면하고 좋지 않은 상품을 선택하는 역선택의 경우가 생기게 된다. 이런 역선택의 결과 사회에 유익한 사람들과 상품은 피해를 보고 사회에 피해를 끼치는 사람들과 상품은 이득을 취하게 되어 자원 배분이 비효율적으로 일어나게 되며 사회 전체의 효용을 감소시킨다. 따라서 소비자가 합리적인 선택을 할 수 있도록 상품에 대해 올바른 정보를 줄 수 있어야 하고 주어진 정보를 정확하게 해석할 수 있도록 소비자를 교육해야 한다.

II 소비자 영양교육의 대상 및 방법

우리나라 소비자의 식품 구매행위를 보면 구매할 식품은 대부분 주부가 결정한다. 그러나 식품을 구매할 때 배우자, 자녀, 부모와 동행하는 경우가 많고, 동행한 가족에 의해 계획을 변경해 구매하는 경우도 많아 가족의 영향력도 크다. 요즈음 가계소득이 높아지고 가정의 자녀수가 감소하면서 자유자재로 사용할 수 있는 용돈의 액수와 소비 재량권이 증가한 아동과 청소년이 실질적인 소비자로서의 비중이 커지고 있다. 남편들 또한 직장에서의 급식, 저녁 회식 등으로 외식을 하는 비율이 높다. 이런 결과로 볼 때 소비자 영양교육은 그 대상이 넓고 다양하다고 할 수 있다. 기혼이며 고학력인 여성들은 미혼 여성이나 저소득·저학력의 여성보다 식품 구매 시 식품표시를 이용하는 비율이 높고 영양과 건강에 관심이 많은 것으로 보고되었다. 그러므로 저소득·저학력 여성을 대상으로 하는 영양교육이 더 필요하다.

소비자는 그 대상이 넓고 다양하므로 교육방법으로 일반적인 교육방법인 강의나 강연을 선택할 수도 있고 신문·잡지·인터넷을 이용한 사이버 교육, 대중매체를 이용한 대중 홍보활동, 소책자, 리플릿 등 다양한 방법을 사용할 수 있다.

III 소비자 영양교육의 내용

건강 유지에 있어 영양소의 역할, 식사와 만성질환과의 관계, 하루에 섭취해야 할 식품의 종류와 양, 식품의 올바른 조리·보관 및 저장 등이 소비자의 영양교육의 기본이 된다. 그러나 일반적인 영양과 건강에 관한 영양교육은 이 책의 다른 장에서 다루므로 본 장에서는 식품 구매와 관련된 영양문제만을 다루려고 한다. 소비자들이 식품을 구매할 때 가장 불안하게 생각하는 것은 식품의 안전성 문제이다. 여러 가지 불안요인 중 가공식품 원재료의 원산지, 잔류농약, 보존료나 착색료 같은 식품첨가물, 환경호르몬, 식중독균, 유전자변형 식품 등에 불안감을 느끼고 있어 식품의 안전성 문제에 대한 소비자 영양교육이 가장 시급하다.

1. 식품영양표시제

식품영양표시제는 식품에 대한 가격, 품질, 성분, 성능, 효력, 제조일자, 유효기간, 사용방법, 영양적 가치를 제품의 포장이나 용기에 표기하도록 하여, 소비자가 쉽게 제품을 비교하고 합리적인 선택을 할 수 있도록 도와주기 위해서 법률적 근거로 시행되고 있다. 이 제도는 식품에 대한 가장 중요한 정보를 제공한다. 하지만 제도의 긍정적 취지와는 달리 대부분의 소비자들은 식품 구입 시 영양표시보다는 제품 안전성을 확인하기 위해 제조일자와 유효기간 항목만을 주로 확인하는 것으로 나타났다. 그러므로 소비자 영양교육은 표기된 영양정보를 정확하게 이해하고, 제품 간 비교를 통해 영양학적으로 가치 있고 합리적인 식품을 선택하도록 이끄는 데 주안점을 두고 실시해야 한다. 또한 식품 구입 시 식품영양표시를 적극 활용할 수 있는 구체적인 실천방법을 제시할 필요가 있다. 소비자가 식품영양표시제만 잘 활용해도 소비자들이 식품 구입 시 불안하게 생각하는 가공식품 원료의 원산지, 식품첨가물의 종류와 양 등의 문제를 해결할 수 있다.

2. 식품첨가물

식품첨가물은 식품의 제조·가공 또는 보존에 있어서 식품에 첨가, 혼합, 침윤, 기타의 방법에 의하여 사용되는 물질을 말한다. 식품첨가물은 일부 천연물인 것도 있으나 대개는 화학적으로 합성된 것이다. 식품첨가물이 체내에 들어가면 대부분은 배설되지만 일부는 체내에 남아 인체에 유익하지 못한 결과를 초래할 수 있다. 소비자들은 식품첨가물 사용에 불안해하고, 잔류농약, 미생물에 의한 오염, 환경오염 물질보다 식품첨가물이 더 위해하다고 생각하고 있다. 동시에 식품첨가물 중 보존료, 표백제, 발색제, 감미료, 착색료 등에 대해 우려하고 있다. 대부분의 소비자는 식품첨가물이 식품의 질을 향상시키지 않는다고 생각하기 때문에 식품첨가물의 목적이 잘 인식되지 못하고 있고 식품첨가물의 효과를 불신하고 있다. 또한 대부분의 소비자는 현재는 알 수 없으나 화학물질로 인해 일어날 수 있는 건강상의 문제점, 발암성, 식품제조업자에 대한 불신 등의 이유로 식품첨가물이 건강에 해를 끼칠 수 있다고 생각하고 있다.

대다수의 소비자는 포장재에 명시된 식품첨가물 표시사항에 만족하지 못하고 있다. 또한 식품첨가물에 대한 정보를 원하고 있으면서도 주로 텔레비전과 신문을 통해 정보를 얻고 있고, 식품 전문가로부터 얻는 정보는 매우 미미했다. 그러므로 대중매체, 인터넷, 소비자단체 등 다양한 경로를 통해 식품첨가물에 대한 정보 요구를 충족해야 한다. 이들이 가장 원하는 정보는 식품첨가물의 안전성, 종류, 허용량에 관한 것이다. 이런 결과를 볼 때 소비자에게 식품첨가물의 목적, 안전성, 종류, 허용량, 식품첨가물이 건강에 미치는 영향, 식품첨가물을 적게 섭취하는 방법 등에 관한 교육이 필요하다.

3. 잔류농약

최근 연구에 의하면 한국의 소비자는 식품의 안전도에 불안해하고, 특히 수입식품의 안전도를 더 우려하고 있다. 소비자는 식품의 안전도 중 특히 잔류농약에 대해 높은 관심을 보이고 있다. 잔류농약이 가장 우려되는 식품으로는 채소, 과일, 곡류의 순이었다. 대다수의 소비자는 잔류농약의 안전성 검사를 신뢰하지 않는다. 소비자들은 잔류농약의 위해성, 세척방법에 따른 잔류농약의 양, 식품의 잔류농약 허용량, 조리방법에 따른 잔류농약의 양에 대해 정보를 원하고 있다. 그러므로 이런 소비자의 요구를 충족시킬 수 있는 교육이 이루어져야 한다.

4. 식중독

우리나라의 전체적인 위생수준의 개선에도 불구하고 단체급식과 외식의 증가로 인해 식중독 환자 수가 급증하고 있고, 단위 식중독 사건당 환자 수도 증가하고 있다. 이에 소비자들의 식중독에 대한 관심도 증가하고 있다. 식중독을 발생시킬 수 있는 식품으로 소비자들은 어패류를 가장 우려하고 있다. 소비자들은 식중독이 발생하는 주원인을 식품의 신선도 저하 및 오염, 조리 후 부적절한 보관, 불량한 조리상태라고 생각한다. 식중독을 예방하기 위해 가장 필요한 정보는 신선한 식품 재료를 고르는 방법이다. 그러므로 식중독 예방을 위한 교육은 신선한 식품 재료를 고르는 방법, 식중독을 예방할 수 있는 조리

방법 및 보관방법 등을 포함시켜야 한다.

5. 유전자재조합식품

유전자재조합식품이란 어떤 생물의 특정 유전자를 다른 생물체에 삽입하여 새롭게 만든 농·축·수산물 중 안전성이 확인되어 식품 또는 식품첨가물로 이용할 수 있는 것을 말한다. 소비자들의 유전자재조합식품에 대한 인지도는 비교적 낮았으며, 들어본 적은 있어도 정확한 정보를 갖고 있지 못했다. 많은 소비자들은 유전자재조합식품의 안전성, 이점, 유전자재조합식품에 대한 정확한 지식, 표시, 외국의 허가기준 등의 정보를 원하고 있다. 그러므로 이런 내용을 포함하는 소비자 교육이 필요하다.

6. 방사선조사식품

우리나라에서는 식품에 방사선을 조사한다는 것을 알고 있는 소비자의 비율이 낮고, 알고 있어도 그 지식이 매우 피상적인 것으로 나타났다. 소비자들은 식품에 방사선을 조사하면 식품이 방사능을 띠지 않을까 의심하거나, 방사능 조사와 방사능 오염을 혼동하고 있는 편이다. 소비자들은 방사선 조사식품의 안전성에 가장 관심이 많았고, 방사능 조사의 허용량, 이점, 허용식품, 방사선 조사 식품에 대한 법적 규제 등에 대한 정보를 원하고 있다.

7. 환경호르몬

소비자들은 한때 대중매체에서 환경호르몬에 대해 많이 보도하였던 관계로 이에 대해 대체로 알고 있었으며 정보 요구도 또한 높았다. 환경호르몬에서 가장 우려하는 것은 식품포장재의 환경호르몬 방출, 어패류의 환경호르몬 오염이었다. 소비자들은 환경호르몬의 위해성, 종류, 방출물질, 오염방지책, 환경호르몬 오염에 대한 규정 등에 대한 정보를 원하고 있다.

8. 수입농산물

최근 시장개방 이후 외국의 다양한 농산물이 수입되면서 국내 소비자에게 식품 선택의 기회가 많이 확장되었다. 그러나 수입농산물에 대한 지식이나 정보가 부족하여 소비자들이 식품을 선택하는 데 어려움을 겪거나 피해를 당하는 경우가 발생하고 있다. 수입농산물의 경우, 원산지 표시제도 불이행으로 국내산과 수입산을 구별하지 못하거나 수입산이 국내산으로 둔갑하기도 한다. 소비자들은 국내산과 수입산 농산물을 구별할 수 있는 능력이 부족하다고 느끼고 있다. 대부분의 소비자는 포장에 있는 식품표시를 보고 원산지를 확인하고 신뢰하는 것으로 나타났다. 그러나 한편으로는 아직도 식품표시에서 원산지를 확인하지 않는 소비자가 상당수 있는 것으로 나타났다. 그러므로 식품 구입 시 반드시 식품표시를 확인하도록 교육하고 국내산과 수입산 식품을 구별하는 방법에 대한 교육도 필요하다.

9. 건강기능식품

최근 건강과 다이어트식품에 관한 관심으로 건강기능식품에 대한 소비가 증가하고 있으나, 제품의 유용성이나 효과에 대한 과학적 근거가 입증되지 않아 효능이 미흡하거나 부작용을 호소하는 경우가 늘고 있다. 최근 소비자단체의 소비자 상담 및 불만 사례 중 건강식품 상담 건수는 점점 증가하여 품목별 상담 건수로 볼 때 1위를 차지하고 있다. 소비자들은 건강증진 및 예방을 목적으로 건강기능식품을 구매하는 경우가 많지만, 상당수는 질병 치료를 목적으로 하는 경우도 있어 건강기능식품에 대해 잘못된 인식을 하고 있음을 알 수 있다. 따라서 건강기능식품을 선택할 때 부작용 등 안전과 관련된 피해를 최소화할 수 있는 영양교육이 필요하다.

10. 트랜스지방

식물성 기름은 주로 시스형의 지방산으로 구성되어 있지만 수소를 첨가하는 과정에 트랜스형으로 바뀌게 된다. 그러므로 마가린, 쇼트닝 등을 많이 섭취하면 트랜스지방산을 많이 섭취하게 된다. 트랜스지방산의 섭취가 증가하면 혈중 콜레스테롤이 증가하고 심장 질환과 심장마비에 의한 사망이 증가하는 것으로 보고되었다. 이런 사실이 밝혀짐에 따라 많은 소비자가 감자튀김, 닭튀김, 페이스트리, 과자, 케이크 등에 함유된 트랜스지방산에 관심을 갖게 되었다. 식품제조업체에서는 트랜스지방을 줄이려는 노력을 하고 있고, 생산된 제품의 트랜스지방 함량을 표시하기도 한다.

11. 외식과 관련된 영양교육

잦은 외식은 영양 섭취의 불균형을 초래하며 특히 성장기 어린이, 청소년의 경우 편식 등 잘못된 식습관을 길러 장기적으로 건강을 해칠 수 있다. 교육의 방향은 외식을 무조건 좋지 않은 것으로 간주하기보다는, 분별 있는 메뉴 선택을 통하여 부족하기 쉬운 영양소를 보완하고 과잉 섭취되는 영양소를 줄이는 방향으로 교육이 이루어져야 한다. 특히 청소년의 경우 지나친 패스트푸드 섭취는 식사의 질에 부정적인 영향을 미치므로 이에 대한 교육이 필요하다. 가정 이외에서 조리한 모든 음식을 외식으로 볼 때 김밥, 떡볶이, 닭튀김, 자장면 등의 편이음식이 외식 메뉴의 상당 부분을 차지한다. 패스트푸드나 일품요리를 먹을 때 균형 있는 식사가 되도록 하기 위해 함께 섭취할 식품이 무엇인지에 대한 교육도 필요하다. 또한 가정에서 즐길 수 있는 다양한 요리법을 교육하여 자연스럽게 외식을 줄이도록 교육한다.

IV 소비자 영양교육 기관 및 교육활동

1. 식품의약품안전처

식품의약품안전처는 식품·의약품의 안전관리체계를 구축 운영하여 국민이 안전하고 건강한 삶을 영위할 수 있도록 하기 위해 설립되었다. 식품의약품안전처는 식품안전정보포털을 통해 일반 소비자에게 잔류농약 제거, 식품표시기준, 식중독 예방, 식품첨가물, 식품보관저장법, 생애주기별 건강관리, 당류 줄이기 등 식품과 영양에 관한 많은 정보를 제공하고 있다. 또한 불량식품 바로알기, 식중독 예방법, 어린이 식생활, 어르신 식생활 관리 등 식품과 영양에 관한 홍보자료, 교육자료, 영상자료를 제공하고 있다.

그림 14-1 식품안전정보포털

자료 : 식품안전정보원, https://www.foodinfo.or.kr/main.do

그림 14-2 식품이력정보 확인용 홍보 브로슈어

자료 : 식품안전정보원, https://www.foodinfo.or.kr/main.do

그림 14-3 건강기능식품 이용 관련 리플렛

자료 : 식품안전정보원, https://www.foodinfo.or.kr/main.do

2. 한국건강증진개발원

건강에 관한 효율적이고 체계적인 정책개발 및 지원 사업을 수행하여 국민의 건강증진에 이바지할 목적으로 설립된 한국건강증진개발원은 홈페이지 〈건강증진자료실〉를 통해 일반 국민에게 다양한 건강 관련 정보를 제공하고 있다. 이유식, 유아식, 모유수유 성공비결, 다문화 가족 영양교육매체, 금연, 당 줄이기 등 다양한 주제와 관련된 지침, 교육

그림 14-4 국민공통식생활지침 홍보자료(리플렛)

자료 : 한국건강증진개발원, https://www.khealth.or.kr/kps

자료, 홍보자료를 제공한다. 또한 〈건강길라잡이〉를 통해 금연, 절주, 운동, 영양, 구강건강에 관한 정보를 제공하고 있다.

3. 한국소비자원

한국소비자원은 소비자의 권익을 증진하고 소비생활의 향상을 도모하며 국민경제의 발전에 이바지하기 위해 설립되었다. 한국소비자원은 소비자 권익 관련 제도와 정책의 연구 및 건의, 물품, 용역의 규격·품질·안전성 등에 관한 시험검사 및 조사, 소비자의 권익증진·안전 및 능력개발과 관련된 교육·홍보 및 방송사업 등 소비자의 권익을 위한 여러 기능을 수행하고 있다. 한국소비자원은 소비환경의 빠른 변화에 소비자들이 합리적이고 능동적으로 대처할 수 있도록 소비자교육 콘텐츠를 동영상, PPT 등 다양한 형태로 제작·보급하고 있다. 식품영양 관련 교육 자료로는 어린이 식품안전(초등학교 교사용), 어린이 식품안전(유치원 교사용), 녹색식품안전, 식품표시 및 식품유해물질 개요 등이 있다.

그림 14-5 안전한 즉석섭취식품 선택 방법
자료 : 한국소비자원, https://www.kca.go.kr

4. 녹색소비자연대

녹색소비자연대는 소비자의 권리를 보호하며 환경을 고려하는 소비생활을 함께 실천함으로써 생태환경을 보전하고 안전하고 인간적인 사회를 건설하는 것을 목적으로 설립되었다. 이 단체에서는 산하에 녹색식품연구소를 두어 식품 관련 소비자운동 역량을 강화하고, 식품분석사업과 위생컨설팅 및 HACCP 인증 컨설팅 사업, 맞춤형교육사업, 소비자 대상 교육활동 등을 하고 있다. 현재 실시하고 있는 사업으로는 〈청소년들이 펼치는 푸드마일리지地産地消운동〉, 〈안전한 먹거리를 위한 식품안전 운동〉,

그림 14-6 식품 안전 관련 자료(카드뉴스)
자료 : 녹색소비자연대전국협의회, http://www.gcn.or.kr/

〈지역특산인증농산물(지리적표시제) 소비자 인지도 제고 및 소비촉진운동〉, 〈건강밥상을 위한 녹색소비자교육〉 등이 있다. 또한 초유성분, 식품안전, 식품표시 바로알기, 식품안전 생활실천, 에너지음료의 올바른 이해 등에 관한 e-book을 제공하고 있다.

V 소비자를 위한 식품 관련 인증 표시

정부는 식품의 생산, 유통, 판매 과정에서 소비자가 쉽게 확인할 수 있는 식품인증 및 표시 제도를 운영하고 있다. 소비자는 이들 표시가 의미하는 바를 잘 이해하면 현명한 구매에 도움이 될 것이다.

표 14-1 식품 관련 인증마크와 인증내용

인증마크	인증내용
유기농산물 (ORGANIC) 농림축산식품부	유기농산물은 유기합성농약과 화학비료를 일체 사용하지 않고 재배 (전환기간: 다년생 작물은 최소 수확 전 3년, 그 외 작물은 파종 재식 전 2년)
유기축산물 (ORGANIC) 농림축산식품부	유기축산물은 유기농산물의 재배, 생산 기준에 맞게 생산된 '유기사료'를 급여하면서 인증기준을 지켜 생산한 축산물
유기가공식품 (ORGANIC) 농림축산식품부	유기농수산물을 원료로 하여 유기적인 방법으로 제조, 가공한 식품을 인증
무농약 (NON PESTICIDE) 농림축산식품부	무농약농산물은 유기합성농약을 일체 사용하지 않고, 화학비료는 권장 시비량의 1/3 이내 사용
무항생제 (NON ANTIBIOTIC) 농림축산식품부	무항생제축산물은 항생제, 합성항균제, 호르몬제가 첨가되지 않은'일반사료'를 급여하면서 인증기준을 지켜 생산한 축산물
GAP (우수관리인증) 농림축산식품부	농산물의 안전성을 확보하고 농업환경을 보전하기 위하여 농산물의 생산, 수확 후 관리 및 유통의 각 단계에서 유해생물 등의 위해 요소를 적절하게 관리
지리적표시 (PGI) 농림축산식품부	농산물의 품질이 특정 지역의 지리적 특성에 기인하는 경우 해당 농산물 또는 그 가공품이 그 특정 지역에서 생산 및 가공되었음을 나타내는 표시

(계속)

인증마크	인증내용
Traceability 이력추적 식품의약품안전처	농산물의 안전성 등에 문제가 발생할 경우 해당 농산물을 추적하여 원인을 규명하고 필요한 조치를 할 수 있도록 농산물의 생산 단계부터 판매단계까지 각 단계 별로 정보를 기록, 관리하는 제도
전통식품 (TRADITIONAL FOOD) 농림축산식품부	국내산 농수산물을 주 원(재)료로 하여 제조, 가공, 조리되어 우리 고유의 맛, 향, 색을 내는 우수한 전통식품에 대하여 품질을 인증
Traceability 이력추적 식품의약품안전처	식품 제조·가공단계부터 판매단계까지 이력추적정보를 기록·관리하여 안전성 문제 발생 시 원인 규명 및 필요한 조치를 하는 제도
	방사선조사가 허용된 식품(완제품)에 방사선조사를 한 경우 조사 처리된 식품임을 나타내는 표시
어린이 기호식품 품질인증 식품의약품안전처	안전하고 영양을 고루 갖춘 어린이 기호식품의 제조, 가공, 유통, 판매를 권장하기 위하여 품질인증기준에 적합한 어린이 기호식품에 대하여 품질인증
HACCP 위해요소 중점관리우수식품 식품의약품안전처	식품원료 및 제조, 가공, 조리, 유통의 모든 과정에서 발생할 수 있는 위해 요소를 사전에 확인, 평가하여 중점적으로 관리
HACCP (위해요소중점관리우수) 식품의약품안전처	축산물에 해로운 영향을 미칠 수 있는 원료 및 가공 공정의 위해 요소를 분석, 최종 제품에서 위해 요소가 존재하지 않도록 중점 관리하는 과학적, 체계적인 사전위생관리 제도로 HACCP을 적용받은 작업장(품목)에 대해 HACCP 지정 사실에 대한 표시

연구과제

1. 소비자 영양교육에 있어 정부의 역할에 대해 생각해 보자.

2. 식품과 관련된 소비자 문제를 해결하는 데 있어 소비자 권익 보호단체의 역할에 대해 토론해 보자.

CHAPTER

15

미디어와 영양교육

I. 미디어의 정의와 기능

II. 미디어의 종류와 특성

III. 미디어를 활용한 영양교육의 효과

IV. 미디어를 활용한 영양교육 현황

V. 대중매체와 언론 모니터링

학습 목표

1. 미디어의 정의와 기능을 설명할 수 있다.
2. 미디어의 종류와 특성을 열거할 수 있다.
3. 미디어를 활용한 영양교육의 효과와 장단점을 설명할 수 있다.
4. 현재의 미디어를 통한 영양교육에 대해 논할 수 있다.

I 미디어의 정의와 기능

미디어media는 매스미디어와 개인미디어로 나눌수 있는데, 대중매체는 매스미디어 mass media라고도 불리며, 많은 사람에게 일시에 정보를 전달할 수 있는 현대 사회의 주요 의사소통 수단이다. 전통적인 매스미디어로는 신문, 방송, 영화, 서적 등이 있다. 개인 미디어는 한사람이 소수의 사람에게 정보를 전달하고자 고안된 매체인데 트위터, 블로그, 페이스북, 인스타그램, 유튜브 등 다양한 개인미디어가 발달하고 있으며, 개인미디어가 매스미디어의 기능을 하기고 한다. 최근에는 이러한 미디어 정보처리기술의 발달로 쌍방향의 의사소통이 가능하게 발전되고 있어 영양교육과 상담 매체로서 미디어의 활용 가능성이 한층 높아져 가고 있다.

이러한 미디어, 특히 다수에게 정보를 전달하는 매스커뮤니케이션(매스컴)의 정보전달 과정에는 정보를 전달하려는 전달자, 정보를 전달받는 수용자, 전달되는 정보의 내용, 정보전달 매체, 정보전달 효과의 5가지 요소로 구성된다.

이때 전달되는 정보 내용이 영양·식생활 정보일 경우 매스커뮤니케이션을 활용하여 효과적으로 영양교육을 수행할 수 있다.

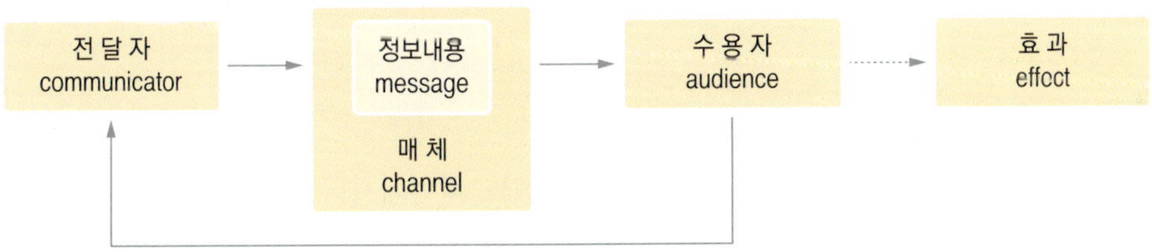

그림 15-1 매스컴의 정보전달 과정

1. 대중매체의 특성

대중매체는 시간과 공간을 초월하여 많은 사람에게 다양한 정보를 신속하게 전달할 수 있으며, 영상자료나 사진 등으로 주의집중을 용이하게 하고 동기부여 또한 용이하게 할 수 있다. 대중매체의 수용자는 주로 일반 대중이므로 그 파급효과가 매우 광범위한 반면,

불특정 다수에게 정보가 전달되기 때문에 그 파급효과를 측정하기도 쉽지 않다. 대중매체를 통해 정보를 전달받는 수용자는 개개인에 따라 정보의 옳고 그름을 판별하는 능력 등에 차이를 보인다. 대부분의 수용자는 제공되는 정보분야의 비전문가이므로 대중매체가 바람직한 정기능을 수행하려면 정보의 정확성, 균형성, 객관성, 전문성, 공정성, 윤리성 등이 보장되어야 한다.

2. 대중매체의 기능

대중매체의 기능은 각계 각층의 다양한 정보를 일시에 많은 사람에게 제공해 주는 것이다. 방송, 신문, 인터넷 등 여러 공간에 존재하는 다양한 정보를 시간과 공간을 초월하여 전달하고 여론을 형성하여 환경감시 역할이나 사회적 조정 역할도 한다. 또한 문화 규범 등 사회적 유산을 전수시키는 데 도움을 주며 흥미거리나 오락을 제공하기도 한다.

대중매체는 적절한 정보가 적절한 방법으로 제공된다면 바람직한 정기능(사회적·문화적 환경 감시, 적절한 정보의 제공, 교육의 효과, 여론의 형성, 흥미제공 등)을 수행하나, 정보가 정확성, 균형성, 공정성, 윤리성 등에서 적절하지 못할 경우는 역기능을 초래하여 대중을 혼란에 빠뜨리거나 잘못된 판단으로 유도할 수 있다.

3. 영양교육에서 대중매체 활용의 이점

대중매체가 발달함에 따라 우리나라 국민은 어느 지역에서나 대중매체에 의한 영양교육이 가능해졌다. 대중매체를 통해 국민의 식생활 태도와 가치관을 바르게 형성할 수 있으며, 개인이나 집단에 영양문제를 해결하는 데 도움을 줄 수도 있다. 또한 대중매체는 다른 매체보다 영양교육 효과면에서 유리한 점이 있다.

- 많은 사람에게 신속하게 다량의 정보를 전달할 수 있다.
- 시간과 공간을 초월하여 영상 등을 이용해 구체적인 사실을 전달할 수 있다.
- 주의집중을 쉽게 하거나 흥미를 유발하여 영양교육에 대한 동기부여가 될 수 있다.
- 정기적 혹은 지속적인 정보의 제공이 가능하다.

• 많은 사람에게 많은 정보를 제공하면서도 경제성이 높다.

4. 개인 미디어의 특성과 기능

최근에는 유튜브 인스타그램 페이스북 등의 개인 미디어를 통한 정보가 전달되는 일이 빈번해졌다. 이는 개인마다 자신이 관심있는 주제를 SNS에 올리면서 타인과 공유하고 전달되면서 개인 미디어의 파급력은 점차 커지고 있다. 이러한 개인 미디어의 발달은 불특정다수의 관심사가 관심주제가 되는 대중매체와는 달리, 개인 혹은 소수의 관심주제가 유통되면서, 현대사회의 다양성을 반영해주기도 한다. 이러한 개인미디어의 발달은 영양교육 측면에서도, 영양교육의 관심주제가 세분화되어 전달 공유될수 있다는 것을 알수 있어, 영양교육 분야에서 다양하게 활용할 수 있는 하나의 교육 방법이 될수 있을것이다. 그러나, 개인이 제공하는 정보이므로 검증과정을 거치지 않은 경우가 대부분이므로 정보의 정확성 신뢰성, 균형성, 객관성, 전문성 공정성 등의 문제가 제기될 수 있다.

II 미디어의 종류와 특성

대중매체는 크게 인쇄매제와 전자매체로 분류할 수 있다. 과거에는 교육에 있어 인쇄매체의 비중이 절대적이었으나 최근에는 방송, 인터넷 등의 발달로 전자매체의 비중이 점차 높아지고 있다.

인쇄매체는 주로 시각적 이미지를 통하여 많은 일반인에게 일시에 정보를 제공하는 매체이며 신문, 잡지, 책, 팸플릿, 광고판 등이 있다.

전자매체는 청각을 이용하는 매체인 라디오와 시청각을 이용하는 매체인 텔레비전, 영화, 인터넷 등이 존재한다.

이러한 매체 중 신문과 텔레비전, 인터넷 등을 활용한 SNS 등의 이용이 높은 편이며 특히 젊은 층을 중심으로 인터넷을 통한 정보 습득이 빠른 속도로 증가하고 있다.

대중매체의 분류

- 인쇄매체 : 신문, 잡지, 책, 팸플릿, 광고판 등
- 전자매체 : 청각 매체 – 라디오 등
  시청각 매체 – 텔레비전, 영화, 인터넷, 유튜브, SNS 등

표 15-1 미디어의 종류와 특성

	수용자	매체 특성	효과 및 파급력	정보 활용	교육자료 제작과 홍보	유형
인터넷 SNS	• 수용자의 잠재적 범위가 전 세계적 • 기본 사용방법을 알아야 함 • 젊은층의 선호 • 수용자의 정보습득 욕구가 있어야 함	• 신속하고 다양한 정보전달 가능 • 인쇄와 전자매체가 갖는 정보전달 효과를 동시에 얻을 수 있음(다기능매체) • 상호 의견교환이 가능하므로 수용자가 전달자의 역할도 할 수 있음 • 원하는 영양정보를 원하는 시간에 선택	• 파급력이 전 세계적이 될 수도 있음 • 정보를 원하는 층에게 전달 • 스마트기기 보유율의 증가로 이용형태가 모바일 중심으로 전환되었음	• 정보의 수집, 보관, 재활용 가능 • 수용자와 전달자들 간에 상담이나 토론이 가능 • 적극적인 영양정보의 수용과 상담 가능 • 광범위한 정보, 비전문적·비과학적 정보 및 홍보 등으로 수용자에게 혼란을 초래할 수 있음	• 정보의 제공방법이 자유로우며 정보의 질이 제작하는 개인 또는 단체에 따라 차이가 심함 • 파급효과에 비해 비용은 적게 드는 편임 • 스마트기기 활용이 가능한 앱형태 정보 확산	홈페이지, 블로그, 트위터, 인스타그램, 페이스북, 유튜브 등
텔레비전	• 방송시간에 따라 수용자 범위가 매우 다양함 • 교육수준이 낮은 시청자에게도 정보 전달 • 시청자는 정보습득에 있어 수동적임	• 영상전달로 감성적이고 부담이 없음 • 뉴스, 쇼, 좌담회, 드라마 등 다양한 프로그램 이용 • 흥미성	• 호소력이 강하고 정보전달력이 뛰어나며 행동시범이 용이	• TV 프로는 방송되면 흘러가지만, 최근 인터넷 등으로 재방송 지원 가능	• 영양정보의 제작과 전달은 비용이 많이 듦 • 방송 장비, 기술 등이 필요 • 홍보 용이	토크쇼, 공개 토론회, 생활정보, 공익광고, 기획시리즈, 버라이어티 쇼 등

(계속)

	수용자	매체 특성	효과 및 파급력	정보 활용	교육자료 제작과 홍보	유형
신문	• 넓은 독자층 • 적당한 언어 독해 능력 필요	• 신속한 정보 전달 • 정보를 사실적·합리적으로 전달하는 편 • 교육이 일회성이 되기 쉬움 • 의견교환 어려움	• 신문을 읽는 교육수준이 비교적 높은 대중에게 효과	• 독자가 쉽게 접근 NIE 등의 자료로 활용 가능	• 교육자료의 조사 및 심층 취재, 편집 필요 • 뉴스로서 가치있는 정보가 주로 수록	뉴스, 칼럼, 인터뷰 기사, 독자란 등
잡지	• 독자층이 특정함(주부, 젊은 여성, 요리에 관심 있는 젊은 층 등) • 적당한 언어 독해 능력 필요	• 신문보다 다양하고 복잡한 내용 수록 가능 • 인쇄로 사실적·합리적 정보 전달 가능 • 사진, 그림 등의 활용으로 흥미성·사실성 있음	• 책을 읽는 독자층에게 교육효과 • 서적을 통한 장기적 교육 가능	• 정보를 선택, 수집, 편집 가능 • 다시 읽을 수 있음 • 타인에게 서적 전달을 통한 정보전달도 가능	• 전자매체에 비해 비용은 적게 듦	식생활 기사, 섹션 칼럼, 인터뷰 기사 등
라디오	• 수용자 범위가 매우 다양함 • 교육수준이 낮은 청취자에게도 정보 전달 • 청취자는 정보습득에 있어 수동적임 • 전화연결 등으로 수용자 참여 가능	• 음성전달로 청취자에게 부담이 없음 • 토크쇼, 전화 연결을 통해 청취자 직접 참여 가능	• 교육효과가 적은 편임	• 간단한 멘트의 지속적인 전달은 효과 있음 • 교육보다는 홍보, 인식 전환 등의 효과	• 텔레비전 제작에 비해 비용이 적게 듦	전화상담, 토론, 스팟방송, 전화 인터뷰, 드라마, 토크쇼 등

III 미디어를 활용한 영양교육의 효과

1. 미디어를 활용한 영양교육의 효과

대중매체를 활용한 영양교육 및 정보 제공은 신속성과 대량 정보의 전달성 때문에 전국적으로 확산되어 교육적 파급효과가 매우 높다. 반면에 교육내용 확산범위가 넓고 제공된 정보의 정정이 어려우므로 영양교육 및 정보 제공에 신중을 기해야 한다.

영양교육을 통해 교육자는 정보수용자의 영양지식과 태도, 식행동 등이 변화되기를 기대한다. 영양교육이 최대 효과를 내기 위해서는 대중매체 선정 시 학습자의 특성, 광범위성, 집중력, 보도횟수 등을 고려하여 결정해야 한다.

1) 긍정적 효과

일반적으로 대중매체를 통한 영양교육의 효과는 보통 비가시적이고 장기적인 인지변화에 영향력이 크다고 하며, 바람직한 식행동 변화를 시작하고픈 동기부여, 인식전환, 모방하게 되거나 자극을 주는 데 효과가 있다. 또한 지속적인 정보의 제공으로 행동변화를 유도할 수 있으므로 교육효과가 극대화되는 시점을 선정, 장기적으로 활용하면 더욱 효과가 있다.

그러므로 영양교육에 있어 대중매체의 주요 활용범위는 국가적인 보건문제나 여론의 환기 및 긴급한 사항이 있을 때 사용하거나, 국민의 전반적인 영양문제에 관한 인식 전환, 식행동 변화의 동기부여 제공 등에 사용할 수 있다. 또한 식생활 관련 잘못된 광고에서 소비자를 보호할 수 있고 고유의 식생화 문화를 전하거나, 식생활 관련 사고에 즉각 대처할 수도 있다.

2) 부정적 효과

현재 대중매체를 통한 영양정보들 중에는 잘못된 정보도 제공되고 있는 실정이다. 대중매체를 통해 잘못되거나 과장된 영양정보가 제공되기도 하고 불완전하고 편파적인 영양정보에 의해 대중이 더욱 혼란스러울 수 있으므로 대중매체를 통한 영양정보의 감시가 특히 중요하다.

2. 영양교육 시 고려할 점 및 올바른 방향

대중매체를 통한 교육의 수용자가 되는 일반 대중은 병(뇌졸중, 당뇨병, 심장질환, 암 등)에 걸리기 전까지는 자신이 그 질병에 걸릴 위험도를 과소평가하고, 예방을 게을리하는 편이다. 따라서 평소의 식습관이나 생활습관을 변화시키는데 저항하는 경우가 많으므로 대중매체를 통하여 이러한 위험성을 환기시키고 성인병 예방, 건강증진을 위한 생활습관의 변화의 중요성을 알리는 것은 대중을 위해서 필요한 작업이라 하겠다.

대중매체를 바르게 활용하려면 영양교육 시 다음의 사항에 주안점을 두어야 한다. 대중매체 영양교육의 특성상 바른 식생활에 대한 동기부여, 인식의 전환 등에 영향을 많이 미치므로 식생활에 대한 올바른 태도와 가치관을 형성하도록 교육해야 한다. 교육은 교육자와 교육대상자 간의 상호대화, 의견교환 등이 매우 중요하므로 대중매체를 통한 교육 역시 교육자와 수용자와의 의견교환이나 상담이 가능해야 하며, 궁극적으로는 국민의 영양개선과 건강증진에 도움을 줄 수 있어야 한다. 따라서 영양정보 제공자는 영양정보 제공 시 신중하게 해야 하며 영양전문가와 언론계가 서로 긴밀하게 협력하여 정보를 제공해야 한다. 또한 영양표시제는 효과적인 영양교육의 수단이 될 수 있으므로 확대시키고, 식품광고는 규제할 필요가 있으며, 또한 지속적인 언론 모니터링과 감시가 있어야 한다.

IV 미디어를 활용한 영양교육 현황

1. 미디어 이용 현황

미디어의 이용 현황을 보면 점차 모바일 이용이 증가되고 있음을 알 수 있다. 최근 스마트폰 기기 보유율이 높아지면서 인터넷 이용형태도 모바일 형태로 변화되고 있다. 과거 인터넷 사용률에서 다소 저조한 모습을 보였던 60대 이상의 노년층에도 스마트폰 기기 보유율은 급속히 증가하고 있고, 그림 15-2에서 보듯이 전연령층에서 인터넷과 모바일 기기 이용이 급증하였음을 알수 있다. 그림 15-3에서 보면 최근에는 텔레비전(68.5%)보다 스마트폰 이용이 78.9%로 더욱 증가함을 알 수 있다.

그림 15-4와 같이 세대별 SNS 이용 추이를 보면 세대별로 차이는 있으나, SNS 이용률이 점차 증가하고 있음을 알 수 있다. 따라서 국민건강을 위해서 모바일 통신과 인터넷 및 SNS는 영양교육의 통로로 활용될 수 있으므로 이를 활용하여 바람직한 영양교육 내용을 제시하고, 이용자들의 특성에 맞는 교육내용 및 정보 등을 제공할 필요가 있다.

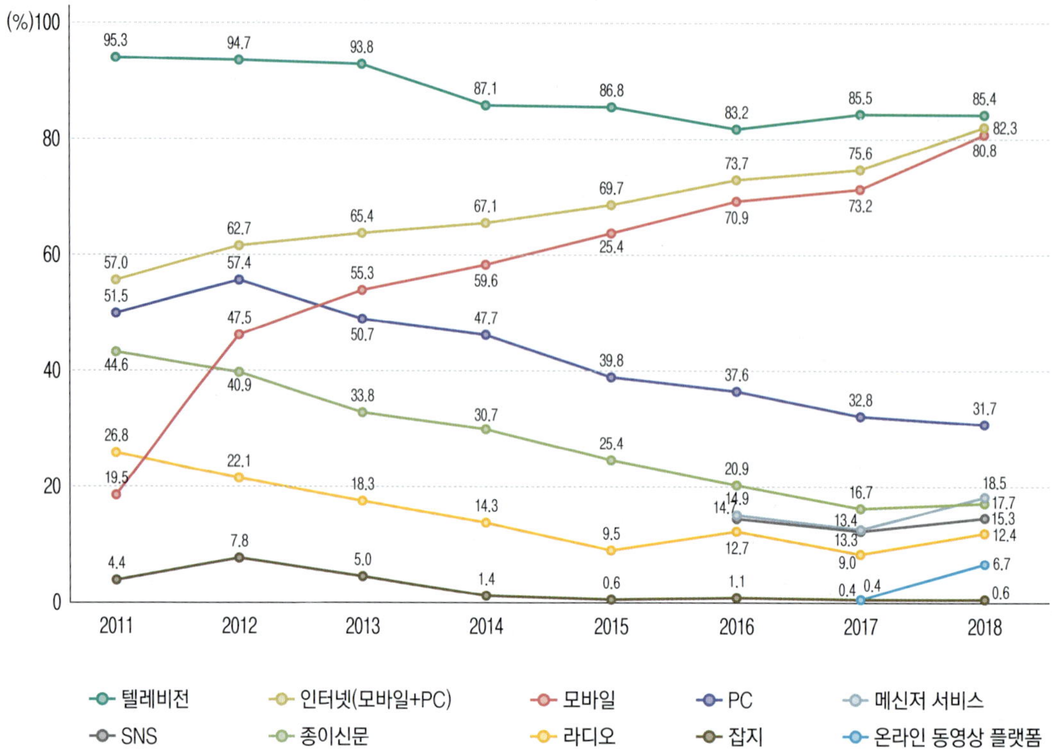

그림 15-2 미디어 이용률 추이(2011-2018)

자료 : 한국언론진흥재단

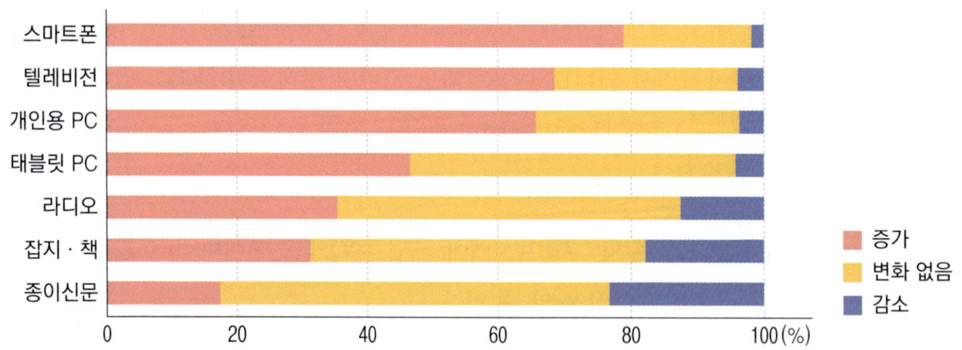

그림 15-3 매체 기기 이용량 변화

자료 : 한국언론진흥재단, 2021

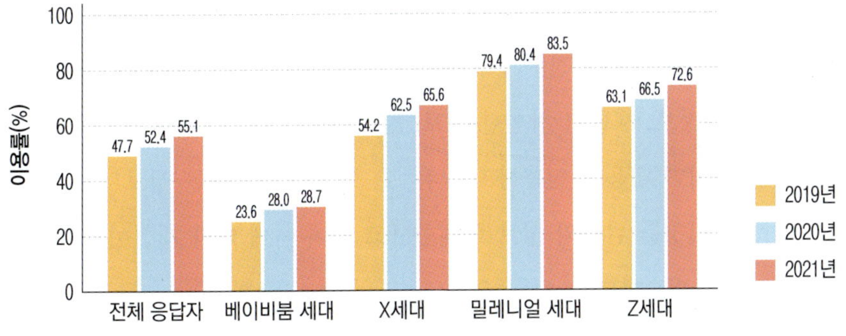

그림 15-4 세대별 SNS 이용률 추이(2022)

자료: 정보통신정책연구원(KISDI)

2. 미디어에서 제공하는 영양정보의 양과 질

최근 언론에서의 건강 및 식품영양에 관한 정보 제공의 중요성은 점점 더 증대되고 있다. 그러나 최근의 영양정보는 특정 질병이나 식생활 실태를 주제로 깊이 있는 보도가 되지 않고 흥미성·일회성 위주이며, 영양전문가가 아닌 기자, PD, 방송작가, 혹은 개인에 의해 제작되어 전문성 결여 혹은 근거 없는 잘못된 정보 제공, 과장된 표현 등의 사례가 빈번하여 이에 대한 시정이 필요하다. 따라서 대중매체에 영양정보를 제공하고, 방송이나 대중매체에서 제공하는 식품영양정보의 옳고 그름을 판단하여 올바르게 이용되도록 하는 것이 식품영양 전공자의 의무인 동시에 새로운 활동영역이기도 하다.

1) TV 영양정보

TV 방송에서 다루는 식품영양정보는 날로 증가하고 있다. 방송사들은 올바른 식생활을 홍보하는 프로그램이나 식생활의 문제점을 고발하는 기획프로그램을 제작하기도 하고, 뉴스 시간 중간에 특집 프로그램을 제작할 정도로 식생활과 건강에 관한 관심이 증대되고 있다.

그림 15-5 TV 영양 관련 프로그램의 예

그러나 TV를 통해 제공되는 다양한 영양정보 중에는 실생활에 도움이 되는 구체적인 영양정보도 있지만, 더불어 비전문가에 의한 잘못된 영양정보도 많다. 즉 내용면에서 과학적 근거가 있는 정보, 새롭고 참신한 정보, 깊이가 있고 전문적인 정보 등이 제공되지 못하고 있는 실정이며 내용이 명확하지 않은 것, 설명이 불충분한 정보도 많다. 또한 지나치게 흥미성과 시청률 위주의 정보를 제공하고 있어 이에 대한 개선이 요구되며 영양 감시체계의 강화가 필요하다.

2) 인터넷이나 SNS를 이용한 영양교육

최근에는 온라인 공간에서 사람과 사람을 연결하고 일상 속에서 정보나 의견을 공유할 수 있는 네트워크가 구축되고 있고 이를 통해 우리는 다양한 정보를 얻고 있다. 온라인 공간에서는 쌍방향 커뮤니케이션도 가능하므로 영양교육이나 상담도 가능해졌다. 온라인 공간을 이용할 경우 다양한 인쇄매체뿐아니라 동영상 등도 제공할 수 있으므로 최근 들어 정부기관이나 학회, 개인, 사업자 등이 다양하게 교육 및 홍보, 정보 공유 등의 목적으로 인터넷이나 SNS를 활용하여 소통을 하고 있다. 또한 이는 모바일폰과도 연결이 가능하므로 시간과 공간을 초월하여 영양교육이 이루어질 수 있다. 인터넷을 통해 제공되는 식품영양정보는 전적으로 홈페이지나 블로그 제공자인 개인이나 기관에 의존되므로 영양교육에 각별한 주의를 요한다. 따라서 인터넷을 통하여 제공되는 정보가 반드시 올바른 것만은 아니므로 전문가에 의한 검색이 필요하며, 각종 사이트에 대한 평가를 하는 것도 영양교육의 새로운 분야로 대두되고 있다.

그림 15-6 식품의약품안전처 블로그

3) 신문을 이용한 영양교육

신문매체는 시간과 공간을 초월하여 필요한 정보를 얻을 수 있는 장점이 있고, 방송과 마찬가지로 일시에 많은 정보를 많은 독자에게 자세히 전달할 수 있다는 장점을 가지고 있다. 건강과 식생활에 대한 비중이 커짐에 따라 각 신문사는 문화 면에서 건강 관련 지면을 증가시키고 다양한 특집기사를 싣고 있다. 또한 좀 더 전문적인 기사를 싣기 위하여 의학전문기자 또는 식품전문기자를 채용하기도 한다.

신문의 식품영양정보의 문제점으로는 기사내용의 부적절성, 특정사 제품의 간접적 광고, 식품영양문제에 대한 문제점만 제기하고 대안은 제시하지 않음, 전문용어의 설명이 없음, 과학적 근거가 없음 등이 제시되었다. 따라서 영양 관련 전문기자의 과학적 전문성이 있는 정보의 제공, 구체적·실체적 대안 제시, 광고의 모니터링 등이 개선되어야 한다.

'S라인 꿈' 무얼 먹을까가 아니라 얼마나 먹느냐 달렸다

탄산음료 1잔은 다이어트중에도 OK

와인과 포도품종

4대 품종, 맛·빛·향좌우

그림 15-7 영양정보 관련 기사

3. 대중매체 정보를 대하는 일반인의 수용 태도

일반인의 건강한 식생활 실천에 관한 보편적인 태도를 요약하면 다음과 같다.

- 꾸준한 실천보다는 단기적인 또는 몇 번의 시도로 교정이 된다고 믿음
- 식품을 부작용이 적은 질병의 치료제로 받아들임
- 식품의 종류에는 좋은 식품과 나쁜 식품이 있다고 믿음
- 식품으로는 아무리 많이 먹어도 부작용이 없다고 생각함
- 건강한 식생활에도 절대적인 답이나 쉬운 해결방법이 있다고 생각함
- 질병위험이 보편성을 부정하고 특정인에게만 발생할 것이라고 막연히 믿음
- 식생활은 건강에 미치는 효과가 미미하며 필요하면 약이나 주사치료로 해결할 수 있다고 믿음
- 반면에 극소량의 발암물질이나 중금속 등 식품성분으로도 즉시 암 같은 치명적인 질환이 발생한다고 믿음

동일한 방송프로그램을 시청한 후에 전문가와 일반인의 수용태도를 비교한 연구결과

를 보면 일반인은 전문가에 비하여 더 많이

- 언론매체에서 제공하는 정보는 과학적인 것으로 수용하고,
- 정보가 정확한 것으로 수용하며,
- 소비자 선택 기준에 유일한 것으로 판단하고,
- 전달된 정보의 구체적인 사용법이나 사례까지 모두 신뢰하며,
- 과장되지 않았다고

생각하였다.

이처럼 일반인은 TV나 라디오, 신문, 서적 등 매체를 이용하여 전달하는 정보는 모두 신뢰하고 수용하는 경향이 강하다. 따라서 대중매체라는 채널을 이용하여 영양정보를 전달하거나 대중매체에서 얻은 영양정보를 식생활에 응용하고자 하는 일반인을 상담하고 교육할 때 이들의 수용태도를 정확히 이해하고 접근하는 태도가 필요하다.

V 대중매체와 언론 모니터링

1. 언론 모니터링의 목표

언론을 통한 많은 영양정보 및 광고 속에서 식품·영양과 관련된 내용이 일반 대중에게 바르게 전달되어 유익한 정보가 되도록 하는 데 언론 모니터링의 목적이 있으며 이를 실행하기 위한 목표는 다음과 같다.

① 국민건강에 중요한 영향을 미치는 식품영양정보의 실태와 문제점을 분석·평가하여 올바른 국민건강 정보문화를 정립한다.

② 모니터 결과를 언론기관과 사이트 운영자에게 피드백하여 프로그램 제작이나 기사 작성시 반영되어 국민들에게 올바른 식품영양정보를 전달할 수 있도록 한다.

③ 모니터를 통해 나타난 문제점을 종합하여 국민에게 홍보하고, 국민이 이를 생활 속에서 활용할 수 있도록 한다.

2. 언론 모니터링의 종류

언론 모니터링의 종류를 성격과 주체에 따라 분류할 수 있다. 모니터링의 성격에 따라 정보·기사·광고 등의 양에 따라 평가하는 양적인 모니터링, 식품영양정보의 질에 따라 평가하는 질적인 모니터링으로 분류할 수 있다. 모니터링 주체에 따른 분류로는 정보를 제공하는 기관이 실시하는 내부적 모니터링과, 정보를 수용하는 입장에 있는 외부단체가 실시하는 외부적 모니터링이 있다표 15-2.

표 15-2 언론 모니터링의 분류

분류방법		특징
모니터링 성격	양적인 모니터링	• 정보, 기사, 광고 등을 양적으로 측정 • 방송 : 횟수와 시간, 프로그램의 종류, 시청률 등 측정 • 신문 등 인쇄물 : 횟수와 지면의 면적, 지면의 분류 등 측정
	질적인 모니터링	• 정보, 기사, 광고 등의 질을 검토 • 정보제공 방법의 적절성, 취재원의 전문성, 정보의 과학적 근거, 과장된 정보, 연구설계의 부적절성 여부, 정보의 전문성, 시청자나 구독자의 수용성·용이성 등의 지표를 이용 • 모니터링 전문가 훈련 필요
모니터링 주체	내부적 모니터링	• 제작을 담당하는 기관의 자체적인 모니터링 • 자체 심의위원회 및 시청자위원회 등 • 운영 및 규정을 마련하여 시행 • 정보에 대한 평가보다는 주로 기술적인 면의 오류나 오보를 모니터링하는 경우가 대부분
	외부적 모니터링	• 정보를 수용하는 입장에서, 심의하는 모니터링 • 정부기관의 통제적 심의(보건복지부, 식품의약품안전청 등) • 시민단체의 참여적 심의(소비자단체, 여성단체 등) • 학계에 의한 연구 성격의 모니터링 • 영양사협회로 대표되는 전문단체에 의한 모니터링 • 모니터링 전문가 양성 필요

3. 언론 모니터링의 영역과 과정

식품영양정보를 모니터링할 경우 주요 영역은 다음과 같으며, 이러한 영역을 언론 모니터링 과정표 15-3을 통하여 모니터링할 수 있다.

- 식품의 안전 및 유해성
- 식품의 소개 및 효능
- 질병 및 식사요법
- 영양과 식생활
- 음식과 요리
- 비만과 다이어트
- 생활습관 및 건강위해요소
- 보건환경

표 15-3 언론 모니터링의 과정

과정	내용
대상 프로그램의 선정 및 이해	프로그램의 특성, 시간, 주요 대상자, 주요 정보내용 등을 고려하여 선정
프로그램 관찰	정확히, 상세하게, 빠지지 않고 관찰
프로그램 분석	특성, 경향, 성격 등을 분석하고 관찰과 동시에 분석도 가능
제언 및 개선방안 제시	종합적으로, 주체적인 관점에서, 방향성을 두고, 비판적으로 정확하고, 적절한 방법으로 평가
토 론	프로그램 내용, 주제, 제작, 방송구조 등 다양한 각도에서 제안
보고서 작성	다른 사람의 의견을 경청하며, 자신의 의견은 정확히 표현, 정리, 종합토의
여 론 화	언론에 전달, 홍보
압 력 행 사	전화, 편지, 서명, 법적 소송, 시위, 집회 등
개선 여부 및 재평가	프로그램의 재모니터, 재시도

자료: 김기태. 언론모니터링활동의 역할 및 방법론, 1999

4. 식품영양정보의 주요 모니터링 기준

식품영양정보의 올바른 이용을 위하여 언론매체에서 제공하는 정보를 모니터링하려면 잘못된 정보를 분별하기 위한 기준이 필요하다.

모니터링을 할 경우는

① **정보의 내용은 신뢰할 만한가**?

황당한 발상이나 내용이 포함되지는 않았는지, 현재 알려진 과학적 지식이나 실천을 부정하는 것은 아닌지 확인한다.

② '**정보의 출처가 정확한가**?'

정보의 출처를 명확히 밝히고 있는지, 전문적 학술지 혹은 정부나 공신력 있는 기관에서 인정한 내용인지, 충분한 자격을 가진 사람이 발표한 내용인지 확인한다.

③ **연구의 의미가 타당하게 해석되었는가**?

연구결과의 의미가 지나치게 과장되고 확대되지는 않았는지, 인간에게 적용될 수 있는 것인지, 일상적인 식생활에 적용할 수 있는 것인지 확인한다.

④ **홍보 혹은 광고의 목적은 없는가**?

제품의 판매를 위한 선전의 목적이 아닌지, 신문, 잡지 등의 판매를 위한 홍보용은 아닌지, 사람들의 주의를 끌기 위한 것은 아닌지 확인한다.

그 외 공정한 정보, 객관적 정보, 전문성이 있는 정보, 시의적절한 정보, 윤리적인 정보, 공익에 준하는 정보인지도 평가한다.

영양정보 모니터링의 원칙

공정성, 객관성, 전문성, 해설성, 시의성, 윤리성, 공익성, 신뢰성 등 대한영양사협회가 식품영양 언론 모니터링을 위하여 사용한 구체적인 질적 모니터링 도구의 예를 표 15-4에 제시하였다.

표 15-4 식품영양정보의 질적 모니터링 도구의 예

구분	적절성	부적절성
방송매체의 식품영양정보 평가항목	1. 실험 또는 현장조사의 보도로 정보를 정확하게 전달 2. 실생활에 필요한 구체적인 대안을 제시 3. 건강관리에 유익한 정보 전달 4. 과학적인 근거가 있는 정보를 다각도로 전달 5. 알기 쉽게 정보를 전달 6. 전문가의 의견을 제시하여 정확하고 신뢰성 있는 정보 전달 7. 새로운 건강정보를 제공 8. 소비자 선택기준에 유익한 정보 제공 9. 기타	1. 생활에 필요한 구체적인 대안이 없다. 2. 전문용어에 대한 설명이 없다. 3. 주제의 과학적인 근거가 충분하지 않다. 4. 내용이 실제보다 과장되었다. 5. 비교기준을 제대로 설정하지 못하였다. 6. 주제의 전달이 모호하다. 7. 적정 섭취량에 대한 제시가 없다. 8. 장·단점에 대한 설명이 없다. 9. 우리나라 실정에 맞지 않다. 10. 연구보고에 대한 설명이 미흡하다. 11. 과잉, 결핍 등 주의사항에 대한 언급이 없다. 12. 식품영양, 건강 관련 내용을 주제와 다르게 묘사하였다. 13. 전문가의 의견이 없다. 14. 비위생적이다. 15. 식사요법에 대한 언급이 없다. 16. 잘못된 건강 정보를 여과 없이 보도하였다. 17. 특정 상품의 광고로 오인되기 쉽다. 18. 기타

이러한 모니터링 기준에 의거하여 모 방송국의 TV프로그램에 대하여 실시한 모니터링의 예는 다음과 같다.

TV프로그램(무엇이든 물어보세요) 모니터링의 예

내용

비만인 사람 중 75%가 걸렸다는 탄수화물 중독증에 대하여 알아보고, 그 증상과 식생활 개선방안을 분석하였다.

긍정적인 면

① 탄수화물의 과다 섭취에 대하여 보도함으로써 시청자들로 하여금 경각심을 불러일으켰다.

② 탄수화물을 과다 섭취한 주부를 직접 인터뷰함으로써 문제점에 대한 주의를 환기시켰다.

부정적인 면

① 바람직한 탄수화물의 1일 섭취량을 제시하지 않았다. 1,400kcal의 저칼로리 당뇨식에서도 1일 곡류군의 섭취량이 7단위로 밥 2공기가 조금 넘는 데 반해 최소필요량이 1일 밥 2/3공기라고 제시하여 시청자들로 하여금 그 이상을 섭취하면 문제가 될 것처럼 보도하였다.

② 복합탄수화물, 단순당과 같은 전문용어의 설명이 부족하였다.

③ 쌀, 감자, 고구마 등에 함유된 복합탄수화물과 사탕, 아이스크림, 음료수 등에 함유된 단순당의 차이점을 구분하여 설명하지 않았다.

④ 식생활 관련 문제점에 대한 내용을 의사가 설명하였으나 영양전문가를 섭외하는 것이 바람직하였을 것이다.

5. 올바른 영양정보 선별을 위한 소비자교육

최근 건강한 식생활의 중요성에 대한 인식이 확산되고 식품영양정보에 대한 관심이 높아짐에 따라 대중매체의 식품영양정보 제공 빈도와 양 또한 증대되고 있다. 동시에 관련 식품광고의 양 또한 급속히 증가하고 있다. 이와같은 무차별적인 정보의 홍수 속에서 일반인에게 올바른 정보를 선별하여 활용하는 요령을 교육하는 것도 영양정보에 대한 전문가 모니터링 못지않게 중요하다.

전문가가 아닌 일반인이 대중매체 채널을 통해 제공되는 정보가 정확하고 신뢰할 수 있는 것인지 판단하기 위한 요령은 다음과 같다.

1) 정보제공자 확인

정보제공자가 영양전문가인지 정부부처, 학회와 같은 공인된 기관이나 영양사협회와 같은 신뢰성있는 단체인지 확인한다. 특히 상업적인 의도를 가진 정보제공자인지 확인한다. 최근에는 기사를 작성한 기자 실명제를 도입하고 있고 이메일주소 또한 제공하여 독자나 시청자와의 의견교환이나 추가정보 제공도 가능하도록 정보제공자 관련 정보도 공개되고 있다.

2) 정보의 출처 확인

실험이나 현장조사 보도로 정보를 정확히 전달하는지 확인하며, 제공된 정보에 공인된 학회지 게재 등의 과학적인 근거가 있는지 확인한다. 예를 들어 식약청에서 승인되지 않은 건강기능식품의 효능을 과대광고하는지 또는 전문가를 동원하여 특정 식품의 효능을 사례 중심으로 선전하는지 확인한다.

3) 구체적인 정보 내용의 평가

제공되는 정보의 구제적인 내용에 대한 신뢰성, 정확성을 판단하기 위한 기준의 예를 들면 다음과 같다.

- 실생활에 응용할 수 있는 구체적인 대안의 제시
- 섭취해야 할 양의 명확한 제시
- 전문가의 의견 없는 특정인의 경험, 사례 강조
- 과학계의 합의가 이루어지지 않은 연구 결과의 제시
- 특정 상품의 광고
- 결핍이나 과잉섭취의 부작용에 대한 설명의 부재/부족

- 식사요법에 대한 정보의 부재
- 식품을 의약품과 혼동되도록 효능을 과장
- 올바른 정보와 올바르지 못한 정보의 혼용
- 적절한 비교기준(100g, 1회 섭취량 등)의 제시

연구과제

1. TV에서 제공하는 3개의 정보 프로그램을 시청한 후 다음 사항을 평가해 보자(5점 척도법).

평가항목	프로그램 1	프로그램 2	프로그램 3
1. 믿을만한가? 2. 공정한가? 3. 과학적인 근거가 있는가? 4. 영양전문가가 정보를 제공하는가? 5. 특정 업소 혹은 상품을 광고하고 있는가? 6. 공익성이 있는가? 7. 객관적으로 타당한가? 8. 잘 이해가 되는가? 9. 시의적절한 주제인가? 10. 윤리적인가?			

2. 식품광고 한 가지를 보고, 그 광고가 우리에게 미칠 수 있는 긍정적인 영향, 부정적인 영향에 대해 생각해 보자.

CHAPTER

16

인터넷과 영양교육

I. 인터넷 영양교육의 현황

II. 영양정보 사이트의 개발 및 평가

III. 영양정보 사이트

학습 목표

1. 인터넷 영양교육 및 정보제공의 특징, 이점과 문제점을 나열할 수 있다.
2. 영양교육 및 정보제공용 인터넷 콘텐츠 개발과정을 설명할 수 있다.
3. 영양교육용 인터넷 사이트의 개발이나 평가 시 주요 고려사항을 설명할 수 있다.
4. 국내외의 대표적인 영양정보 사이트를 검색할 수 있다.
5. 인터넷 사이트를 활용하여 영양교육을 실행할 수 있다.

I 인터넷 영양교육의 현황

1. 인터넷 이용 현황

정보통신의 발달로 인터넷의 이용이 보편화되었고, 일상생활뿐 아니라 건강 및 영양 분야에서도 인터넷을 이용하고 있다. 인터넷을 이용하면 시간에 구애받지 않고 다양한 정보를 얻을 수 있으므로, 인터넷을 통한 전 국민의 정보습득이 일상화되었다.

국내 인터넷 이용자는 1995년에 36만 6천 명에서 2005년에 3,301만 명, 2022년에 4,724만 명에 이르렀다. 2022년 인터넷 이용실태조사에서 인터넷 이용률은 10~40대에서 높았고, 여자보다 남자의 이용률이 높았다표 16-1. 최근 스마트폰이나 스마트패드를 통한 모바일 인터넷과 동영상 서비스의 이용도 늘고 있다.

표 16-1 국내 인터넷 이용 현황(2022년)

변 수		%
연령	3~9세	91.7
	10대	99.5
	20대	99.8
	30대	99.9
	40대	99.6
	50대	98.6
	60대	94.0
	70세 이상	54.7
성별	남자	94.5
	여자	91.5

자료 : 과학기술정보통신부, 한국지능정보사회연구원, 2023

인터넷은 사용자 측면에서 많은 비용을 들이지 않고 다양한 정보를 제공받을 수 있는 효과적인 매체이다. 책자, 팸플릿, 슬라이드, 라디오, TV 등 기존의 교육매체와 달리 그림, 음향, 동영상 등 다양한 기술을 적용시킬 수 있어 유용한 교육매체가 될 수 있다. 또한 상담창구나 게시판을 통해 양방향 커뮤니케이션이 가능하며, 영양교육 및 정보의 제공뿐 아니라 상남의 역할도 가능한 효율적인 원격교육의 도구가 될 수 있다.

2. 인터넷 영양교육의 특징과 유의사항

1) 인터넷 영양교육의 특징

인터넷의 보급률이 증가하고 교육수준이 높아지면서 인터넷을 이용한 영양정보의 요구도가 급속하게 증가하였다. 인터넷 이용자들의 정보에 대한 요구를 충족시키기 위해서는 이용자들의 문화적·지적 수준과 취향을 고려하여 인터넷 콘텐츠를 제공하여야 한다. 인터넷 영양정보의 특징은 다음과 같다.

(1) 수용자 범위

수용자의 잠재적 범위는 전 세계적이다. 이용자가 적극적으로 접근·수용할 수 있어야 한다.

(2) 전달경로

컴퓨터와 인터넷 기능이 있어야 한다.

(3) 전달방법

정보를 신속하게 전달할 수 있고 양방향 통신이 가능하여 수용자가 전달자역할을 할 수 있다.

(4) 효과

인쇄매체와 전자매체 기능이 모두 가능하며, 전파력이 뛰어나 다수에게 영양정보를 제공할 수 있다.

(5) 정보의 활용

정보의 수집, 보관, 재활용이 가능하며 수용자와 전달자, 수용자와 수용자가 즉각적으로 상담이나 토론을 할 수 있고 수용자의 의견수렴이 가능하다.

(6) 수용자의 자세

인터넷 이용자가 원하는 영양정보를 원하는 시간에 선택하므로 이용자의 적극성이 요구된다.

2) 인터넷을 이용한 영양교육 및 정보 제공의 이점

① 다수의 사람에게 한꺼번에 다량의 정보를 전달할 수 있어서 효율적이다.

② 인터넷을 통한 교육과 자료 제공은 시간, 공간, 거리 등의 제약이 적어 쉽게 정보에 접근할 수 있고 활용 가능성이 높다.

③ 영양전문가 등 제공자의 입장에서는 창의적이고 흥미가 있는 교육자료를 제시할 수 있고, 내용을 비교적 손쉽게 수정·보완할 수 있어 최신 정보를 제공할 수 있다.

④ 인터넷을 이용한 영양교육은 교육대상자의 속도에 맞는 교수방법을 제공할 수 있고

교육대상자의 동기유발이 가능하다.

3) 인터넷 영양정보의 문제점

① 국내에서 건강과 영양 관련 웹사이트가 급증하였다. 그런데 이 중에는 상업성 위주로 제작되어 비과학적이고 신뢰성이 부족하며 광고를 위한 정보 제공 사이트가 상당수 있다.

② 사이트가 특정 대상을 위한 것보다는 불특정 다수를 위해 제작된 경우가 많다.

③ 정보 선택의 광범위함과 다양성 때문에 수용자가 본인에게 맞는 적절한 영양정보를 선택하기 어려운 점이 있다.

④ 단순한 정보 제공은 지식을 증가시킬 수는 있으나 행동변화까지 유발하기는 어렵다.

4) 인터넷 영양정보 제공 시 유의사항 및 방향

(1) 주 이용자 계층, 요구도를 고려하여 정보 개발

주 이용자 계층이 불특정 다수인지, 특정 계층인지를 고려하여 정보를 개발·제공한다. 가능하면 주 이용자층(예: 어린이, 성인, 노인, 환자)을 명확히 하고 이들의 요구도·취향 등을 고려하여 정보를 구체적·효과적으로 전달할 수 있게 구성한다. 영양교육 및 정보 제공 콘텐츠는 대상을 연령별·성별·질병별로 특화하여 개발하는 것이 바람직하다.

(2) 타당성·신뢰성 있는 자료 제공

과학적 근거가 있는 자료, 신뢰성 있는 정보를 제시하고 정보의 출처를 명확히 한다. 이를 위해서는 신뢰성 있는 기관이나 학교, 영양전문가가 정보를 개발해야 하며, 올바른 영양교육 콘텐츠를 제공할 수 있도록 연구·지원이 활성화되어야 한다.

(3) 주기적으로 자료를 업데이트·개발

인터넷의 영양정보를 주기적으로 갱신하고 개발해야 한다. 예를 들면 영양교육의 지침이 되는 영양권장량(한국영양학회, 2000)은 한국인 영양소 섭취기준(보건복지부·한국영양학회 2015, 2020)으로 바뀌었고 이에 따라 식사구성안의 내용도 달라졌다. 비만판정기준 등도 시대에 따라서 조금씩 달라지고 있다. 인터넷 영양정보는 이런 변화된 내용이나 최신의 새로운 정보를 반영하여 주기적으로 업데이트 해야 한다.

(4) 상호작용이 가능하게 구성

일방적인 정보 제공보다는 영양상담이 가능하도록 정보 제공자와 수용자 사이에 상호 의견교환이 가능하게 구성한다. 이는 토론이나 Q&A, 상담코너 등을 이용하면 된다.

(5) 흥미도 · 접근성 고려

인터넷 영양정보를 쉽게 찾을 수 있게 접근성이 좋아야 하며, 인터넷 영양정보가 지루하지 않고 재미있고 유용하며 흥미롭게 구성되어야 한다. 또한 이용자의 참여를 유도하는 부분으로 식습관 평가, 비만도 평가, 게임, 퀴즈 등을 활용하면 이용자들이 흥미롭게 이용할 수 있으며 교육효과도 높아진다.

(6) 이용자 교육

이용자에 대한 소비자 교육도 요구된다. 즉 이용자가 영양정보를 이용할 때에는 신뢰성과 타당성이 있는 자료를 이용할 수 있어야 한다. 그러나 모든 인터넷 사이트가 신뢰할 수 있는 사이트가 아니므로, 소비자가 신뢰할 수 있는 정보를 선별해 낼 수 있는 소비자 교육도 필요하다. 정보제공자가 영양전문가인지, 신뢰성이 있는 기관인지, 공인기관의 추천을 받은 사이트인지, 비상업적인 사이트인지 확인한 후 정보를 이용할 수 있도록 하는 소비자 교육이 필요하다.

II 영양정보 사이트의 개발 및 평가

1. 영양정보 제공용 인터넷 콘텐츠 개발 과정

영양교육이나 정보 제공용 인터넷 콘텐츠를 개발하는 과정은 다음과 같다그림 16-1.

1) 이용대상자의 영양문제 및 영양정보 요구도 파악

영양교육이나 영양정보 제공용 인터넷 콘텐츠를 개발할 때 우선 대상자의 영양문제나 영양정보 요구도를 파악하여야 한다. 우선 영양교육 주제에 따라 주이용자, 대상자가 누

단계	내용
주 이용자 계층의 영양문제 고찰, 영양정보 요구도 분석	• 주 이용자 계층(예: 어린이, 청소년, 성인, 노인 등)의 대상별 영양문제, 식습관 특성 파악 • 대상별 집단의 인터넷 이용 정도, 식품영양정보 급원 파악 • 영양정보 이용 목적, 만족도, 원하는 영양정보의 주제, 내용 • 현존하는 영양 관련 웹사이트의 개선점 • 사이트 개발 시 고려사항
영양정보 구성	• 대상별 영양정보의 주제, 프레임 구성 • 대상자의 관심과 흥미를 끌도록 영양정보 구성 • 문헌, 요구도 분석에 근거한 대상별 영양정 보의 초안 작성 • 대상별 효과적인 영양교육 내용 및 정보전달 방법 탐색
웹사이트 콘텐츠 개발	• 영양정보 콘텐츠의 수정 · 보완 • 웹시스템 개발 : 웹전문가를 활용하여 아이콘, 애니메이션 제작 주 이용자 계층의 이해도, 수준, 취향 반영 • 웹시스템 시범 운영 및 보완
웹사이트의 운영 및 관리	• 웹사이트 및 홈페이지 활용을 위한 홍보 • 웹사이트의 운영 및 관리

그림 16-1 영양정보 콘텐츠 개발과정

자료 : 윤은영. 영양교육용 콘텐츠의 개발과 활용, 2005

구인지 명확히 하고, 이들의 영양문제를 문헌고찰이나 설문조사로 파악한다. 또한 내성 집단에서 원하는 영양정보의 주제나 내용, 방법 등을 조사하여 콘텐츠를 개발할 때 반영한다.

2) 영양정보 구성

제공하려는 콘텐츠의 주제, 소주제를 정하는 등 전반적인 개요를 구성한다. 이에 따라 영양정보 콘텐츠의 초안을 작성하고, 수차례에 걸쳐 수정·보완한다. 이때 내용이 대상자의 수준에 맞는지, 이해하기 쉬운 용어와 문장으로 구성되었는지, 실제로 활용 가능한 정보인지 등을 고려한다. 문장은 가능한 한 짧게 구성하여 이해도를 높인다.

3) 웹사이트 콘텐츠 개발 및 보완

내용이 완성된 후 이에 맞는 그림, 사진 등을 제작·개발하여 삽입한다. 이때 웹시스템 개발자가 참여하게 되며, 주 이용자 계층의 취향이나 수준을 반영하여 이들이 호감과 흥미를 갖고 이용할 수 있게 제작한다. 이때에도 작성한 내용을 수차례 검토하여 내용이나 표현이 제대로 되었는지, 그림이나 사진이 내용과 맞는지, 전체적인 분위기나 기술적 질은 어떠한지 등을 파악한다.

4) 웹사이트의 홍보·운영 및 관리

웹사이트가 완성된 후에는 주 이용자 계층이 이를 실제로 활용하도록 홍보한다. 또한 웹사이트를 지속적으로 관리·유지하고 내용을 최신 정보에 맞게 업데이트해야 한다.

2. 인터넷 영양정보 사이트의 평가

인터넷 사이트를 개발할 때, 또는 현존하는 사이트를 평가할 때 다음 사항을 고려한다 표 16-2. 내용면에서는 정보의 정확성, 신뢰성, 이해도, 양의 충분성 및 적합성을 알아본다. 이외에 그림, 사진 등이 내용에 적합한지, 디자인이나 기술적 질이 양호한지 평가한다. 또한 사이트에 쉽게 접속할 수 있는지, 쉽게 찾아 들어갈 수 있는지 등도 고려할 요소이다. 그리고 전반적인 완성도는 어떠한지, 제공된 정보가 영양지식의 증가나 실생활에서의 활용도에 기여하는지 등도 평가한다.

표 16-2 인터넷 영양정보 사이트 평가

항목	매우 부족	부족	보통	양호	매우 양호
1. 대상자 수준에 맞는가?					
2. 내용이 정확한가?					
3. 내용의 양이 적합한가?					
4. 최신 정보인가?					
5. 내용이 이해하기 쉬운가?					
6. 그림, 사진이 내용에 적합한가?					

(계속)

항목	매우 부족	부족	보통	양호	매우 양호
7. 그림, 사진이 내용의 이해를 돕는가?					
8. 화면 구성(글씨체, 크기, 레이아웃 등)이 적절한가?					
9. 디자인이 흥미롭고 관심을 끄는가?					
10. 기술적 질(완성도, 속도, 연결 등)이 양호한가?					
11. 사이트와 각 내용을 찾아 들어가기 쉬운가?					
12. 영양지식의 향상에 도움이 되는가?					
13. 실제로 도움(활용도 등)이 되는 정보인가?					
14. 전체적으로 완성도가 있는가?					

III 영양정보 사이트

인터넷은 월드와이드웹을 통해 세계 각국에서 제공되는 정보를 가장 빨리 받아볼 수 있으며, 인터넷과 관련 지원 프로그램만 갖추면 시공간의 제약 없이 이용할 수 있다는 점에서 유용한 매체라고 할 수 있다. 인터넷에는 국내·외에서 제공하는 많은 영양정보가 있다. 이 중에서 유용한 정보를 제공하는 사이트를 소개하면 다음과 같다.

1. 국내의 영양정보 제공 사이트

1) 국내 기관과 학회 사이트

국내의 여러 사이트에서 영양정보를 제공하며 정부기관이나 학회를 중심으로 다양하게 영양정보를 제공하고 있다. 현재 보건복지부, 식품의약품안전처 등 정부기관, 대한지역사회영양학회 식생활정보센터, 한국영양학회, 대한영양사협회 등 여러 단체에서 영양정보를 제공하고 있다.

(1) 보건복지부 (https://www.mohw.go.kr)

보건복지부의 홈페이지이며 국민의 건강과 복지에 관한 정보, 통계, 정책, 법 등의 내용을 다양하게 수록하고 있다. 또한 임신부와 출산부, 영유아, 아동과 청소년, 성인, 노인 등 생애주기별 대상자를 위한 복지, 활동, 정책 등을 소개한다. 또한 보건복지부에서 발행하는 자료, 연구보고서 외에 보건복지 관련 통계 등의 자료도 검색할 수 있다.

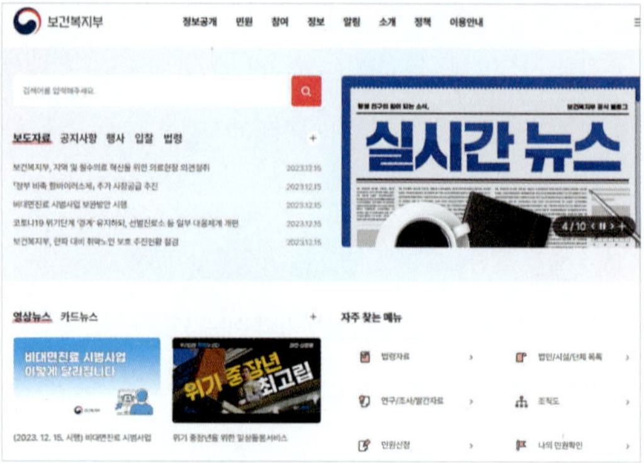

(2) 식품의약품안전처 (https://www.mfds.go.kr)

식품안전나라https://www.foodsafetykorea.go.kr에서는 식품·안전, 위해·예방, 건강·영양, 전문정보 등의 정보를 제공하며 교육홍보자료실을 통해 교육자료, 홍보자료, 영상자료 등을 제공하고 있다. 이 중 건강·영양에서는 건강·영양정보, 어린이·청소년 식생활 안전관리, 나트륨·당류 줄이기, 영양표시정보 등에 관한 자료가 수록되어 있다. 건강·영양정보에서는 생애주기별 정보, 식품영양성분 DB, 영양상담 프로그램 등의 자료를, 어린이·청소년 식생활 안전관리에는 고열량·저영양식품, 우리학교 급식식단 등의 자료를 제공한다. 나트륨·당류 줄이기에서는 나트륨과 당 정보, 나트륨이나 당류를 줄인

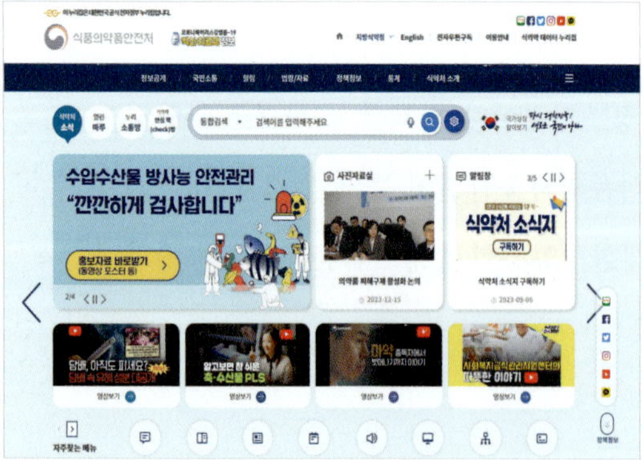

조리법, 미각 판정도구를 제시하고, 영양표시정보에는 가공식품, 조리식품의 영양표시에 관한 정보와 함께 교육·홍보자료, 동영상 자료를 통해 전문적이면서 흥미롭게 구성된 영양정보를 제공한다. 또한 영양·식생활 진단, 영양지수 등 이용자가 직접 해 볼 수 있는 부분도 구성되어 있다. 이외에 식품안전나라에는 식품안전, 건강기능식품, 식중독정보 등 식품안전에 관한 정보가 다양하게 수록되어 있다.

(3) 한국건강증진개발원 (https://www.khealth.or.kr)

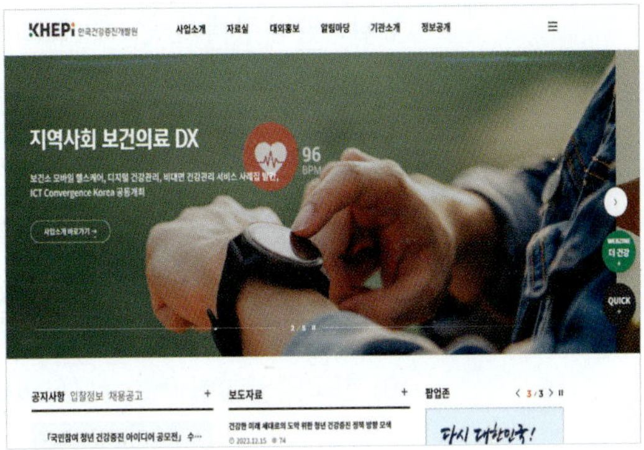

한국건강증진개발원에서는 지역사회통합건강증진사업, 영양관리사업, 보건소 모바일헬스케어사업 등 다양한 지역사회 중심의 사업을 소개하고, 자료실을 통해 건강증진관련 연구사업보고서와 지침·교육자료 등을 제공한다. 영양플러스 사업 등 영양분야 사업의 안내와 교육시 활용할 수 있는 자료 등을 탐색할 수 있다.

(4) 한국보건산업진흥원 (https://www.khidi.or.kr)

한국보건산업진흥원에서는 건강위험도 평가 도구인 D-HRADiet related-Health Risk Appraisal를 개발하였다. 이를 이용하여 식습관 평가를 통한 만성질환의 위험을 평가할 수 있고 식습관 수정과 영양관리에 관한 정보를 제공받을 수 있다. D HRA는 심혈관계 대사 질환(고혈압, 고지혈증, 당뇨병, 비만과 복부비만), 골다공증의 위험도를 평가하는 도구

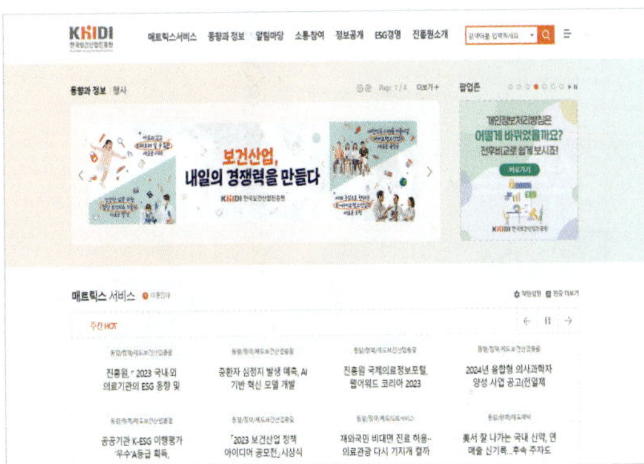

이며 이에 따라 맞춤형 영양관리 정보가 제공되고 식생활관리 도구로 활용될 수 있다.

(5) 대한지역사회영양학회 식생활정보센터 (https://www.dietnet.or.kr)

영양정보는 영양소 이야기, 식생활진단, 질병과 식사관리, 체중관리, 우리 가족의 영양, 식탁의 안전, 즐거운 요리, 세계의 음식문화, 영양상담, 영양정책 등을 주제로 구성되어 있다. 영양과 식생활에 대한 전반적인 내용을 광범위하고 구체적으로 다루고 있으며 식습관 측정, 식생활진단도 가능하다. 특히 영양상담이 가능한 창을 만들어 영양전문가가 영양상담을 실시한다.

(6) 한국영양학회 (https://www.kns.or.kr)

한국영양학회의 활동, 소식 등을 소개하고 한국인 영양소 섭취기준 및 관련 자료, 발간된 학회지 등 정보를 제공하고 있다. 영양정보위원회에서는 식품 및 음식의 영양소 함량 데이터베이스를 구축, 영양평가 프로그램인 CAN 프로그램 제작 등을 담당한다.

(7) 대한영양사협회 (https://www.dietitian.or.kr)

영양사 관련 정보뿐만 아니라, 식품영양정보 및 식사요법, 식습관 및 비만도 평가 프로그램 제공, 질환별 원인 및 증상에 따른 영양관리의 원

칙과 식단이 소개되어 있고, 생애주기별 영양정보도 제공하고 있다.

2) 보건소 및 공공기관 사이트

보건소, 지역기관 및 교육청 등에서 제공하는 영양정보 제공 사이트 중 일부 예는 다음과 같다.

(1) 강동구 보건소 (https://health.gangdong.go.kr)

다양한 건강프로그램을 제공하고 식생활정보센터, 어린이 건강동산을 운영하고 있다. 어린이, 청소년, 성인, 노인 등 생애주기별 영양교육 프로그램을 제공하고, 어린이 건강동산에서는 영양과 비만, 개인위생, 흡연과 음주 예방 등을 주제로 체험교육을 하며 웹사이트에 이에 관한 내용을 수록하고 있다.

(2) 어린이·사회복지급식관리지원센터 (https://dietary4u.mfds.go.kr)

어린이·사회복지급식관리지원센터의 홈페이지로 식품의약품안전처 식생활영양안전정책과에서 운영한다. 어린이급식관리지원센터, 사회복지급식관리지원센터의 주요 사업과 지원 내용에 관해 소개하며, 정보마당에는 법령과 정책자료, 홍보자료 등이 있어서 각 센터나 어린이집 등 기관에서 활용할 수 있다. 전국에 설치된 어린이급식관리지원센터, 사회복지관리지원센터에는 각 센터의 홈페이지를 통해 정보를 제공한다.

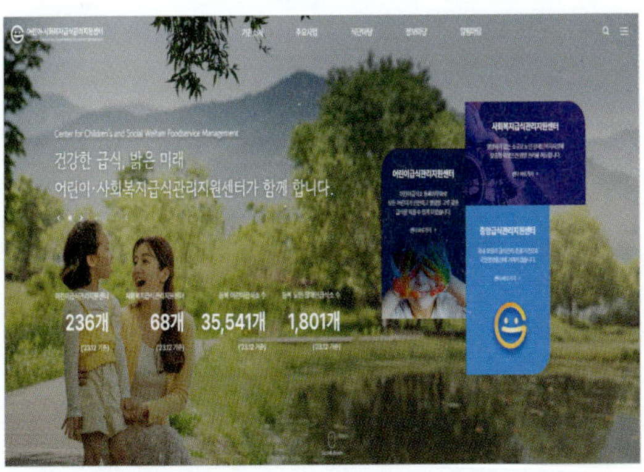

(3) 서울특별시 식생활종합지원센터 (https://seoulnutri.co.kr)

서울특별시 식생활종합지원센터의 사이트로 서울시나 본 센터에서 수행하는 식생활·영양정책과 사업에 관해 소개한다 그리고 어린이, 청소년, 노인 등 대상별 식생활정보와 식단, 식사요법, 영양소, 식품안전 등 식생활관련 정보를 제공한다. 또한 서울시나 본 센터, 식생활교육 관련 기관에서 실시하는 식생활교육과 행사 등 정보를 알려주며, 온라인 영양상담 게시판을 운영한다.

(4) 서울특별시교육청 학교보건진흥원 (https://bogun.sen.go.kr)

학교보건진흥원은 학교보건, 학교환경, 급식위생, 영양·식생활, 산업안전보건 등 정보를 제공한다. 이 중 급식위생 섹션에는 위생안전관리, 식재료 구매 지원과 관리, 학교급식시설 위생컨설팅, 자료실 등을, 영양·식생활 섹션에서는 영양식생활교육 및 지원, 음식물쓰레기 줄이기 지원 등의 내용을 수록하고 바른식생활학습장 교육을 제공한다. 또한 서울학교급식포털 사이트https://food.sen.go.kr를 운영하여 영양적, 위생적이고 안전한 급식을 위한 정보 및 영양·식생활교육의 자료를 제공하고 있다.

2. 국외의 영양정보 제공 사이트

1) 미국 DHHS(https://www.hhs.gov)

미국 DHHS 부서의 홈페이지로 보건 관련 정보, 질병의 원인, 예방에 관한 영양정보를 다양하게 수록하고 있다. 산하기관으로 FDA, NIH 등이 있으며, NIHhttps://www.nih.gov, NCIhttps://www.cancer.gov 등에서 관련 영양정보를 제공한다.

2) 미국 FDA (https://www.fda.gov)

FDA는 소비자, 환자, 건강전문가, 사업체 등 여러 대상을 위한 다양한 정보를 제공하고 있다. 또한 FDA에서 규제하는 식품, 의약품, 백신, 화장품 등에 관련된 정보를 제공한다. 영양정보는 영양과 영양보충제, 유아용 식품, 조제분유 등 소비자가 관심을 갖는 정보를 일반인이 이해할 수 있는 수준으로 제공하고 있다. 식품안전 및 응용영양센터Center for Food Safety and Applied Nutrition에서는 영양표시에 관한 정보, 교육자료를 수록하고 있다.

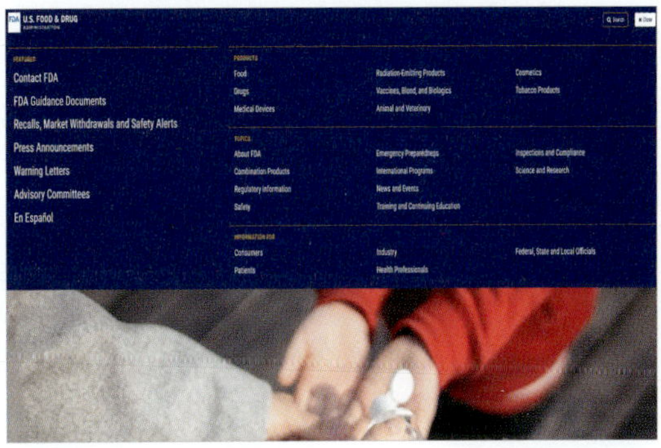

3) 미국 USDA (https://www.usda.gov)

미국 농무부의 홈페이지이며 농업, 식품과 영양, 건강과 안전, 연구 등의 내용을 포함하고 있으며, 각 산하기관의 업무 및 프로그램을 소개하고 있다. 식품과 영양 관련 정보는 어린이영양 프로그램, 보충영양지원 프로그램, 식사지침, 식품영양 관련 자료 등이 수록되어 있다.

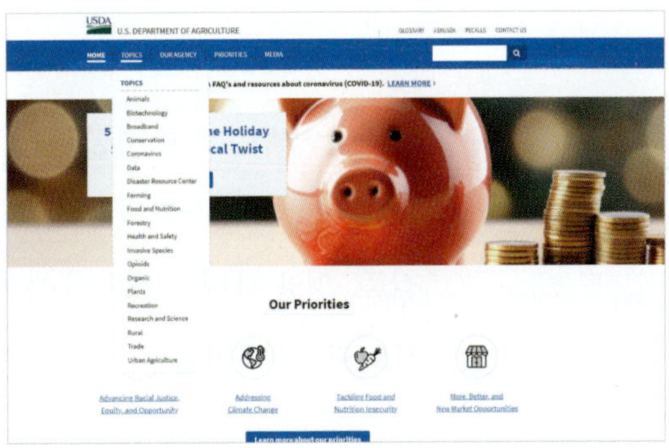

4) 미국 USDA 식품영양서비스국 (https://www.fns.usda.gov)

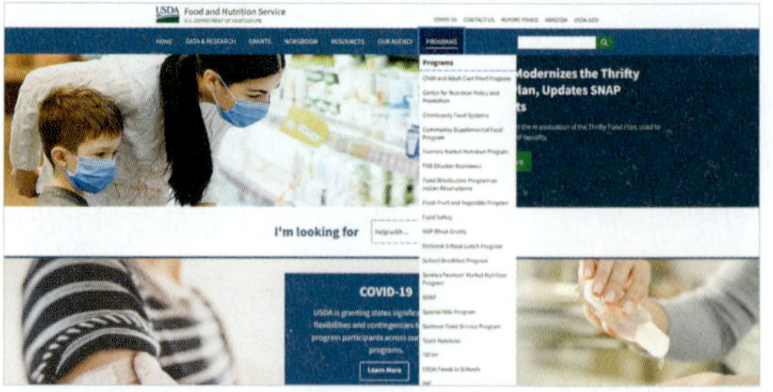

USDA의 식품영양서비스국의 영양지원 프로그램으로 SNAP Supplemental Nutrition Assistance 프로그램, WIC Women, Infants, and Children 프로그램, 학교급식 프로그램, 여름방학 식사지원 프로그램과 그 외 식사지원 프로그램 및 식품분배 등이 있으며 이의 내용을 수록하고 있다. 또한 국가 차원의 영양교육 프로그램을 소개하고, 관련 교육자료를 다양하게 수록하여 학생, 교사, 학부모, 급식 담당자가 많이 이용하고 있다.

5) 미국 USDA 식품영양정보센터 (https://www.nal.usda.gov/programs/fnic)

USDA 내 식품영양정보센터 홈페이지에는 건강, 영양, 식품, 미국인을 위한 식사지침, 식품성분 데이터베이스 등의 정보를 제공하고 있다. 전문가와 일반인을 위해 생애주기별·주제별 영양정보, 비만과 식사 평가, 식품 안전, 식품영양 안정성 등 식품 및 영양정보를 다양하게 제공한다.

6) 미국 USDA 제공 웹사이트 (https://www.nutrition.gov)

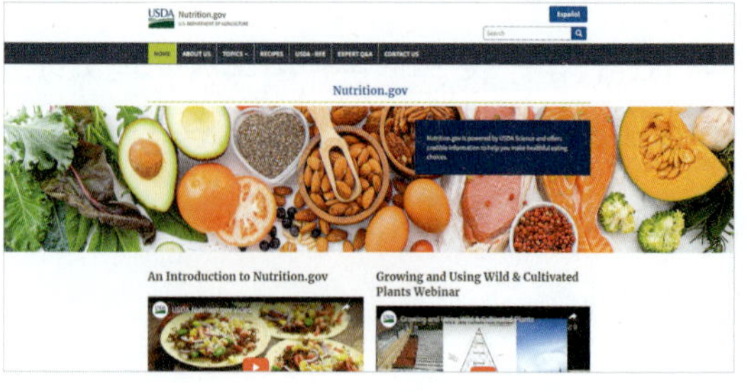

미국 농무부에서 제공하는 웹사이트로 미국의 정부기관에서 제공하는 식품, 영양 관련 정보를 수록한 사이트이다. 검색어를 입력하여 원하는 식품과 영양 관련 정보를 탐색할 수 있다.

7) 일본 후생노동성 (https://www.mhlw.go.jp)

일본 후생노동성의 홈페이지로 각 부서별 소개, 통계 및 데이터베이스, 건강 및 복지 관련 보고서 등을 제공하고 있다.

이 외에 다음의 사이트를 참고할 수 있다.

- https://www.fao.org : 세계식량기구FAO, Food and Agriculture Organization of the United Nations
- https://www.who.int : 세계보건기구WHO, World Health Organization의 홈페이지로 건강 관련 정보 제공
- https://wicworks.fns.usda.gov : 미국 농무부에서 제공하는 WIC 자료 센터
- https://www.dole.com : 미국 돌푸드Dole Food사 어린이 영양교육용 사이트
- https://www.usdairy.com : 미국낙농협회National Dairy Council의 웹사이트이며 보건전문가, 어린이 등을 위한 낙농제품 관련 정보, 레시피 등 제공
- https://siteman.wustl.edu/prevention : 암, 당뇨병, 심장병, 골다공증, 중풍 등 질환의 위험도 평가 사이트. 또한 맞춤형 정보, 건전한 생활습관을 통한 예방 정보 제공

연구과제

1. 다음 주제로 유용한 영양교육 사이트를 찾아보자. 각 사이트는 주로 어떤 내용으로 구성되어 있는지, 특성은 무엇인지 살펴보자.
   1) 어린이 영양교육
   2) 임신부 영양교육
   3) 고혈압 영양교육

   ※네이버, 구글 등 검색엔진을 이용하여 검색어로 영양정보 사이트를 찾아본다. 신뢰성 있는 정보를 찾기 위해 자료 제공처가 정부기관, 학교 등 신뢰할 만한 기관인지 확인한다. 외국의 정부기관, 대학 등의 자료도 검색해 본다.

2. 인터넷으로 A4 용지 3쪽 분량의 영양교육용 정보를 제공한다고 할 때 어떻게 구성할 것인지 다음 단계에 따라 생각해 보자.
   1) 이용자
   2) 영양정보의 주제
   3) 소제목 및 세부내용 구성
   4) 이에 맞는 그림, 사진 삽입
   5) 평가

항목	매우 부족	부족	보통	양호	매우 양호
대상자 수준에 맞는가?					
내용이 정확한가?					
내용의 양이 적합한가?					
그림, 사진이 내용의 이해를 돕는가?					
관심을 끌고 흥미로운가?					
실제로 도움이 되는 정보인가?					

참고문헌

가임여성과 아동의 중점연구과제팀. 가임여성과 아동의 영양개선 및 건강증진 연구, 2002.

강지현·유병연. 목둘레와 심혈관계 위험인자와의 연관성. **대한비만학회지** 12(2): 137-145, 2003.

강지현·유병연·서희선·심경원. 단순 비만 지표로서의 목둘레의 분별점. **대한비만학회지** 11(2): 142-149, 2002.

건강보험심사평가원. 2022년 진료비통계지표(진료일 기준). 2023.

과학기술정보통신부, 한국지능정보사회진흥원. 2022 인터넷이용실태조사, 2023.

곽동경·조유선·이혜상. 탁아기관 급식관계자 대상 위생교육 효과평가. **한국식생활문화학회지** 9(3): 251, 1994.

교육부. 초·중등학교 교육과정: 국민 공통 기본 교육과정. 교육부 고시 별책, 2015.

교육부. 초·중등학교 교육과정 총론. 교육부 고시 별책 10, 실과(기술·가정 교육과정), 2015.

교육부·보건복지부. 2019개정 누리과정 해설서, 2019.

구재옥. **건강증진을 위한 보건소 영양사업의 모델 개발**. 한국방송통신대학교, 2000.

구재옥·박혜련·손숙미. **지역사회영양학**. 한국방송통신대학교 출판부, 2005.

구재옥. **학동기아동을 위한 영양교육프로그램 및 매체개발**. 보건복지부, 2000.

국민건강보험심사평가원. 진료비 통계지표. 2015, 2019.

권성옥·오세영. 가임여성에서 식행동변화단계에 따른 식생활 요인 분석. **한국영양학회지** 36(7): 759-768, 2003.

김경원. Development of nutrition education materials to prevent age-related diseases for older Korean adults, 3rd. International Symposium on 'Nutritional management for the elderly' 자료집, 서울대학교 호암컨벤션센터, 2004.

김경원·안윤·김형미. 대전 일부지역 대학생의 패스트푸드 이용 및 이와 관련된 요인. **대한지역사회영양학회지** 9(1): 47-57, 2004.

김경원·이연경·이송미·허은실·손숙미·이경혜. **영양교육 및 상담의 실제**, 제4편. 라이프사이언스,

2021.

김영옥. 대국민 영양교육 전략. **대한지역사회영양학회지** 5(2S): 368-375, 2000.

김영임 · 이시백 · 정연강 · 이규성. **보건교육**. 한국방송통신대학교, 1994.

김영진. **상담 이론**. 교육과학사, 2003

김영혜. 영양상담전략. 대한지역사회영양학회 춘계학술대회지, 1997.

김은경 · 남혜원 · 박영심 · 명춘옥 · 이기완. **생활주기 영양학**. 신광출판사, 2001.

김종석 · 김언주 · 백운현 현역. **교수-학습이론과 실제**. 도서출판 성원사, 1992.

김지은 · 박동연, 계획적 행동이론에 의한 초임여성의 모유수유 실천의도 예측에 관한 연구. **대한지역사회영양학회지** 6(3): 331-339, 2001.

김진창 외 10인. **수업길라잡이-초등학교 교과별 수업설계**. 학문출판, 2001.

김현오 외 4인. **영양교육 및 실습**. 광문각, 2003.

김형태. **21세기를 위한 상담의 주요이론과 실제**. 동문사, 2005.

김혜련. 영양정책의 과제와 발전방향에 관한 고찰. **보건사회연구** 14권 1호, 1998

김혜련 · 박혜련 · 이성국 · 이경혜 · 황명희. **보건소 중심 지역 영양서비스 제공 및 연계방안**. 한국보건사회연구원, 2001.

김화중 외 11인. **보건교육의 이론과 실제**. 수문사, 1994.

김효정 · 김미라. 식품위생에 대한 소비자의 인식도 및 정보요구도에 관한 연구(1): 잔류농약을 중심으로. **대한가정학회지** 41(1): 15-26, 2003.

김효정 · 김미라. 식품위생에 대한 소비자의 인식도 및 정보요구도에 관한 연구(2): 식중독을 중심으로. **대한가정학회지** 41(10): 117-128, 2003.

김효정 · 김미라. 식품첨가물에 대한 소비자의 태도. **동아시아식생활학회지** 15(1): 126-135, 2005.

김효정 · 김미라. 유전자재조합 식품에 대한 소비자의 인식도 및 정보탐색행동. **대한가정학회** 40(4): 73-84, 2002.

나미용 · 김원경 · 조영연 · 이영희 · 박경수 · 김성연 · 이홍규. 피교육자의 특성에 따른 식사요법에 관한 평가. 대한당뇨병학회 춘계학술대회 초록집, 1994.

남경자 · 최정수 · 김채정 · 계훈방. 한국인의 보건의식형태: 1995년도 국민건강 및 보건의식행태조사. 한국보건사회연구원, 1995.

대한영양사협회. **보건소 영양개선사업 홍보자료집**. 2004

대한영양사협회. **지역사회영양사업 사례집**. 2003.

대한영양사회. 근로자 건강증진과 바람직한 영양 서비스 교육. 대한지역사회영양학회 심포지엄 초록집, 1996.

대한영양사회. 지역사회 영양사업 지도서: 보건소 영양사업을 중심으로. 1998.

대한지역사회영양학회. WIC 영양상담 지침서 개발 및 영양교육 평가도구 개발 연구팀. WIC 영양상담 지침서 개발 및 영양교육 평가도구 개발 워크샵 자료집, 2006. 11.

덕성여자대학교 부속유치원. **유아영양과 요리활동**. 창지사, 1997.

라이저, R. A,. 딕 W 원저, 양영선 옮김. **교사를 위한 체제적 설계**. 교육과학사, 2002.

모수미 · 구재옥 · 박영숙 · 손숙미 · 서정숙 · 임경숙. **지역사회영양학**(4판). 교문사, 2017.

문옥인. 초등학교 식생활 교실 운영. **국민영양** 98(4): 40-45, 1998.

문현경 · 박송이 · 백희영. 영양상태에 따른 학령 전 아동의 건강 및 식생활 요인 평가. **한국식품영양과학회지** 28(3): 722-731, 1999.

박경애. **상담의 주요이론과 실제**. 교육아카데미, 2005.

박동연. 사회적지지가 당뇨환자의 식사요법 실천에 미치는 영향. **한국가정과학회지** 4(1): 108-120, 2001.

박성희. **상담의 실제**. 학지사, 2003.

박세윤 · 양윤정 · 김유리. U-헬스 케어(Ubiquitous Healthcare) 서비스를 이용한 영양교육이 직장 남성근로자의 대사증후군에 미치는 영향. **한국영양학회지** 44(3): 231-242, 2011.

박영숙 · 이정원 · 서정숙 · 이보경 · 이혜상. **영양교육과 상담**(제2개정판.) 교문사, 2006.

박인학. **교사를 위한 교수-학습방법론**. 현문사, 1995.

박혜련. 우리나라 영양정책 어디까지왔나?. 대한지역사회영양학회 심포지엄 자료집, 2003.

박혜련 · 권지영 · 조경자. 보건영양사업의 현황과 전망 II. 시범보건소 영양사업 지역 주민의 보건영양사업에 대한 인식 및 요구조사. **대한영양사회 학술지** 5(1): 54-63, 1999.

박혜련 · 김혜련. 보건영양사업의 현황과 전망. **대한영양사회 학술지** 4(2): 254-262, 1998.

박혜련 · 임영숙. 이유기의 이유식 섭식방법이 학령 전 아동의 식습관 기호 및 철분 영양상태에 미치는 영향. **한국영양학회지** 32(3): 259-267, 1999.

방송통신위원회 · 한국인터넷진흥원. 2012년 인터넷이용실태조사, 2012.

백희영 · 김초일 · 문현경 · 윤진숙 · 정효지 · 심재은 · 정현주(2008). 한국 성인을 위한 식생활목표와 식생활지침. **한국영양학회지** 41(8): 887-899, 2008.

변영계 · 이상수. **수업설계**. 학지사, 2003.

보건복지부. 1998 국민건강영양조사 보고서, 2000.

보건복지부. 2019 국민건강영양조사: 영양조사I, 2020.

보건복지부. 건강생활 실천을 위한 초등학생영양교육지침서, 1999.

보건복지부. 국민 만성 질환 예방관리를 위한 식생활지침 개발, 2003.

보건복지부. 국민건강영양조사, 2005, 2020.

보건복지부. 보건소 영양사업의 활성화 방안. **보건복지포럼** 제20호, 한국보건사회연구원, 1996.

보건복지부. 육아종합지원센터. 제4차 어린이집 표준보육과정. 2019.

보건복지부. 영·유아 보육시설의 영양관리 시범사업 결과 보고서.

보건복지부. 영·유아 보육시설의 영양관리, 1999.

보건복지부. 제2차 국민건강증진종합계획: 2017-2021, 2017.

보건복지부. 학동기 아동을 위한 영양교육 프로그램 및 매체개발, 2000.

보건복지부. 한국인 영양소 섭취기준, 2015.

보건복지부·농림축산식품부·식품의약품안전처. 국민 공통 식생활지침, 2016.

보건복지부·농림축산식품부·식품의약품안전처. 보도자료: 건강한 식생활을 실천해요! 정부, 「한국인을 위한 식생활지침」 발표[4.14], 2021.

보건복지부·보건산업진흥원. 성인을 위한 식생활 지침, 2008.

보건복지부·보건산업진흥원. 어르신을 위한 식생활 실천지침, 2003.

보건복지부·보건산업진흥원. 청소년을 위한 식생활 지침, 2008.

보건복지부·질병관리청, 2020 국민건강통계: 국민건강영양조사 제8기 2차년도, 2021.

보건복지부·한국건강증진개발원. 제차 국민건강증진종합계획(Health Plan 2030, 2021~2030) 개정판. 한국건강증진개발원, 2022.

보건복지부·한국영양학회. 2020 한국인 영양소 섭취기준, 2020.

보건복지부·한국영양학회. 2020 한국인 영양소 섭취기준 활용연구, 2021

보건산업진흥원. 국민 만성 질환 예방관리를 위한 식생활지침 개발(2차년도 : 영·유아, 임신·수유부, 어린이, 청소년) 정책. **의료** 66, 2003.

보건산업진흥원. 생애주기별 식생활지침, 2002.

서울특별시. 2011 서울특별시 대사증후군 관리사업 안내서, 2011.

서정숙·윤은영·김경원·배현주. 홈페이지를 이용한 영양교육 및 영양정보전달체계 마련 연구. 식품의약품안전처 용역연구개발사업 결과보고서, 2004.

서정숙·이보경·이혜상·이수경·이윤나·정상진·김원경. **현장 중심의 영양교육과 상담**. 교문사,

2021.

성미경 · 승정자 · 류화춘 · 박재년 · 박동연 · 최미경 · 조경옥 · 최선혜 · 이윤신 · 김유경 · 이은주. 저체중 또는 과체중 청소년에서 캠프 프로그램을 이용한 영양교육효과에 관한 연구. **대한지역사회영양학회지** 8(4): 504-511, 2003.

신상옥 · 이수희 편저. **가정과 수업**. 신광출판사, 1997.

신은미 · 김경원. 대전지역 여대생의 유제품 섭취와 관련된 사회심리적 요인. **대한지역사회영양학회지**, 8(6): 867-875, 2003.

양일선 · 김혜영 · 이해영 · 강여화. 중 · 고등학생 대상 영양교육 프로그램 효과평가. **한국영양학회지** 37(7): 576-584, 2004.

오대규. 국민 영양개선사업의 현황과 향후 시책 방향. 대한지역사회영양학회 추계학술대회 초록집, 1997.

오세영 · 김경아 · 유혜은 · 정해랑. 행동이론에 근거한 가임여성 대상 영양교육 프로그램 개발. **대한지역사회영양학회지** 9(6): 725-733, 2004.

우미경 · 제갈성아 · 김성애. 중년 남성의 직장 내 영양교육 프로그램 개발 및 효과평가. **한국영양학회지** 3(2): 261-272, 1998.

윤은영(2005). 영양교육용 콘텐츠의 개발과 활용. 2005년도 영양취약집단의 영양교육용 컨텐츠 개발 세미나 자료집, pp. 22-35

이강자 · 이윤희. 식품영양표시 제도에 내한 소비자 인식 및 이용실태, 2004

이경혜 · 허은실 · 우태정. 초등학교 고학년의 올바른 식생활 교육을 위한 활동중심의 영양교육 교재 및 영양교사용 지침서 개발. **대한영양사협회 학술지** 11(2): 205-215, 2005

이경희 · 박도영 · 이인영 · 홍주영 · 최병찬 · 배상수. 영등포구 보육시설의 급식 및 영양교육실태조사, 2001.

이기완 · 이영미. 유아들의 간식 · 중식식단계획. 사단법인 한국어린이육영회, 1997.

이영미. 미취학 아동의 영양문제와 식사관리. **국민영양** 7~8, 1999.

이영미. 미취학 아동의 영양섭취실태와 식생활 행동지도. **국민영양** 6, 1999.

이영미. 사업체 영양교육 프로그램 분석. 전국영양사학술대회자료집, 2001.

이영미. 영양개선을 위한 급식관리 및 교육활동의 개발 방향. **국민영양** 212: 18-25.

이영미. **영양교육**. 신광출판사, 2003.

이윤나. 영양교육이 비만 여중생의 체지방, 혈청지질 및 식습관에 미치는 영향. 서울대학교 대학원 박사학위 청구논문, 1995.

이은영. 근로자 건강증진운동과 영양사의 역할. **국민영양** 207: 17-20, 1999.

이장호. **상담심리학**. 박영사, 2005

이장호. 상담이론의 이해. 대한지역사회영양학회 춘계학술대회지, 1997.

이정원·서정숙·김경은·이선영. 콘텐츠 개발을 위한 청소년의 사이버 영양 정보 및 상담 이용실태와 요구도 분석. **대한지역사회영양학회지** 7(5): 664-674, 2002.

임경숙·민영희·이태영·김영주. 영양교육에 의한 노인 영양증진전략연구: 효과분석. **대한지역사회영양학회지** 4(2): 207-218, 1999.

장유경 외. **지역사회영양학**. 효일문화사, 2003.

전세열·강지용·김정균. **최신 영양교육과 상담-이론 및 실제 지도**. 지구문화사, 2006.

정보통신부·한국인터넷진흥원. 2005년 하반기 정보실태 조사 요약보고서, 2006.

정승교. 여대생의 비만평가 방법으로서의 목둘레. **기본간호학회지** 12(3): 347-353, 2005.

정현주. 당뇨병 교육의 방법. 1995년 제1차 대한영양사회 병원분과 워크숍, 1995.

정효지·이난희·최영선·조성희. 영·유아 보육시설의 영양관리 시범사업(1) : 유아의 식생활 현황. **한국영양학회지** 33(8): 890-900, 2000.

조인수·시미즈사다오·추연구. **특수교육 교사를 위한 수업개선 방법과 실제**. 대구대학교출판부, 교문사, 2001.

주나미·윤지영·김옥선·고영주·정현아·최은영. 서울, 경남 일부지역 가공식품 표시기준에 대한 인지도 및 만족도 조사. **한국식생활문화학회** 20(5): 525-531, 2005.

진영희. 한국성인의 식습관. **한국식생활문화학회지** 5(2): 111-121, 2000.

질병관리본부. 2019 국민건강영양조사 결과발표 자료집, 2020.

질병관리청. 2022 국민건강통계: 국민건강영양조사 제9기 1차년도, 2023.

최혜미 외 공저. **21세기 영양학**(제6판). 교문사, 2021.

통계청. 2022년 사망원인통계 결과 보도자료. 2023.

통계청. 2023 통계로 보는 1인가구 보도자료. 2023.

통계청. 장래인구추계: 2022~2072년 보도자료. 2023.

하정철·최수전·권영태·문태화. 유전자재조합식품 안전성과 표시에 대한 소비자 인식조사. **한국식품영양과학회지** 32(8): 1401-1407, 2003

한국방송통신대학교 종합연수원. 제기 상담기초과정교원 및 일반인연수, 2005. (http://cle.knou.ac.kr)

한국보건산업진흥원. 임신부 및 영·유아 보충 영양관리사업 중간지침서. 영양교육, 2005.

한국보건산업진흥원. 임신부 및 영·유아 보충 영양관리사업 평가보고서, 2005.

한국보건산업진흥원, 보건복지부. 임산부 및 영유아 영양보충사업, 시범사업추진단운영, 2005

한국보건산업진흥원. 소비자단체와 함께하는 영양개선사업 모형 개발, 2000

한향 · 이경애. 놀이활동을 활용한 초등학교 영양교육. 2002 한국실과교육학회, 2002

함병은. 식품구매자의 습관적 구매행태에 관한 실증적 연구. **식품유통연구** 22(2): 135-157, 2005.

홍순정 · 이기숙. **유아교육과정**. 한국방송통신대학교 출판부, 2001.

황순녀. 학교영양교육의 목표와 내용구성에 관한 연구. 단국대학교 대학원 박사논문, 2003.

Babcock, D.E., Miller, M.A., *Client Education : Theory and practice*, St. Louis MI: Mosby-Year Book, Inc, 1994.

Backman, D.R., Haddad, E.H., Lee, J.W., Johnston, P.K., and Hodgkin, G.E., Psychosocial predictors of healthful dietary behavior in adolescents, *Journal of Nutrition Education and Behavior*, 34(4): 184-193, 2002.

Baranowski, T., Davis, M., Resnicow, K., Baranowski, J., Doyle, C., Lin, L.S., Smith, M., and Wang, D.T., Gimme 5 fruit, Juice, and Vegetables for Fun and Health: outcome evaluation. *Health Education and Behavior*, 27(1): 96-111, 2000.

Bommie S. Worthington-Roberts, Sue Rodwell Williams, *Nutrition throughout the life cycle*, McGraw Hill, 2000.

Caliendo M.G., Sanjur D., Wrigh J., Cumminges G, Nutritional status of preschool children, *J Am Diet Asso* 71: 20, 1977.

Centers for Disease Control and Prevention, Guidelines for school programs to promote lifelong healthy eating, Morbidity and Mortality Weekly Report 45: No. RR-9, U.S. Department of Health and Human Service, Public Health Service, 1996.

Dignan, M.B. and Carr, P.A., *Program planning for health education and promotion*, 2nd. ed., Malvern, PA: Lea & Febiger, 1992.

Glanz K., Rimer B.K., Viswanath K., *Heatlh behavior: Theory, research, and practice*, 5th ed. San Francisco, CA: Jossey-Bass, 2015.

Green L.W., Kreuter MW, *Health program planning: An eductaional and ecological approach*, 4th ed., McGraw-Hill, 2005.

Hoelscher, D.M., Evans, A., Parcel, G.S., and Kelder, S.H., Designing effective nutrition interventions for adolescents, *Journal of the American Dietetic Association* 102(3): s52-s63, 2002.

Holli, B.B., Clalabrese, R., and Maillet, J.O., *Communication and education skills for dietetics professionals*, 4th ed., Philadelphia, PA: Lippincott Williams & Wilkins, 2003.

Holli, B.B., Beto J. A., *Nutrition counseling and education skills: A guide for professionals*, 7th ed., Philadelphia, PA: Wolters Kluwer, 2018.

Norman Kretchmer, Michael Zimmermann, *Development Nutrition*, 1997.

Perry, C.L., Bishop, D.B., Taylor, G., Murray, D.M., Mays, R.W., Dudovitz, B.S., Smyth, M., and Story, M., Changing fruit and vegetable consumption among children: The 5-a-Day Power Plus Program in St. Paul, Minnesota, *American Journal of Public Health*, 88(4): 603-609, 1998.

Position of the American Dietetic Association, Society for Nutrition Education, and American School Food Service Association, Nutrition Services: an essential component of comprehensive school health programs, *Journal of the American Dietetic Association* 103(4): 505-514, 2003.

Sahyoun, N. R., Pratt, C.A., Anderson, A., Evaluation of nutrition education interventions for older adults: A proposed framework, 2004.

Sigman-Grant, Stages of change: a framework for nutrition interventions. *Nutrition Today* 31(4): 162-170, 1996.

Skinner et al. An integrative nutrition education framework for preschool through grade 12, *J. Nutrition education*, 17(3): 75-80, 1985.

Stables, G.J., Young, E.M., Howerton, M.W., Yaroch, A.L., Kuester, S., Solera, M.K., Cobb, K., and Nebeling, L., Small school-based effectiveness trials increase vegetable and fruit consumption among youth, *Journal of the American Dietetic Association*, 105(2): 252-256, 2005.

Windsor R., Clark N., Boyd N.R., and Goodman R.M., *Evaluation of health promotion, health education and disease prevention programs*, 3rd ed., New York, NY: Mcgraw-Hill Companies, 2003.

Wright D.E., Radcliff J.D., Parents perception of influence on food behavior development of children attending day care facilities, *J Nutr Edu* 24(4): 198-201, 1992.

日本文部科學省, 平成12年 食生活を考えよう食生活學習教材, 小學生用, 平成12年.

참고 사이트

건강길라잡이-보건복지부(http://healthguide.kihasa.re.kr)

대한영양사협회(http://www.dietitian.or.kr)

대한지역사회영양학회 식생활정보센터(http://www.dietnet.or.kr)

미국 USDA(http://www.usda.gov)

식품의약품안전처 영양정보(www.mfds.go.kr)

영양사 도우미(http://www.kdclub.com/)

재치영양사(http://yori.co.kr)

한국보건사회연구원 건강길라잡이(http://healthguide.kihasa.re.kr)

찾아보기

저자 소개

구재옥 서울대학교 대학원 영양학 박사
현재 한국방송통신대학교 생활과학부 명예교수

김경원 미국사우스캐롤라이나대학교 보건교육학 박사
현재 서울여자대학교 식품영양학과 교수

김복희 서울대학교 식품영양학과 이학박사
현재 조선대학교 식품영양학과 교수

김창임 서울대학교 대학원 영양학 박사
현재 대전과학기술대학교 식품영양학과 교수

류혜숙 숙명여자대학교 식품영양학과 이학박사
현재 상지대학교 식품영양학과 교수

윤은영 서울대학교 대학원 영양학 박사
현재 대전대학교 식품영양학과 교수

이해하기 쉬운
영양교육과 상담
이론과 실제

2022년 3월 10일 초판 발행
2024년 3월 5일 2쇄 발행

지은이 | 구재옥 · 김경원 · 김복희
김창임 · 류혜숙 · 윤은영
발행인 | 유제구
발행처 | 파워북
주 소 | 경기도 고양시 일산동구 호수로 358-25
동문타워 2차 529호
전 화 | (02) 730-1412
팩 스 | (031) 908-1410
등 록 | 1997. 1. 31. 제2014-000067호

정 가 25,000원
ISBN 978-89-8160-476-9 (93590)